U0133358

北京大学考古学丛书

何謂良材

彭明浩 著

山西南部早期建筑大木作选材与加工

上海古籍出版社

目　录

肆　山西南部大木作选材特点 / 115

伍　柱、额、梁的加工 / 133

陆　斗、栱、昂的加工 / 171

绪　　言

木材为我国古建筑的主要构材之一，古人营屋，首要的工作就是选觅良材，但何谓良材？除"北松南杉"的大略印象，长期以来，由于客观条件的制约以及主观重视程度的不足，我们对我国古建筑具体的选材情况了解较少。

在客观条件方面，有关古建筑木材料的研究需要亲手接触实物，一般要结合古建筑修缮工程进行，做一定量的取样，且需要材料科学人员配合检测分析，是一项交叉研究工作，因此较难实施。2006年底，国家文物局启动"山西南部早期建筑保护工程"，对这一区域105处早期建筑进行修缮。这不仅是一项文化遗产保护工作，也为古建筑的研究提供了有利条件。借助于工程施工、构件拆解，同时征询传统工匠和技术工程师对木材的看法，本书的研究得以展开。

此外，本书选题也源自以下几点主观认识：

1. 有关材料的研究一直是古建筑研究中的薄弱环节，这与以往古建筑修缮工程中对材料的重视程度不足有关，相关基础资料的缺失和更换构件的随意弃置较为常见。因此，记录建筑的选材情况有益于保证古建筑历史信息的真实、完整，也是较紧迫的工作。

2. 古建筑中木材的使用是一个长期连续的过程，古人在长期的营造实践中，积累了许多认识木材的经验，其中有些还通过文字记录了下来，从木材在古建筑各结构中的应用可以反观古人对不同材料的认识。

3. 木构建筑消耗了大量林木资源，而资源的破坏又会反过来影响人们的营造行为，许多关于我国古建筑走向衰微的假设都是从这个角度考虑的[1]，所以在一个区域内

---

[1] 例如宿白先生认为："由于木料的难求，使得我国古建系统的等级差距愈来愈大，到了明（转下页）

动态考察古代建筑选材的趋势，应当有助于我们深化对这一区域古代建筑的认识。

4. 上海真如寺和北京故宫等修缮工程的相关资料[1]都提到更换构件所用木材与原材料的差异，这颇似于考古学研究中的"打破关系"。本书试图借鉴考古学中的地层学方法，从木材料更换的角度来观察古代建筑的修缮历史。

本书聚焦于山西南部地区，包括长治、晋城、临汾、运城四市。这一方面与山西南部工程相关，另一方面也是因为这一区域，留存有丰富的早期建筑遗存，为相关研究的开展提供了可能。据统计，这一区域现保存有唐、五代、宋、金、元时期早期木构建筑 300 余处[2]，占我国早期木构建筑的一半以上。这些早期建筑中，绝大多数是作为寺院、道观、祠庙的宗教建筑，也有少数衙署、民居建筑。

木构建筑中，起主体结构作用的木构件被称作"大木作"，包括柱、额、枋、斗栱、梁、檩、椽等。与此相对，建筑中起装饰作用的木构件被称作"小木作"，包括门窗装修、平棊藻井、佛道帐等。本书主要从大木作营造角度考虑古建筑木材料的使用历史，故研究对象限定在"大木作选材与加工"[3]，不包括与木材保护和科技分析相关的物化特性检测、结构力学分析、防火防腐、碳十四检测等内容。

一、古建筑木材料研究史述评

梁思成先生早在 20 世纪 30 年代就提出，"以木材为主要构材"是我国古建筑的主要特征之一，学术界也普遍认同这种观点，并就其产生原因进行了深入讨

（接上页）清，殿式建筑与一般的民间建筑大小、高低越来越悬殊。这种情况实际是越来越限制了木建筑的发展，实际上，也可以说木建筑由于原料的日益稀少，日益衰落已是难以挽回的了。"见宿白《中国古建筑考古》，文物出版社，2009 年，99—100 页。

[1] 见下文"古建筑木材料研究史述评"。

[2] 杨子荣先生根据 1980 年第二次全国文物普查以及《中国文物地图集·山西分册》的资料，统计山西南部四市元代以前木构建筑 302 处，其中临汾 46 处、运城 47 处、长治 135 处、晋城 74 处。据第三次全国文物普查公布的部分资料，长治新发现元代以前古建筑 27 处，运城新发现 7 处。粗略估计四市早期建筑总数当在 350 处左右，但部分建筑的年代尚待确认。杨子荣《论山西元代以前木构建筑的保护》，《文物季刊》1994 年 1 期。

[3] 本书若无特别说明，"选材""用材"等所言及的"材"均指木材，而非建筑史研究中通常所指的基本模数单位。

论[1]，但有关我国不同地区、不同时代、不同类型的古建筑究竟使用哪些木材的研究却很少，零散分布在建筑史研究、古建筑修缮工程报告以及材料科学研究中，缺乏系统性。因此，这里主要按时间顺序回顾其中针对性较强的几项研究[2]，其他资料见附录1。

1. 1963年至1964年，上海市对真如寺正殿进行修缮。在后来发表的《上海市郊元代建筑真如寺正殿中发现的工匠墨笔字》一文中，作者介绍了修缮过程中在建筑构件上发现的墨字，并注意到：

> 墨字全部出现在柏木和红松制作的构件上，砍制手法全部都是与宋代相近而与明、清相去甚远的。可以判断此殿初建时使用柏木作柱，红松制梁材和斗栱等构件的。而杉木为清代所抽换，在制作时代较晚的杉木构件上，均未发现墨字。

题记、材质和形制三方面的对应关系，为大殿历史上构件的更换提供了多重证据[3]。

2. 1984年，四川省建筑科学研究院同国内有关科研单位、高等院校为编制《古建筑木结构维护与加固技术规范》，对11个省、直辖市和自治区的古建木材进行了实地勘查，并借若干古建筑修缮的机会，进行取样试验。调查结果表明，古建木构件如梁、枋、柱、檩、椽等，其用材在我国南方地区，主要为楠木、柏木、杉木，其次为马尾松。北方地区主要为油松、落叶松和华山松，民居中使用杨木和榆木，但重要的大式古建筑也常用南方的楠木。除某些要求很高的古建筑外，一般多就地取材。

---

[1] 陈薇先生曾对此问题进行了综述，并提出了自己的观点，参看陈薇《木结构作为先进技术和社会意识的选择》，《建筑史》2003年6期，70—88页。

[2] 这里的"针对性"指的是针对本书的研究对象——材料种类、加工和更换，而近二十年从建筑工程学角度分析古建筑木材料材性变化、力学结构的研究较多，由于与本书主旨关系不大，这里不做介绍。在这方面，有部分论文也涉及了木材料种类的鉴定工作，但多为局部构件少量样本的分析，对本书的参考意义不大。

[3] 上海市文物保管委员会《上海市郊元代建筑真如寺正殿中发现的工匠墨笔字》，《文物》1966年3期，16—26页。

川鄂地区之所以多用楠木和柏木，是因为当时这些树种在这一带蓄积量很大，现在这些木材日渐稀少才显得珍贵。除此之外，该课题组还做了古木与现代木材在力学、物理、化学性质方面的对比分析实验，以此来考察古建筑原材料经过成百上千年后材性的变化，以及还能否满足构造要求[1]。

3. 20 世纪 80 年代，山西省古建筑保护研究所对太原晋祠圣母殿和朔州崇福寺弥陀殿进行了修缮，在随后出版的两处修缮工程的报告附录中，记录了修缮过程中各构件的原材质和修缮更换材质[2]。资料虽是选录，却是国内古建筑修缮报告中少有的逐件记录构件材质的报告。

4. 2006 年，西北农林科技大学课题组所承担的科技部社会公益研究专项"古建筑木结构防护和无损检测评价新技术研究"下的"古建筑木结构与木质文物树种鉴定检索系统"课题组，对陕西关中地区 20 余处古建筑木结构树种信息进行了采集和整理[3]，并总结到：陕西西安、宝鸡地区的古建筑用材多为松科，原因可能是针叶材质轻，比强度高[4]，耐腐性能好，不易变形，且松科树种在秦岭上多有分布。渭南地区的古建筑用材多为杨木，原因可归纳为：渭南地区的毛白杨材性较好，生长快，径级大，可方便地用作建筑构件。窗格、门框雕花等木构件多采用椴木、桦木等木材，这些木材强度较大，结构细致，纹理均匀，易加工，适宜做雕刻。在课题组成员发表的《宝鸡金台观古建筑木结构树种鉴定》一文中，记录了其取样情况（图 0 - 1）[5]，从中可以看到，取样构件具体位置不明确，除两处选取立柱外，多数取样位置并不在建筑主体结构上。

---

[1] 古建筑木结构维护与加固规范编制组《古建筑木结构用材的树种调查及其主要材性的实测分析》，《四川建筑科学研究》1994 年 1 期，11—14 页。

[2] 柴泽俊、李正云编著《朔州崇福寺弥陀殿修缮工程报告》，文物出版社，1993 年；柴泽俊、李在清、刘秉娟、任毅敏、柴玉梅编著《太原晋祠圣母殿修缮工程报告》，文物出版社，2000 年。

[3] 雒丹阳《古建筑木结构与木质文物树种检索系统的开发》，西北农林科技大学硕士学位论文，2008 年。

[4] "比强度"为材料的各向强度与材料比重之比，一般而言，优质的结构材料应具有较高的比强度，才能尽量以较小的截面满足强度要求，同时可以大幅度减小结构体本身的自重。

[5] 雒丹阳等《宝鸡金台观古建筑木结构树种鉴定》，《西北林学院学报》2008 年 1 期，166—168 页。

编号	1	2	3	4	5	6	7	8	9
构件	椽材	椽材	椽材	椽材	柱子	门槛	门槛	门	门槛
建筑名	玉皇阁	玉皇阁	玉皇阁	玉皇阁	玉皇阁	玉皇阁	玉皇阁	玉皇阁	玄帝殿

编号	10	11	12	13	14	15	16	17	
构件	门槛	窗	门槛	柱子	门	门托	门槛	门花	
建筑名	三法殿	三官殿	三官殿	三官殿	姜嫄洞	姜嫄洞	观音洞	观音洞	

图 0-1 宝鸡金台观木构件取样情况

（雒丹阳、冯德君、穆亚平、段新芳《宝鸡金台观古建筑木结构树种鉴定》）

5. 2004 年至 2006 年,配合故宫古建筑维修,故宫博物院与中国林科院木材工业研究所合作进行国家文物局课题《故宫古建筑木构件树种配置模式及物理力学性质的变异性研究》。已发表报告《故宫武英殿建筑群木构件树种及其配置研究》,从武英殿建筑群的武英门、武英殿、敬思殿、武英门东西值房、东配殿及北值房、西配殿及北值房、恒寿斋、井亭 11 座建筑的 20 余种木构件上,共采集 1 145 个样本进行树种鉴定。结果表明,武英殿建筑群共使用了 15 个种或属的木材,武英殿主要承重木构件多选用北方树种中密度和力学强度较高的落叶松、黄杉和云杉,其他木构件则主要使用密度低、重量轻的软木松。敬思殿主要承重木构件使用的是云杉,其他木构件也以软木松为主,但使用的木材比较杂,角梁和爬梁全部使用了东南亚进口阔叶材。敬思殿在选材方面与武英殿的差异,可能是在光绪三十年(1904)重建时选材标准不如武英殿严格所致。武英门的木材中,硬木松占了绝大多数,使用的都是强度较大的木材。所有配殿和值房的主要承重木构件中,柱使用最多的是硬木松,其次是落叶松、软木松;月梁、三架梁和四架梁、瓜柱、四架梁随梁、抱头梁及随梁木构件使用的是杉木。配殿、值房等建筑的梁没有使用强度高的木材,而以南方树种为主,其中某些主要木构件还使用了珍贵的南方阔叶树种如桢楠、润楠等。这种情况表明:恒寿斋和井亭是武英殿几次大火后的仅存建筑,因而保留了明代建造时选材的历史信息,木材的使用差异具有一定的时代意义。润楠在恒寿斋的柱和梁上使用,而椴树、桢楠和润楠在斗栱上使用，从中可以看到工匠根据构件的承重要求配置不同树种，相当清楚地表明当时古建筑在科学选材方面已达到很高的水平[1]。

6.2010年，中国林业科学研究院木材工业研究所结合山西泽州县青莲寺、高平游仙寺和二郎庙的修缮工程，对修缮更换的木材共取样14份，进行了树种鉴定（图0-2），并总结：

> 中国古建筑木结构在选材方面存在着南北差异，其中北方地区主要为油松、落叶松和华山松，而处于华北与中原交接的晋东南却有着鲜明的地区特点。栎木、榆木和杨木成为晋东南古建筑木结构常用的"乡土树种"。该地域古代匠师们很早就已经掌握了当地特有树种的材质特性，做到了因地制宜，就地取材，合理利用。[2]

古建筑名称	木样编号	取样部位	木材名称	科别	古建筑名称	木样编号	取样部位	木材名称	科别
青莲寺	1	枋	榆木 Ulmus sp.	榆科	游仙寺	8	门框	枫杨 Pterocarya sp.	胡桃科
	2	枋	麻栎 Quercus sp.	壳斗科		9	斗栱	麻栎 Quercus sp.	壳斗科
	3	枋	榆木 Ulmus sp.	榆科		10	老角梁	杨木 Populus sp.	杨柳科
	4	梁	硬木松 Pinus sp.	松科		11	椽子	麻栎 Quercus sp.	壳斗科
	5	柱	麻栎 Quercus sp.	壳斗科	二郎庙	12	斗栱	杨木 Populus sp.	杨柳科
	6	柱	麻栎 Quercus sp.	壳斗科		13	檩子	杨木 Populus sp.	杨柳科
游仙寺	7	斗栱	麻栎 Quercus sp.	壳斗科		14	柱	杨木 Populus sp.	杨柳科

图0-2　晋东南木结构用材树种鉴定

（殷亚方等《晋东南古建筑木结构用材树种鉴定研究》）

[1]"故宫古建筑木构件树种配置模式研究"课题组《故宫武英殿建筑群木构件树种及其配置研究》，《故宫博物院院刊》2007年4期，6—27页。

[2]殷亚方等《晋东南古建筑木结构用材树种鉴定研究》，《文物世界》2010年4期，33—36页。

文中基础资料收集得较少,调查的建筑分布地域以及取样的数量、代表性都不足以支撑整个晋东南地区的总体结论。

7. 2010 年,北京林业大学及中国林业科学研究院对保国寺大殿 287 个构件样本进行了属种鉴定。大殿所用木材"共有 7 科 9 属,共涉及杉科杉木属、松科硬木松属、松科云杉属、柏木亚科扁柏属、落叶松亚科落叶松属、杉科水松属等 6 个属的针叶材和龙脑香科龙脑香属、壳斗科锥木属、壳斗科板栗属等 3 个属的阔叶材"[1],但文章中并没有将各树种与构件相对应。

由上述几项主要研究工作可以看到:真如寺、圣母殿、弥陀殿修缮工程及其相关报告,对建筑各构件材质的记录较为完整,但这主要依靠工匠的现场辨认,其科学性无法得到充分的保障。20 世纪 80 年代后,由林业科学人员主导的研究引入了先进的材料检测技术,使研究逐渐科学化。但这类研究中,古建筑木材料的检测与古建筑本身的研究结合得不紧密,存在就材料说材料,不分时代、类型、结构分析构件材质的情况。从上面所见的两个取样表可以看到,样本的取样位置不够明确,许多样本在分析木构建筑中并不具有代表性,覆盖面也有限。研究工作往往将一组建筑视为一个整体,将取得的样品进行检测后,列出出现的不同种类的木材即可,没有充分注意到材质对应的不同结构和年代。故宫的工作较为完善,明确了取样构件位置,并用科学手段进行了检测。其分析建筑选材以单体建筑各结构层为单位,考虑到了建筑时代的不同和材料更换。但因为不可能对一座建筑的所有构件都进行取样检测,故宫的研究为强调科学性,并没有将现场工匠辨认的结果考虑进来,因此,如斗栱等部位的选材就没有进行分析。实际上,现场肉眼识别是传统工匠对材料认识的重要途径,符合古人对材料的认识,将这种传统的方法与现代检测技术结合,既有利于了解传统匠人对木材认识的科学性,也可使基础资料更加丰富、完整。

二、相关研究

除上述已有基础工作,本书考察得以展开,还需要借鉴以下三方面的研究成果:

---

[1] 王天龙等《宁波保国寺大殿木构件属种鉴定》,《北京林业大学学报》2010 年 4 期,237—241 页。

1）建筑史基础研究

木材在古建筑中的使用主要为构造服务，因此不了解古建筑的结构、形制，就无法对材料进行准确的时间和空间定位。与此相关的建筑史基础研究成果丰富，这里不能一一细述。在山西南部早期古建筑形制特征、年代分期等基本问题上，本书以徐怡涛、李志荣、徐新云、王书林等先生的研究成果为基础[1]。

2）材种识别技术

这方面的研究在传统的板材识别方法（包括人工经验识别法、对分式检索表法和穿孔卡片检索表法）基础上，发展了基于数据库的显微识别技术：如光学显微识别法、电子显微识别法等，并开发了基于计算机图像处理的显微识别方法：如数据库查询检索法、木材图像识别法、利用神经元网络和木材表面颜色特征对木材进行分级的方法、基于语义数据模型的识别方法、基于最大相似原理的材种判别法和木材细胞模型系统的新的识别技术[2]。近年来，国外开始发展 DNA 识别技术、稳定同位素分析技术、近红外光谱分析技术等[3]。

本书借助于国内普遍采用且运用已相当成熟的基于数据库的显微识别技术，以保证基础资料的科学性。同时，在显微识别过程中，会制作取样库，这有助于样本的保存，也便于关心此方面工作的研究人员复查和进一步开发、利用。

3）森林史研究

这方面的研究成果主要集中在林业史学和历史地理学方面。早在 20 世纪初，戴宗樾即发表《中国森林历史概论》[4]，1934 年陈嵘利用史料辑出《历史森林史略

---

[1] 主要研究成果有：徐怡涛《长治晋城地区的五代宋金寺庙建筑》，北京大学博士学位论文，2003 年；李志荣《元明清华北华中地方衙署个案研究》，北京大学博士学位论文，2004 年；徐新云《临汾、运城地区的宋金元寺庙建筑》，北京大学硕士学位论文，2009 年；王书林《四川宋元时期的汉式寺庙建筑》，北京大学硕士学位论文，2009 年；徐怡涛《公元七至十四世纪中国扶壁拱形制流变研究》，《故宫博物院院刊》2005 年 5 期；王书林、徐怡涛《晋东南五代、宋、金时期柱头铺作里跳形制分期及区域流变研究》，《山西大同大学学报（自然科学版）》2009 年 4 期；徐怡涛《文物建筑形制年代学研究原理与单体建筑断代方法》，《中国建筑史论汇刊》第二辑，清华大学出版社，2009 年。
[2] 任洪娥、高洁、马岩《我国木材材种识别技术的新进展》，《木材加工机械》2007 年 4 期，38—41 页。
[3] 姜笑梅、殷亚方、刘波《木材树种识别技术现状、发展与展望》，《木材工业》2010 年 4 期，36—39 页。
[4] 戴宗樾《中国森林历史概论》，《金陵光》1918 年 10 卷 1 期。

及民国林政史料》[1]。新中国成立后,历史地理学者从自身的学术角度出发,加入了这方面的研究,以谭其骧《何以黄河在东汉以后会出现一个长期安流的局面》[2]、史念海《历史时期黄河中游的森林》[3]及邹逸麟《黄淮海平原植被和土壤的历史变迁》[4]最具代表性,他们将森林历史置于自然生态环境变化之中,扩大了研究视野。80年代后,出现了《中国森林的历史变迁》[5]《中国森林的变迁》[6]等林业综述史,《中国近代林业史》[7]《中国古代林业史·先秦篇》[8]等林业断代史,《山西森林与生态史》[9]等地区森林史专著。林业史研究逐渐细化,使用的史料扩及地方志及金石资料等。

这方面的研究为本书建立了宏观的自然环境背景,有助于分析建筑木材的来源和自然林木资源的变迁对建筑选材的影响,加深对营造活动与自然环境之间关系的认识。

三、研究思路

通过研究史的回顾,可以看到古建筑大木作选材研究的基础还很薄弱。因此,本书的首要目的是收集基础资料,选择山西南部部分古建筑作为实例,了解建筑各构件或各结构层使用何种木材,并结合实例分析这些材料在当时的加工方式。

在具体的研究中,本书结合山西南部早期建筑修缮工程,实地考察,以个案研究为基础。识别树种是考察的先决条件,一般采用粗视识别法和显微识别法:前

---

[1] 陈嵘《历史森林史略及民国林政史料》,中华农学会发行,1934年。此书后来经陈植修订再版,改名为《中国森林史料》,中国林业出版社,1983年。

[2] 谭其骧《何以黄河在东汉以后会出现一个长期安流的局面——从历史上论证黄河中游的土地合理利用是消弭下游水害的决定性因素》,《学术月刊》1962年2期。

[3] 史念海《河山集》第2集,生活·读书·新知三联书店,1981年。

[4] 邹逸麟主编《黄淮海平原历史地理》第二章,安徽教育出版社,1993年。

[5] 陶炎《中国森林的历史变迁》,中国林业出版社,1994年。

[6] 马忠良等编著《中国森林的变迁》,中国林业出版社,1997年。

[7] 熊大桐等编著《中国近代林业史》,中国林业出版社,1989年。

[8] 张钧成《中国古代林业史·先秦篇》,(台北)五南图书出版有限公司,1995年。

[9] 翟旺、米文精《山西森林与生态史》,中国林业出版社,2009年。

者通过现场观察木材的横切面与径切面的颜色、年轮、纹路判断树种,主要凭借工匠的经验;后者通过取样解剖,观察木材微观结构的不同特征来判断树种,是现代科学的研究方法。在实际调查过程中,由于没有条件对每一个构件都进行取样和显微识别,需先向传统工匠学习,通过现场粗视识别法全面了解各大木作构件的选材树种,然后视具体条件,尽可能全面地对选材具有代表性和现场无法判定树种的构件进行取样,交由专业机构进行显微识别,再与现场粗视识别结果对照,了解粗视识别方法的准确程度。两种方法相结合,可以在保证科学性的前提下,尽可能全面考察建筑中各大木作构件的选材。

基础调查集中于 2009 年 9 月至 2011 年 5 月,其间修缮工程 20 余处,考虑到工程性质、工期等因素,本书选取时代从宋至元的 5 处建筑进行重点考察,另以 1 处重点测绘的金代建筑作为补充。以此为基础,制作建筑模型,将不同材质用不同颜色标记在构件上,直观表现建筑大木选材。根据图示中一些部位材质的变化,结合构件形制、结构方式、碑文铭记,分析这些现象与建筑结构、历代修缮有无关系。

然后以点带面,进行区域调查。相对于个案研究,区域调查以现场粗视识别为主,不细化到各构件选材,而选取具有代表性的局部进行说明,并尽量辅以取样进行显微检测分析。区域调查虽不能完全保证检测结果的精确、完整,但希望以此在一定程度上补充、丰富基础资料,以免讨论问题时以偏概全。

在个案分析和区域调查的基础上,综合各实例,探索这一区域古建筑大木作选材在不同的结构上有无特别的考虑、随时代的变迁有无变化、历史上的修缮在材料上是否有所反映,进而扩展至材料的加工,分析材料种类、工艺与建筑形制、结构的关系。

上述研究工作能够展开,得益于以下两单位的帮助、支持:

修缮现场考察取样与当时的山西古建筑保护研究所(以下简称古建所,现改名为山西省古建筑与彩塑壁画保护研究院)合作,考察点主要为该所主持设计的修缮工程,相关勘察测绘图纸亦由该所提供。

材料显微检测分析由中国林业科学研究院木材工业研究所(以下简称林科所)木材防护研究室负责,该研究室长期从事木材树种鉴定和保护研究,参与过北京故宫、宁波保国寺等古建筑群的木材料鉴定工作。

林、木、材

1

区域地理环境与森林变迁

山西南部地区四周山脉围合,东有太行山,南有中条山,西有吕梁山,北有太岳山,黄河于外围绕其西、南两面,整体地形北高南低。地区内部为四个相对独立的盆地,分别对应现在的四市,其中长治、晋城盆地南北相连,临汾、运城盆地南北相连,由此又形成了两个相对独立的地理单元,习惯上称为晋东南和晋西南。两区之间被太岳山与中条山余脉阻隔,东西交通不便。

晋东南地区主要有二条河流:其一是沁河,发源于太岳山,南北走向,沿晋东南西缘注入黄河;其二是丹河,发源于晋城盆地东西两面的山脉,向南注入黄河;其三是浊漳河,发源于长治盆地南北两面的山脉,向东穿过太行山进入华北平原。晋西南地区也主要有三条河流:其一是汾河,作为山西境内的最大河流,其发源于晋中忻州管涔山区,往南过临汾盆地西转入黄河;其二是涑水河,发源于中条山东北部,向西南方向注入黄河;其三是昕水河,发源于吕梁山摩天岭,向西注入黄河。区域内部河流均属外流河,沁、丹、汾、涑、昕水五河属黄河水系,浊漳河属海河水系。受地理条件影响,山西南部地区属大陆性季风气候,降水量较少,冬季长,寒冷、干燥,春季多风沙。

历史上,山西南部森林遍布[1],至春秋战国时期,由于农业的发展,河谷平原地带林区受到破坏[2],但郡国间还多分布片状森林"隙地",周边丘陵、山地少有人经略。秦汉魏晋南北朝时期,平原地区的森林由于农业的垦殖、营造的取材、战乱的焚毁

---

[1] 史念海《历史时期黄河中游的森林》,《河山集》第 2 集,生活·读书·新知三联书店,1981 年;翟旺、米文精《山西森林与生态史》,中国林业出版社,2009 年。

[2] 史念海《春秋战国时代农工业区的发展及其地区的分布》,《教学与研究》(西安师范学院)1956 年1 期;后收入所撰《河山集》,生活·读书·新知三联书店,1963 年。

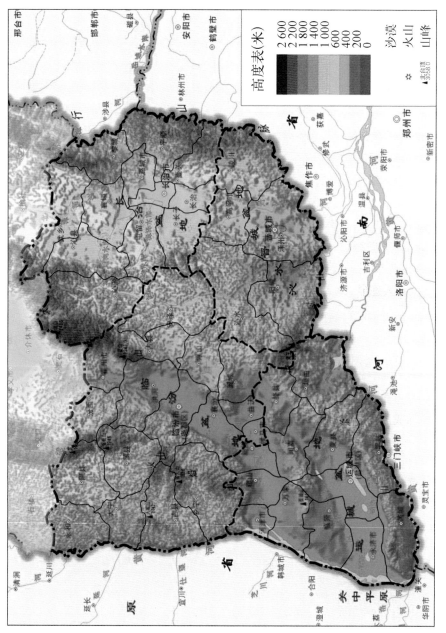

图 1－1　山西南部地形图

继续遭到破坏[1]，虽然在东汉末至北魏时期，一度以牧代农[2]，"不过这种变迁对于森林的发展并无多少助益"，至南北朝末，平原地区已经基本上没有林区可言[3]。

隋唐五代，森林的破坏开始扩及丘陵、近山地区，但相关的文献记录还很少，程度可能还甚轻微。至宋，山林的破坏就很显著了，相关的记载集中在北宋中后期：在晋东南，崔伯易《感山赋》载："率怀、卫、磁、相、泽、潞之人，披苍莽，伐崆巄，贱薪甫之得，简徂徕之封……南方诸山，非复昔时，材不爱而木不蕃，木不蕃而兽不滋。迨有千里不毛，裹糇莫支。"[4]沈括《梦溪笔谈》载："盖石油至多，生于地中无穷，不若松木有时而竭。今齐、鲁间松林尽矣，渐至太行、京西、江南，松山太半童矣。"[5]范绒《静轩记》载："熙宁三年（1070）十二月来尉于壶关，始至之日，见穷乡荒障，苍烟白露……莫不使人唏嘘而叹息。"[6]张纲《增修敷应侯庙记即南山神庙》载："政和癸巳（1113）夏六月，予自保定赴官武乡，自入境所见皆童山濯翟然，无根垦之翳泊。"[7]在晋西南，司马光《闻喜县重修至圣文宣王庙记》即载："鸟兽日益惮，草木日益稀，人日益众，物日益寡。"[8]可见至宋末，除人迹罕至的深山还存有少量天然林外，山西南部已是普遍童山。

结合本书的意旨，这里需要说明的是营造活动对山林的影响，其中记载较多且破坏最大的是都城建设。秦汉至唐宋，山西南部虽没有大型都邑，但历代都城均分布在区域周边的平原地带，以邺城、洛阳、长安、汴梁四都为代表，特别是邺城、洛阳、汴梁，地处华北平原，周边无林，其营造用材大多来源于山西诸山（见表1-1），汾河、漳河成为主要的材木外输渠道[9]，流域所及的近山森林当砍伐殆尽。

［1］翟旺、米文精《山西森林与生态史》，中国林业出版社，2009年。

［2］谭其骧《何以黄河在东汉以后会出现一个长期安流的局面——从历史上论证黄河中游的土地合理利用是消弭下游水害的决定性因素》，《学术月刊》1962年2期。

［3］史念海《历史时期黄河中游的森林》，《河山集》第2集，生活·读书·新知三联书店，1981年。

［4］曾枣庄、刘琳主编《全宋文》第七十六册·卷一六五三，上海辞书出版社、安徽教育出版社，2006年，7—11页。

［5］［宋］沈括撰、金良年点校《梦溪笔谈》卷二十四，中华书局，2015年，227页。

［6］［清］胡聘之《山右石刻丛编》卷十四，山西人民出版社，1988年。

［7］［明］李侃、胡谧《成化山西通志》卷十四，民国二十二年景钞明成化十一年刻本。

［8］［宋］司马光《温国文正司马公文集》卷第六十六，上海涵芬楼影印四部丛刊绍熙刊本。

［9］沁水亦为黄河的主要支流，但其所经"析城、太行两山之北山高水急，河道狭窄"，不利于水运，因此流域森林破坏当不及汾河、漳河，这也是现在山西南部天然林仅存于此流域的原因之一。可参看史念海《黄土高原主要河流流量的变迁》，《中国历史地理论丛》1992年2期，1—36页。

表1-1　山西周边都城建设及其取材影响

城市	时期	取　材　区　域
邺城	魏晋南北朝	曹魏建都邺城,建安十八年,使梁习"于上党取大材供邺宫室"[1]。 后赵迁邺城,建武年间"使人伐宫材,引于漳水,役者数万,呼嗟满道"[2]。 北魏都洛,东魏迁都邺城,一部分宫材"以十万夫彻洛阳宫殿,运于邺"[3],其他木材亦当沿漳水取自上党。
洛阳	北魏	"京洛材木,尽出西河"[4],西河郡在今汾阳地区、吕梁山中段,依靠汾河运材。当时吕梁山南段分水岭以东的近山地区(临汾盆地周缘),推断当已无大片森林。
长安	隋唐	取材多在附近山区[5],但也远从山西取材,"开元、天宝中,侧近求觅长五六十尺木,尚未易,须于岚、胜州采市"[6]。
汴梁	北宋	取材地域多在渭水流域[7],但也在周边取材,包括汾河流域,"大中祥符间,奸佞之臣罔真宗以符瑞,大兴土木之役,以为道宫。玉清昭应之建,丁谓为修宫使,凡役工日至三四万,所用有秦、陇、岐、同之松,岚、石、汾、阴之柏,潭、衡、道、永、鼎、吉之梓、楠、楮、温、台、衢、吉之梼,永、澧、处之槻、樟、潭、柳、明、越之杉……"[8]周炜《润济侯庙记》载"宣和元年夏五月,今提举秘阁开封李公始领河东水事,会天久旱,川流涸竭,而修楠巨梓积于汾之境内者,不啻数万计,是时朝廷有大营造,诏令络绎,公夙夜敦促,惧不时进"[9]。

[1]　[晋]陈寿撰,[南朝宋]裴松之注《三国志》卷十五,中华书局点校本,1982年,469页。

[2]　[宋]司马光编著,[元]胡三省音注《资治通鉴》卷九十七,中华书局点校本,1956年,3059页。

[3]　[唐]李延寿撰《北史》卷五十四,中华书局点校本,1974年,1945页。

[4]　[唐]令狐德棻等撰《周书》卷十八,中华书局点校本,1971年,291页。

[5]　[后晋]刘昫等撰《旧唐书》卷一百三十五:"百工、就谷、库谷、斜谷、太阴、伊阳等监:百工监在陈仓,就谷监在王屋,库谷监在鄠县,太阴监在陆浑,伊阳监在伊阳,皆出材之所……百工等监掌采伐材木。"中华书局点校本,1975年,1896—1897页。

[6]　[后晋]刘昫等撰《旧唐书》卷一百三十五,中华书局点校本,1975年,3721—3722页。

[7]　[元]脱脱等撰《宋史》卷二百五十六《赵普传》:"时官禁私贩秦、陇大木,普尝遣亲吏诣市屋材,联巨筏至京师。"中华书局点校本,1985年,8933页。[宋]李焘撰《续资治通鉴长编》卷三:"秦州夕阳镇,古伏羌县之地也,西北接大薮,材植所出,戎人久擅其利。及尚书左丞高防知秦州,因建议置采造务,辟地数百里,筑堡御要害,戍卒三百人,自渭而北则属诸戎,自渭而南则为吾有,岁获大木万本,以给京师。"中华书局点校本,2004年,68页。《宋史》卷二百七十六《张平传》:"太宗即位,召补右班殿直,监市木秦、陇,平悉更新制,建都务,计水陆之费,以春秋二时联巨筏,自渭达河,历砥柱以集于京。期岁之间,良材山积。"9405页。《宋史》卷二百六十六《温仲舒传》:"唐末以来,居于渭河之南,大洛、小洛门寨,多产良材,为其(羌、戎)所据。岁调卒采伐给京师,必以资假道于羌户……二寨后为内地,岁获巨木之利。"9182—9183页。

[8]　[宋]洪迈撰,孔凡礼点校《容斋随笔》三笔卷十一,中华书局,2005年,555—556页。

[9]　[清]戴震《乾隆汾州府志》卷二十八,清乾隆三十六年刻本。

　　由于森林资源的严重破坏,山西南部生态环境急剧恶化。宋金之际,我国中东部进入百余年的寒冷期[1],更加速了区域内生态环境的恶化进程,森林覆盖率持续降低;金元以后,山西南部森林覆盖率仅在15%左右[2],这种情况一直延续至近代。2003年,山西南部地区自然植被仍很稀少,残存的天然林主要分布在山脉主脊两侧,集中在中条山东端,王屋山、太岳山中部,森林覆盖率为13.29%[3]。近年稳步提升至24%左右。

---

[1] 竺可桢《中国五千年来气候变迁的初步研究》,《考古学报》1972年1期;邹逸麟主编《黄淮海平原历史地理》,安徽教育出版社,1993年,1—47页。满志敏《中国历史时期气候变化研究》,山东教育出版社,2009年。寒冷期持续时间长短还存有争议,但宋末至金中期气候相对寒冷已为共识。

[2] 翟旺、米文精《山西森林与生态史》,中国林业出版社,2009年。

[3] 肖兴威主编《中国森林资源图集》,中国林业出版社,2005年。

2

区域常用木材粗视识别方法和材性

一、常用木材粗视识别方法

　　山西南部地区古建筑常用木材有松树、槐树、榆树、栎树、臭椿、杨树六类。各类树木整体形态特征不同,材质宏观和微观特征各异,可通过肉眼观察识别,具体方法如下。实例中还检测出其他树种,但使用较少,有的仅出现在个别构件上,其基本特征和材性见附录 2 。

图 1-2　松木样本

　　松树　种类较多,在山西南部主要分硬木松和云杉两属。均为大乔木,高可达 25 米,胸径可达 2 米。树干多通直,生长速度较慢。木材有光泽;松脂气味浓厚,触之有油性。硬木松边材黄褐或浅红褐色,与心材区别明显,心材红褐色。而云杉心、边材无区别,均呈浅黄褐色。生长轮明显,轮间晚材带色深;宽度较均匀,硬木松早材至晚材急变,而云杉早材至晚材渐变。木射线在横切面上不明显;径切面上射线斑纹肉眼可见。纹理直,结构较粗,较不均匀,质轻,硬度小,强度和冲击韧性适中。干燥较快,板材气干时会产生翘裂;硬木松有一定的天然耐腐性,而云杉不耐腐。山西南部地区常见的硬木松为油松,常见的云杉为青杆。整体上,油松各方面材性均优于青杆,但由于针叶树种在粗视识别时区分度不大[1]，本书在研究过程中于现场均统一识别为松树。松树一般可用作古建筑梁柱额枋。

槐树　在山西南部地区多指国槐。落叶乔木，高可达 25 米，胸径可达 2 米以上，树干多弯曲、分叉，生长速度适中，寿命较长。木材色泽温润有光，有草腥味。边材窄狭，宽 0.5—2 厘米，黄色或浅灰褐色，与心材区别较明显，心材深褐或浅栗褐色。生长轮明显，环孔材，宽度较均匀。早材管孔甚大，在肉眼下明显；连续排列成早材带，宽 2—4 个管孔，含有褐色侵填体，早材至晚材急变。木射线在肉眼下可见，径切面上有射线斑纹。纹理较乱，结构中至粗，不均匀；较重，硬度强，干缩及强度适中，冲击韧性高。干燥后不易变形，天然耐腐性强，抗蚁蛀。现代所见槐树多为洋槐，也称刺槐，为 20 世纪初从外国引入品种。颜色整体较国槐浅，生长轮宽度较国槐大。槐树一般用作古建筑斗栱。

榆树　落叶乔木，高可达 30 米，胸径可达 1 米。树干多弯曲、分叉，生长速度适中。木材有光泽；无特殊气味和滋味。边材浅黄褐色，与心材区别较明显；心材浅栗褐色。生长轮明显，轮间呈深色晚材带；环孔材；宽度较均匀，每厘米 3—10 轮，较槐木密。早材管孔中至略大，在肉眼下明显，但较槐木小，连续排列成早材带，宽 1—3 管孔，含赤红色侵填体；早材至晚材急变。木射线密度稀，肉眼不易见，在径切面上射线斑纹明显。纹理较乱，但较槐木顺畅，结构中，不均匀；重

图1-3　槐木样本

图1-4　榆木样本

---

[1] 现场粗视识别一般观察不到良好的横剖面和纵剖面，因此不能通过两种松木间细微的颜色差别和早晚材变化特征区分每一个构件。

量、硬度及干缩适中，但强度低。干燥困难，易开裂和翘曲，较耐腐，防腐处理容易。榆木整体感觉较槐木粗糙，木纤维长，常用作古建筑斗栱。

臭椿　乔木，高可达 30 米，胸径可达 1 米。树干较通直，生长速度适中。木材有光泽，无特殊气味和滋味。边材黄白色，与心材区别较明显，心材浅黄褐色。生长轮明显，环孔材。早材管孔中至甚大，在肉眼下非常明显；连续排列成早材带，宽 1—4 列管孔，少数含橘红色树胶；早材至晚材急变。木射线稀少，肉眼不易见，径面上有射线斑纹。纹理直，结构中，不均匀；重量、硬度、干缩及冲击韧性中，强度较低。干燥容易，较为耐腐，但材心很软，易出现中空。臭椿一般用作古建筑檩枋、斗栱。

图 1-5　椿木样本

杨树　在山西南部主要为大叶杨和小叶杨。落叶乔木，高可达 30 米，胸径可达 1 米以上。树干较通直，生长快。木材具光泽，无特殊气味和滋味。边材、心材区别不明显，均呈浅黄色。生长轮需仔细观察才易见，宽度不均匀，每厘米 1—2 轮，管孔肉眼不可见。木射线甚细，肉眼不可见，径面上射线斑纹肉眼下不见。纹理直，结构较细，轻而软；干缩小，强度低，冲击韧性中。易虫蚀、糟朽、中空。现在的杨木多为外国引种，材性不及本地杨木，颜色泛白，易劈裂。杨树一般用作古建筑柱梁额枋，亦常用作斗栱。

图 1-6　杨木样本

栎树　在山西南部主要为麻栎，多组成落叶阔叶树混交林及松栎混交林。乔木，高可达 25 米，胸径可达 1 米。树干较通直，生长缓慢。木材有光泽，无特殊气味和滋味。边材暗黄褐或灰黄褐色，与心材区别较

图 1-7　栎木样本

明显,心材浅红褐色。生长轮较明显,环孔材,宽度较均匀,每厘米 2—3 轮。早材管孔通常较大,在肉眼下很明显,连续排列成早材带,宽 2—5 管孔;心材中褐色侵填体常见,早材至晚材急变。木射线分宽窄两类,窄木射线极细,仅在放大镜下可见;宽木射线在肉眼下可见,横切面上甚明显,被许多窄木射线所分隔。纹理较直,结构较细,坚硬;强度高,冲击韧性中。难干燥,易开裂。栎树一般用作古建筑柱、枋。

二、各树种材性比较

　　总体说来,建筑选材最为看重树木的形态、密度[1]、抗弯强度[2]和耐腐性能。松木通直,质轻,易于加工,虽强度不大,但由于自重小,其比强度很高。山西南部地区常用的硬木松耐腐能力较强,是木构选材的首选。而杨木虽然密度、强度与松木相近,但树干不及松木通直,且耐腐性能相对较差,整体材性不如松木。榆、槐、椿、栎属于硬杂木。榆、槐常并举,树干多弯曲,一般仅堪任小型构件,两种材料各有优点,榆木较槐木轻,硬度小,易加工,但槐木强度、耐腐能力均高于榆木,特别是榆木干燥时较易翘曲,因此槐木整体上比榆木优。椿木虽然密度、强度与榆、槐相近,但性脆、髓心软、易中空,不如榆、槐。栎树树干较直,可作长构件,密度大、坚硬,虽强度高,但不易加工,因此总体仍不及榆、槐。

三、古人对树木材性的认识

　　古人对于树木有颇深的认识,但文字记录的内容主要集中在树木的生长培育和药用功能上,直接为农学和医学服务,而涉及树木材性的很少,要从文献中梳理

---

[1]　"密度",严格说法为"气干密度",是指树木在自然干燥后,达到平衡含水率时的质量与体积比,对木材强度、硬度等力学性质均有直接影响,因此是这类指标中的核心。密度在一般表述中用轻、重等来大略反映。

[2]　"抗弯强度"指木材抵抗弯曲不断裂的能力,是木材各项强度的基础,可大体通过抗弯强度换算。

出人们对木材料认识的脉络相当困难,因此这里仅略辑相关史料,一窥古人对树木材性的大体认识[1]。

表1-2　树种物理力学性质参考表

名　称	产地	气干密度（g/cm³）	抗弯强度（MPa）	弹性模量（MPa）	顺纹抗压（MPa）	冲击韧性（KJ/m²）	端硬度（MPa）
云杉	黑龙江	0.451	73.6	10 395	41.6	47.5	24.5
硬木松	陕西	0.432	64.7	9 316	34.6	—	34.9
杨树	北京	0.520	77.1	10 199	91.7	78.6	38.4
	河南	0.505	74.8	9 218	106.5	77.6	34.2
	安徽	0.544	72.5	9 709	89.2	118.5	30.2
麻栎	安徽	0.930	126.1	16 475	51.1	119.9	79.8
	陕西	0.916	105.2	15 298	66.3	—	97.7
槐树	山东	0.702	103.3	10 199	45	126.5	64.9
	安徽萧县	0.785	105.2	11 278	49.5	139.6	76.7
臭椿	北京	0.672	81.3	10 493	37.6	53.9	53.7
	安徽	0.636	90.4	10 787	41	61.4	58.7
榆树	黑龙江	0.431	78.5	9 512	34.5	73.3	38.9

有关松树的记载较多。司马迁《史记·龟策列传》即载:"松柏为百木长,而守门间。"[2]《尔雅》载:"枞[3],松叶柏身,今大庙梁材用此木,《尸子》所谓:松柏之鼠,不知堂密之有美枞。"[4]刘义庆《世说新语·赏誉第八》载:"庾子嵩目和峤:'森森如千丈松,虽磊砢有节目,施之大厦,有栋梁之用。'"[5]虽为比喻,也可看出

---

[1] 可参考孟阳、陈薇《中国古代木构建筑营造如何用木》,《建筑学报》2019年10期,41—45页。

[2] [汉]司马迁撰《史记》卷一百二十八,中华书局点校本,1982年,3237页。

[3] 即冷杉,松科冷杉属,实为松树的一种。[清]吴其濬《植物名实图考》卷三十三曰:"枞,盖松类而异质耳。"商务印书馆,1957年。

[4] [晋]郭璞注,周远富、愚若点校《尔雅》卷下,中华书局点校本,2020年,192页。

[5] [南朝宋]刘义庆撰,徐震堮校笺《世说新语校笺》,中华书局,1984年,233页。

时人对松木的基本认识。苏颂《本草图经》载："松岁久则实繁，中原虽有，然不及塞上者佳好也。"[1]李时珍《本草纲目》载："松树，磊砢修耸多节。"吴其濬《植物名实图考》载："凡北地松难长，多节质坚，材任栋梁，通呼油松。盛夏节间汁即溢出。南方松仅供樵薪，易生白蚁。惟水中桩，年久不腐……今匠氏攻木者，有灰松、黄松二种。灰松易生，质轻速腐，为藉为薪，皆是物也；黄松亦曰油松，多脂，木理坚，多生山石间。北地巨室，非此不能胜任。"[2]

槐树，《尔雅》即载有多种，但对于材性的记录少见，徐光启《农政全书》载："槐有青黄白黑数色。黑者为猪屎槐，材不堪用，花可染黄……诸槐功用，大略相等。有极高大者，材实重，可作器物。"[3]

榆树，贾思勰《齐民要术》载："今世有刺榆，木甚牢韧，可以为犊车材；梜榆，可以为车毂及器物；山榆，人可以为芜荑。凡种榆者，宜种刺、梜两种，利益为多；其余软弱，例非佳木也。"[4]后世文献多因袭此说。

杨树，也以《齐民要术》记载为切："白杨，性甚劲直，堪为屋材；折则折矣，终不曲挠。榆性软，久无不曲；比之白杨，不如远矣。且天性多曲，条直者少；长又迟缓，积年方得。凡屋材，松柏为上，白杨次之，榆为下也。"[5]这也是记载榆树材性的重要史料。苏颂《本草图经》载："（白杨）今处处有之，北土尤多。人种于墟墓间，株大，叶圆如梨，皮白。"[6]寇宗奭《本草衍义》载："陕西甚多，永、耀间，居人修盖，多此木也。"[7]李时珍《本草纲目》载："白杨，木高大，叶圆似梨而肥大有尖，面青而光，背甚白色，有锯齿。木肌细白，性坚直，用为梁栱，终不挠曲，与栘杨乃一类二种也。"[8]汪灏等《广群芳谱》载："杨有二种，一种白杨，叶芽时有白毛裹之，及尽展，似梨叶而稍厚大，淡青色，背有白茸毛，蒂长两两相对，过风则簌簌有声，人多植之

［1］［宋］苏颂撰，尚志钧辑校《本草图经》卷十，安徽科学技术出版社，1994年，328页。
［2］［清］吴其濬《植物名实图考》卷三十三，商务印书馆，1957年，767页。
［3］［明］徐光启撰，石声汉校注，石定枎订补《农政全书校注》卷三十八，中华书局，2020年，1364页。
［4］［北魏］贾思勰著，石声汉校释《齐民要术今释》卷五，中华书局，2009年，424页。
［5］［北魏］贾思勰著，石声汉校释《齐民要术今释》卷五，中华书局，2009年，428页。
［6］［宋］苏颂撰，尚志钧辑校《本草图经》卷十二，安徽科学技术出版社，1994年，400页。
［7］［宋］寇宗奭《本草衍义》卷十五，商务印书馆，1937年，87页。
［8］［明］李时珍辑，吴毓昌校订《校正本草纲目》卷三十五，鸿宝商务局，1916年，81页。

坟墓间,树耸直圆整,微白色。高者十余丈,大者径三四尺,堪栋梁之任。一种青杨树,比白杨较小,亦有二种。一种梧桐青杨,身亦耸直,高数丈,大者径一二尺,材可取用,叶似杏叶而稍大,色青绿;其一种身矮多歧枝,不堪大用。北方材木全用杨、槐、榆、柳四木,是以人多种之。"[1] 吴其濬《植物名实图考》载:"白杨,唐《本草》始著录。北地极多,以为梁栋,俗呼大叶杨……青杨,《救荒本草》:叶似白杨叶而狭小,色青,皮亦青,故名青杨。叶可煤食,味苦,今北地呼小叶杨。"[2]

臭椿,汪灏等《广群芳谱》载:"香者名椿,臭者名樗,二木形干相类[3]。椿木实而叶香,樗木疏而叶臭。无花木,身大,其干端直者为椿;有花木,身小,干多迂矮者为樗,乃一类二种也。"[4] 吴其濬《植物名实图考》载:"(樗)其木稍坚可作器。"[5]

栎树,李时珍《本草纲目》载:"栎有两种,一种不结实者,其名曰棫,其本心赤……一种结实者,其名曰栩[6],其实为橡,二者树小则耸,枝大则偃蹇,其叶如楮叶,而文理皆斜向……高二三丈,坚实而重,有斑文,大者可作柱栋,小者可为薪炭。"[7]

另外,宋《营造法式》中虽然没有专门的文字记录木材材性,但第二十四卷《锯作·解割功》载:"梠、檀、枥木,每五十尺;榆、槐木、杂硬材,每五十五尺(杂硬材谓海枣、龙菁之类);白松木,每七十尺;楠、柏木、杂软材,每七十五尺(杂软材谓香椿、椴木之类);榆、黄松、水松、黄心木,每八十尺;杉、桐木,每一百尺;右(上)各一功。"[8]可看出当时对不同木材的区分。从一功对应不同木材的解割长短,可推测古人对各种木材硬度的认识:栎(枥)木最硬,榆、槐次之,椿、松较软,杨木似乎不

[1]［清］汪灏等《广群芳谱》卷七十八,上海书店出版社,1985 年,1874 页。

[2]［清］吴其濬《植物名实图考》卷三十五,商务印书馆,1957 年,808 页。

[3] 按照现代树种分类,香椿为楝科香椿属树种,而臭椿为苦木科臭椿属树种,虽古人统称为椿木,但实为两类树木,因此本书多单称"臭椿",未作说明的情况下,"椿木"亦均指臭椿。

[4]［清］汪灏等《广群芳谱》卷七十五,上海书店出版社,1985 年,1800 页。

[5]［清］吴其濬《植物名实图考》卷三十五,商务印书馆,1957 年,807 页。

[6] 山西南部麻栎即为此种栎树。

[7]［明］李时珍辑,吴毓昌校订《校正本草纲目》卷三十,鸿宝斋书局,1916 年,24 页。

[8] 梁思成《营造法式注释》,《梁思成全集》第七卷,中国建筑工业出版社,2001 年,339 页。

为官式建筑所用。

　　总的说来,古人以为松木为最好的木材,修耸质坚,堪为栋梁;杨木北方极多,树干甚劲直粗大,亦可作栋梁之材;而榆、槐、臭椿迂矮,坚者可以为器用,用于建筑上者当只作小型构件;栎木坚实耸直,可为柱栋,但加工不易。这些认识与现在人们对树木材性的认识是大体一致的。

3
木材显微识别方法及取样

一、识别要点

木材显微识别的原理是利用木材微观解剖特征的不同来识别树种,一般鉴别到属,少数可鉴别到种。其识别方法是通过制作待检测木材取样切片,用光电显微镜观察其解剖特征,识别要点如表1-3。山西南部常见木材显微识别特征则见附录3。

表1-3 木材切片微观识别要点

类　别	识　别　要　点
针叶树材	1) 管胞:形态特征及胞壁特征,如纹孔的分布、列数、排列方式、形状、纹孔塞边缘形状;螺纹加厚的有无、显著程度、倾斜角度、早晚材分布情况。 2) 树脂道:有无,泌脂细胞壁的厚薄,泌脂细胞的个数等。 3) 木射线组织:列数、高度;细胞组成;射线管胞内壁特征;射线薄壁细胞形态特征、水平壁厚薄及有无纹孔、垂直形态特征。 4) 交叉场纹孔:类型、大小、数目。 5) 轴向薄壁组织:有无,丰富程度及排列方式。 6) 其他一些不稳定的显微特征,如径列条、澳柏型加厚、含晶细胞等。
阔叶树材	1) 导管:导管分子形状、大小;穿孔的类型;侵填体及其他内含物的有无和形态特征;管孔组合方式;管间纹孔式的有无及类型;螺纹加厚的有无等。 2) 薄壁组织:类型、丰富程度,分室含晶细胞的有无及晶体的个数等。 3) 射线组织:类型;宽度、高度;与导管间的纹孔式;径向胞道的有无等。 4) 木纤维胞壁:厚薄、分隔木纤维及胶质木纤维的有无。 5) 叠生构造:有无,出现叠生构造的细胞类型等。 6) 晶体及其他无机内含物,主要指晶体的有无、出现部位、数量、形状(菱形、柱状、晶簇、晶沙、针晶体或束等)。 7) 其他特征:如油细胞的有无(如樟科木材)、环管管胞明显与否(如壳斗科木材)、维管管胞的有无(如金缕梅科木材、云南龙脑香等)。

二、取样的原则和工具

显微识别需对待检测木材进行取样,本书的取样工作主要结合山西南部修缮工程,在建筑落架大修期间进行,并遵循以下基本原则:

1)在构件的外表面隐蔽部位进行取样;

2)选取构件开裂、掉茬的部位取样;

3)在构件落架加工、剔补、开榫时进行取样;

4)对更换下来的原构件进行取样;

5)不在树节、病腐、朽烂部位取样。

取样大小顺应构件的走向,一般呈顺纹条状或片状,长在 1 厘米左右,宽、厚在 5 毫米以内。以能制作横切面和径切面为标准,能否制作出弦切面不作保证。

样本取下后装入自封袋,贴上标签,注明位置及粗视识别结果,以单体建筑为单位统一编号保存,交由林科所进行显微识别。

贰

个案分析

由于木材的现场识别和取样工作受客观条件限制，根据山西南部工程的实际情况，个案选择标准如下：

1. 选择山西古建筑保护研究所直接参与修缮的古建筑；

2. 各选点主体建筑落架修缮的时间在 2010 年 3 月至 2011 年 5 月，修缮时间不相互冲突；

3. 尽量使选点在各时代、各地域均有分布。

按照这样的标准，在实际操作中随工程具体情况进行调整，最终确定了六个个案（图 2－1）。其中临汾地区没有选点，晋东南选点相对集中，因此通过第叁部分的区域调查，在一定程度上弥补个案分析的不足。

为突出大木作选材研究，个案介绍从简，其后列出相关研究文章或报告，供详细了解。

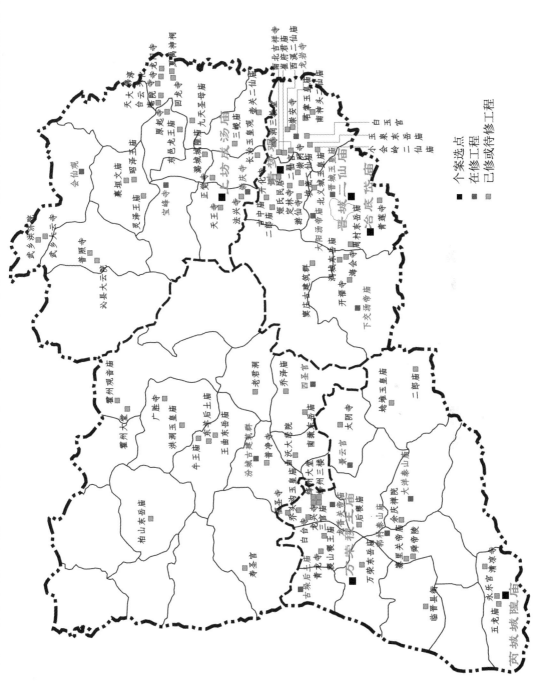

图 2-1　山西南部修缮工程与选点关系图

1

运城市万荣太赵村稷王庙

一、基本情况

　　稷王庙坐北朝南,院内仅存戏台、大殿,格局如图 2-2 所示。大殿原多认作金元建筑,但北京大学考古文博学院通过建筑结构、形制的分析,认为建筑年代当在北宋中前期;后借助修缮工程,发现了北宋天圣元年(1023)题记,大殿年代得以明确[1]。据庙内碑文可知,元至元二十五年(1288)重修大殿,明正德十六年(1521)更换前檐当心间东侧木柱为蟠龙石柱;清同治年间重修时,庙内格局完整,大殿两旁有配殿,院两侧有廊庑,殿前有戏台、香亭等;民国十年(1921)重修戏台。后遭战乱,形成如今的格局。

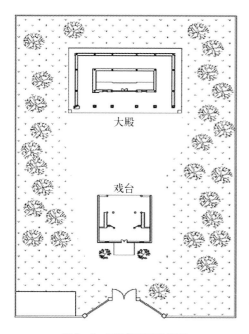

图 2-2　万荣稷王庙总平面

(徐怡涛等《山西万荣稷王庙建筑考古研究》)

　　大殿单檐庑殿顶,面阔五间,进深三间六椽,厅堂造,内外两圈柱网。柱侧脚、升起不明显;除前檐明代更换的一根石柱外,其他均为木柱;柱下覆莲柱础。柱上阑额至角部不出头,普拍枋

---

[1]　徐新云《临汾、运城地区的宋金元寺庙建筑》第二章第一节,北京大学硕士学位论文,2009 年;徐怡涛等《山西万荣稷王庙建筑考古研究》,东南大学出版社,2016 年。

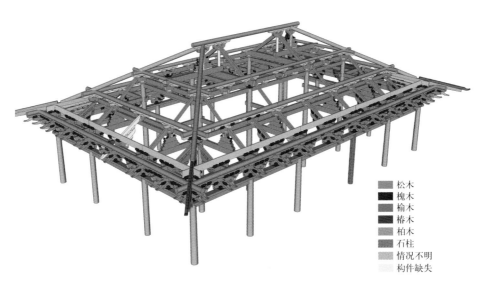

图2-3　万荣稷王庙大殿选材图——前檐、西山(西南向东北看)

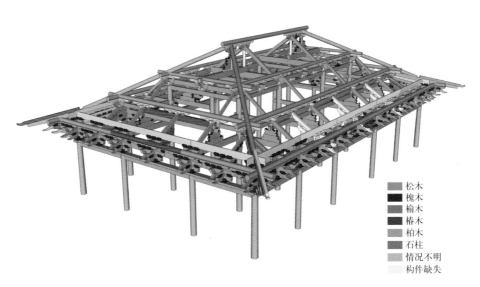

图2-4　万荣稷王庙大殿选材图——后檐、东山(东北向西南看)

至角部出头直截。

斗栱分布均匀,每间置补间铺作一朵,五铺作双昂偷心造,扶壁单栱上施两层柱头枋,其上再置单栱素枋。柱头铺作为假昂,里转双杪偷心,上承乳栿;补间铺作第二跳施真昂,里转三杪偷心,上施鞾楔承三斜斗托昂尾直抵下平槫。转角铺作斜向一二跳为假昂,上置平盘斗承由昂,里转四杪偷心,上施鞾楔承三斜斗托由昂后尾,由昂后尾与正侧两面相邻的补间铺作下昂后尾相交,共承下平槫角部交接处。斗栱比较特别的做法有:泥道栱隐刻栱瓣,其下留有方木;昂底上卷,昂头上翘,下刻单瓣华头子;鞾楔及其上斗均顺昂后尾倾斜。

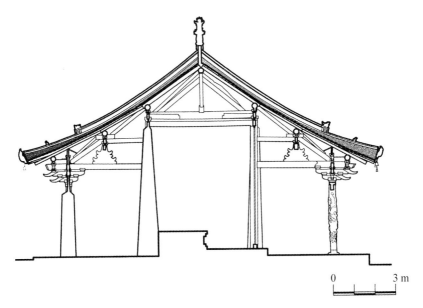

图 2-5 万荣稷王庙大殿横剖面图

(徐怡涛等《山西万荣稷王庙建筑考古研究》)

大殿梁架规整,构件断面均为方形。六架椽屋前后乳栿用四柱。柱头铺作后尾托承乳栿,其后端插入殿内内柱。乳栿之上置卷瓣驼峰,上承斗托襻间枋、剳牵,其上再置斗,支替承下平槫。内柱之上置栌斗承平梁,平梁之下、内柱之间再施一道顺栿串,平梁中部置脊部丁栿,其上立蜀柱,承栌斗、捧节令栱托脊槫。蜀柱两侧施双叉手:下侧叉手规整,上端抵与捧节令栱两侧;上侧叉手弯曲,上端托脊槫,当为后代维修所加。

二、大木作选材

稷王庙大殿的修缮自 2010 年 12 月开始。笔者对其大木作选材的考察,一次在修缮前(2010 年 8 月),就大殿柱额、铺作层各构件的材质进行了粗视识别,对部分铺作构件进行了取样;一次在修缮落架过程中(2011 年 3 月),对第一次的调查结果进行了复查,补充了大殿梁架、椽檩的选材信息,结合修缮工程,对具有代表性的柱、额枋、铺作、梁架、角梁等构件逐件取样,并对其他部位进行了抽样。

两次取样共 174 个,其中现场未能识别的有 10 个,占 5.7%;粗视识别与显微检测不一致的有 13 处,占 7.5%,主要为榆、槐、椿这三类硬杂木混淆。取样检测表见附录 4。根据检测结果,结合现场考察,大殿的选材图如图 2-3、2-4。

三、选材特征和相关讨论

大殿选用松木作为主要材料,唯斗、栱选材有明显区分:斗主要使用硬杂木,多槐木,少量使用榆木;栱全部使用松木。斗使用榆、槐等硬杂木的特殊做法,在山西南部地区较为常见,在晋中、晋北地区的建筑上也有表现,可能与这类木材纹理较乱,抗压、承载能力强相关。主要结构构件使用松木,特别是栱使用与梁架材种一致的松木的情况,在山西南部主要见于北宋中期以前的建筑[1],而北宋中期至元的建筑中即很少见。因此,从大木作选材推断,稷王庙大殿应创建于北宋中期以前,这与其形制断代的结论基本一致[2],大殿于修缮过程中发现的天圣元年题记,也呼应了上述年代判断。

昂底上卷的做法是该建筑最大的特色。从这类昂的加工看,整个构件由一条与昂身断面相同的木料制成,其昂底上卷正好保证了昂前后段底部的平直,这样制作昂头,就不至于浪费木料。若作成昂头下出的假昂形式,其造材约是加工后截面

---

[1] 详见本书第肆部分。

[2] 见前引徐新云硕士学位论文,文中根据周边地区木构建筑及仿木构建筑资料,推断大殿年代当不晚于北宋熙宁年间(1068—1077)。

的 1.5 倍(图 2 - 6),将加大选材的难度并造成斜出部分之后木料的浪费,尤其不适用于松木这类大材珍惜、首先充用梁柱的树种。另外,松木木纹平直,若假昂斜出,其昂端部分与昂身没有直接的联系,也容易顺纹开裂、脱落。

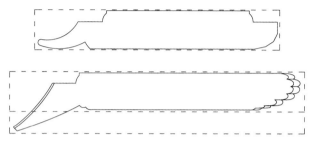

图 2 - 6　万荣稷王庙平出假昂与西上坊成汤庙斜出假昂加工面对比

　　宋代以前的木构建筑,绝大多数使用真昂,稷王庙的假昂是现在所见这一时期假昂的主要形式。不管是真昂,还是这类假昂,均保证了直材的充分利用。因此推测,昂底上卷与加工方式关系更为密切,而非特别的艺术处理。

四、材料更换

　　根据显微检测结果,现场粗视识别认作松木的样本分别为松科下的云杉和硬木松两属[1]。其中云杉主要用作柱、檩、椽,而硬木松主要用作栱、枋等构件。云杉材性不及硬木松,选用作柱并不合适;且大殿檐柱侧脚、升起不明显,柱头均无卷杀,从形制上看不符合早期建筑的特征,因此大殿现存云杉檐柱很可能为后期改换。结合大殿前檐明正德十六年(1521)更换的蟠龙石柱,推测云杉檐柱可能在此时更换,且由于柱、檩、椽等普遍更换为云杉,当与一次大规模落架重修相应。

　　大殿斗栱与梁架中更换构件制作粗糙,从形制上较易区分,从选材上也可明显判别,主要用椿木、榆木更换了原来的松木。其中,梁架改动较小,集中在仔角梁和

---

[1]　由于现场粗视识别不易区分云杉和硬木松,取样又不可能遍及每一个构件,因此不能区分未经显微检测的松木构件是云杉还是硬木松,故大殿选材图统一作松木,不能很好地表现这种选材不同的现象。这是本书个案研究的不足,也可见显微检测对于现场粗视识别的校验和细化。

东山当心间下平槫襻间枋,主要使用椿木进行了更换(图2-5、2-7);斗栱改动较大,集中在东西两山、后檐里转及各隔架斗栱上,基本使用榆木进行了更换(图2-8、2-9)。

图2-7　万荣稷王庙大殿东山平槫下椿木襻间枋替补原松木襻间枋

图2-8　万荣稷王庙大殿前檐补间铺作
原松木栱与槐木斗

图2-9　万荣稷王庙大殿前檐补间铺作
里转三跳以上榆木更换

2

晋城市泽州小南村二仙庙

一、基本情况[1]

　　二仙庙坐北朝南,分前后两进院落。大殿位于中轴线最北端,东西各三间悬山耳殿。大殿前有献殿、前殿,最前门楼已废,院东西两边为连排廊庑,格局如图2－10所示。据庙内现存碑文记载,二仙庙创建于北宋大观元年(1107)前,完工于政和七年(1117)。其后历史不详,至清顺治十八年(1661)"增新两翼",清嘉庆十三年(1808)重修东西耳殿、廊庑并修改水道,民国二十六年(1937)重修山门及两侧耳房。"文革"时山门、廊庑损毁,2005年重修东西廊庑。

　　大殿为宋末遗构[2],单檐歇山顶,面阔三间,进深三间四椽,殿内前檐置内柱两根。檐柱石质,侧脚、升起明显,素平柱础。柱上普拍枋至角部出头直截,阑额不出头。

　　斗栱分布疏朗,不施补间铺作。柱头铺作五铺作单杪单下昂,前檐计心重栱,山面及后檐偷心。栱端、昂面均起棱,要头作下昂状。里转出一跳,上承华头子后尾,出蚂蚱头,上衬昂与要头后尾托梁,昂下三角形空间施垫块,其外缘为卷云样式。角铺作正侧两面作重栱,要头出蚂蚱头,角缝单杪单下昂,上置由昂,里转单杪托华头子后尾托下昂、由昂后尾承老角梁。

　　梁架加工较为规整,前劄牵对后三椽栿用三柱。当心间东缝三椽栿较直,西缝

---

[1] 徐怡涛《长治、晋城地区的五代、宋、金寺庙建筑》第二章第四节,北京大学博士学位论文,2003年;山西古建筑保护研究所《山西晋城二仙庙勘察报告》,修缮工程报告,2009年8月。

[2] 大殿内有小木作天宫楼阁,并供奉二仙及各侍从塑像共16尊,参见吕舟、郑宇、姜铮《晋城二仙庙小木作帐龛调查研究报告》,科学出版社,2017年。

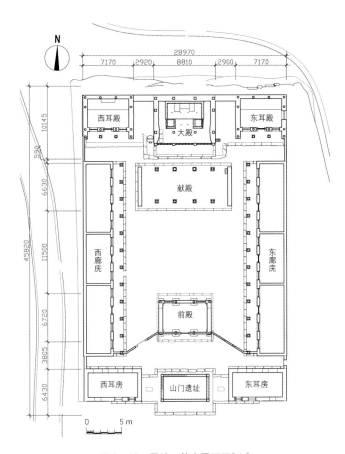

图 2-10　晋城二仙庙平面图[1]

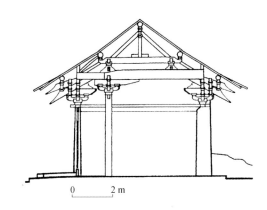

图 2-11　晋城二仙庙大殿横剖面图[2]

[1] 引自山西古建筑保护研究所《山西晋城二仙庙勘察报告》,修缮工程报告,2009 年 8 月。

[2] 引自徐怡涛《长治晋城地区的五代宋金寺庙建筑》,北京大学博士学位论文,2003 年。

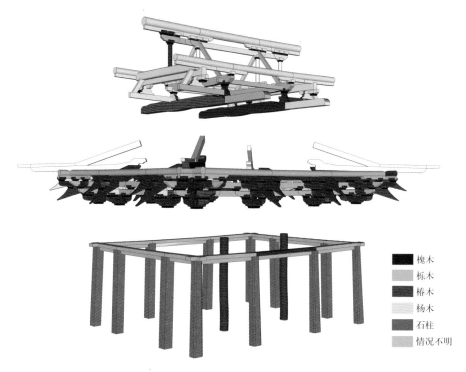

槐木
栎木
椿木
杨木
石柱
情况不明

图 2-12 晋城二仙庙大殿选材图——前檐、西山（西南向东北看）

槐木
栎木
椿木
杨木
石柱
情况不明

图 2-13 晋城二仙庙大殿选材图——后檐、东山（东北向西南看）

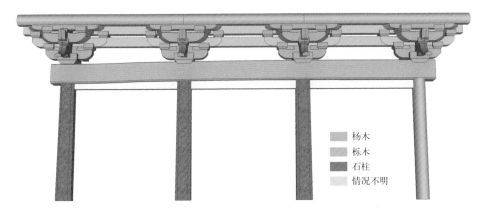

图 2-14　晋城二仙庙东耳殿前檐选材图

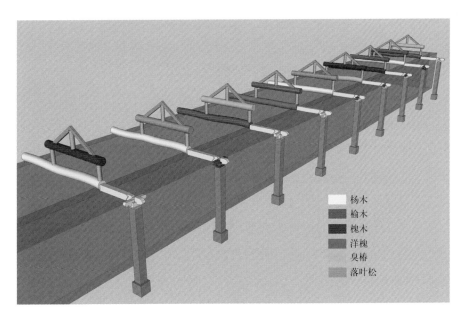

图 2-15　晋城二仙庙东廊庑选材示意图

为自然弯材,但断面均加工为长方形。三椽栿上前后驼峰承栌斗托平梁,平梁两端作栱承斗、替木托平槫,做法少见。平梁之上施合楂、蜀柱、栌斗、襻间栱托脊槫,两侧叉手捧襻间栱。山面前后丁栿平置,一端由山面柱头铺作昂与耍头后尾承托,另一端与三椽栿上驼峰相交,其上置驼峰承系头栿。

大殿东西耳殿亦为早期建筑,单檐悬山顶,面阔三间,进深四椽,前劄牵衬后三椽栿用三柱。前檐石柱上施圆形大额,额上柱头斗栱四铺作单假昂,昂面起棱,耍头作猢狮头。里转单杪承楂头状耍头后尾托劄牵。后檐柱头上直接托梁。三椽栿断面圆形,自然弯材,其上前后置蜀柱托平梁,平梁上设蜀柱、栌斗、实拍栱、替木托脊槫,两侧叉手交丁华抹颏栱托脊槫下皮。两耳殿不同之处为东耳殿内柱上施额承栌斗,而西耳殿内柱上施普拍枋承栌斗。从形制上分析,两耳殿当为金中晚期建筑[1]。

二、大木作选材

二仙庙修缮工程于 2009 年 12 月开工,2010 年 4 月开始修缮两庑及山门两耳房,2011 年 3 月开始修缮两耳殿,5 月开始修缮大殿。二仙庙修缮工期较长,庙内主要建筑开工较晚,考察时大殿还未完全落架,故借助施工脚手架在易于开展工作的部位进行了取样。大殿构件均漆红,殿内光线不足,因此不能全面地进行粗视识别[2],其选材图主要以显微检测结果为基础,采用分层表现的形式:梁架和内柱部分主要表现检测结果;额枋、斗栱部分综合了显微检测和现场粗视识别所见的选材情况。

大殿共取样 102 个,其中现场能进行粗视识别的有 65 个,粗视识别与显微检测不一致的有 10 个,占 15%,这与构件漆红、不易识别有很大关系。取样检测表见附录 5。大殿的选材图如图 2 - 12、2 - 13。

---

[1] 徐怡涛《长治晋城地区的五代宋金寺庙建筑》第三章第四节,北京大学博士学位论文,2003 年。
[2] 现场对外檐斗栱选材进行了粗视识别,但由于构件漆红,其准确性不能得到充分的保障,相对于其他选点,粗视识别与显微检测的一致程度稍低。

耳殿选材主要依据现场粗视识别,显微检测对主要的几种选材给予了确认:共取样15个,14个取自东耳殿,另1个取自西耳殿大额。东耳殿前檐选材图如图2-14。

东廊庑未作取样,只进行了主体结构的粗视识别,其选材繁杂,示意图如图2-15。

三、选材特征

二仙庙内时代和等级不同的三组建筑,在选材上存在明显的区别:

大殿为宋代建筑,主要用槐、栎两种木材。槐木主要作斗栱;而栎木纹理较直,适合加工为长构件,因此用作额、枋、梁等构件。

东西两耳殿为金代建筑,主要用栎、杨两种木材。杨木作大额、斗栱、梁;栎木作枋,且墙内木柱为栎木,西耳殿大额和东耳殿内额亦为栎木。东西耳殿前檐使用大额,这在山西南部金元建筑中较为常见。与此同时,柱、梁使用了断面为圆形的自然材。大额、大梁、大柱是这一时期建筑中的主要承重构件。从东西两耳殿大额使用不同材质可以看出,这一时期的工匠对这一类构件并没有固定的选材,选材的标准更可能取决于材料是否达到设计构件的长度和径围。从区域调查可见,杨、榆、槐、栎、椿木等乡土树种均可作大额、大梁,杨木是这类构件中最常见的选材,当与其较其他树木生长更迅速、树干更通直、工匠更易找寻等因素相关。

两庑,现代进行了较大的修缮,使用毛白杨更换了大量原始构件。仅存的原构时代不早于明,斗栱主要用榆木,而梁架用材混杂,榆、椿、槐、杨、松均有使用。

二仙庙建筑由主到辅,由宋至明清,大木作选材呈现出随意化和乡土化的趋势。

四、材料更换

大殿部分构件使用椿木,与大殿主要用材不同,且分布零散,其中西南角铺作的椿木构件做法与相同位置的槐、栎木构件没有明显差别,不能确定其是否为后期

图 2-16　晋城二仙庙大殿西山前檐　　　　图 2-17　晋城二仙庙大殿西山后檐铺作
　　　　铺作原槐木令栱　　　　　　　　　　　　更换的椿木令栱

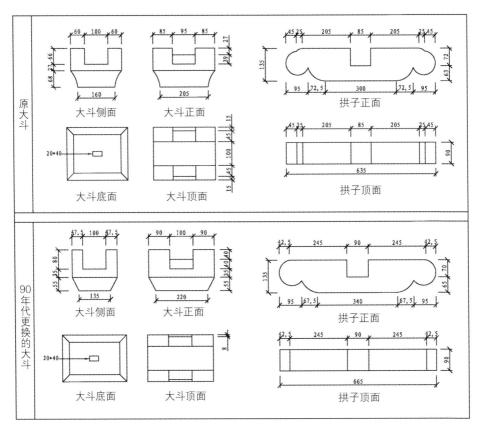

图 2-18　晋城二仙庙东廊庑旧榆木、新杨木构件形制对比图

更换。而在东西两山的令栱、替木,形制简陋,特别是其抹斜仅做一斜面,并没有表现出栱瓣(图2‐16、2‐17)。综合选材和形制特征,可判断山面椿木构件当为后期修缮更换。

东西两庑在2005年修缮中普遍使用杨木,反映出当时村民集资修缮、选材简易的情况。东庑斗栱中存在少数榆木构件,做法均较杨木构件精细(图2‐18),当为残存的原始构件。各梁选材不一,断面大小各异,但弯度大致相同,工匠主要对梁端头进行削补,使其前后端保持水平一致。

3

运城市芮城城隍庙

一、基本情况[1]

城隍庙现位于县城永乐南街小西巷内,坐北朝南,为前后三进院落,中轴线上由南往北存享殿、献殿、大殿、寝殿,一进为空地,二、三进东西均为厢房。据县志记载,庙创建于宋大中祥符年间(1008—1016)。据庙内碑文,城隍庙于明景泰六年(1455)、嘉靖二十七年至三十年(1548—1551)整体重修,清顺治三年(1646)寝殿火焚后重修,康熙十年(1671)、道光九年(1829)、咸丰六年(1856)均有修葺。民国二十四年(1935)重修献殿,后作为县博物馆使用。

大殿单檐歇山顶,面阔五间,进深三间六椽。柱均木质,角柱粗壮,略有侧脚,柱顶卷杀明显;平柱与殿内内柱柱径较小,顶部顺身抹斜。普拍枋较厚,至角部出头直截,其下阑额不出头。

斗栱形制纷繁,前檐为一个系统,山面和后檐为一个系统,每间均施一补间铺

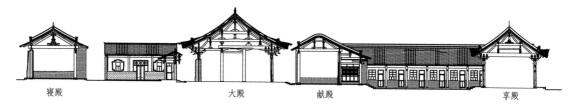

图 2-19　芮城城隍庙总剖面[2]

寝殿　　　　大殿　　　　献殿　　　　享殿

---

[1] 山西省古建筑保护研究所《芮城城隍庙勘察报告》,修缮工程报告,2008 年。
[2] 引自上注修缮工程勘察报告。

作。前檐柱头斗栱五铺作双假昂计心重栱[1]，昂面起棱，昂嘴高起。令栱造型不一，有标准做法，也有异形栱和抹斜出耳，耍头作猢狲头，其上衬枋头作麻叶头。里转双杪计心重栱，托楷头状耍头后尾承梁。前檐补间铺作与柱头铺作基本一致，唯里转两跳托耍头后尾直抵平棊枋。山面及后檐斗栱一般的形式为五铺作单杪单下昂计心重栱，但一跳栱端有的作插昂，有的作假昂，耍头及衬枋头形式同前檐。里转均双杪偷心托耍头后尾，补间斗栱于一跳栱头上置异形栱。转角铺作正侧两方向属于山面和后檐系统，角缝双假昂，二跳昂嘴与前檐同，其上由昂、衬枋头。里转双杪偷心，第二跳尤长，跳头置斗托正侧补间铺作耍头后尾，其上承由昂及衬枋头后尾，再上平置老角梁。

梁架使用断面为圆形的弯梁，前四椽栿压后乳栿用三柱，乳栿之上立蜀柱、四椽栿之上置驼峰，共承上层四椽栿，栿上前后置蜀柱托平梁，平梁之上施合楷、蜀柱、栌斗、捧节令栱托脊槫，两侧叉手交丁华抹颏栱抵槫。山面前后丁栿斜搭于四椽栿上，其上置驼峰承系头栿。

享殿亦为早期建筑，面阔五间，进深三间四椽，使用大额、大柱。四角柱使用自然弯材，前后檐次间平柱柱径粗大，当心间平柱细直。斗栱四铺作单杪，蚂蚱头形耍头，前檐补间铺作栌斗四角刻瓜棱，山面及角铺作栌斗为方形。殿内四架椽屋通檐用二柱，两端另接小梁头过柱头枋，四椽栿上前后立蜀柱，柱上置枋，枋上施纵向驼峰承平梁，平梁上置蜀柱、替木承脊槫，两侧叉手交丁华抹颏栱抵槫。山面丁栿斜搭于四椽栿上并交于蜀柱内。

二、大木作选材

城隍庙大殿于 2010 年 5 月开始整体修缮，椽檩落架，其他结构基本在架上修缮。因此现场考察、取样工作主要集中在大梁以下部分。檩条落架后集中堆放，不能区分各构件原位置，未取样，但逐一进行粗视识别后发现均为松木。

---

[1] 前檐斗栱按形制当使用清式术语进行描述，但为了同一单体建筑介绍内容形式统一，这里使用宋式术语。

大殿共取样 82 个,粗视识别与显微检测不一致的有 8 个,占 9.8%,为四种不常见树种:杉木、冷杉、柳树、梓木。取样检测表见附录 6。

根据检测结果,结合现场粗视识别,大殿选材图如图 2 - 22、2 - 23。

享殿在笔者考察时已经修缮完毕,不宜进行取样,现场针对外檐斗栱以下部分进行了粗视识别;殿内构件绘有彩画,情况不明。其选材图如图 2 - 24、2 - 25。

三、选材特征和材料更换

大殿历代重修,现在所见的选材情况是后期材料更换、累加造成的。

整体上,大殿斗栱主要使用槐木,而柱额、梁檩主要使用松木,两部分界线分明。从形制上看,松木构件如金柱、平柱、平板枋、衬枋头、平梁、檩等均具有明代特征,与大殿明嘉靖二十七年整体修缮对应,且大殿琉璃脊刹上有嘉靖三十年题记,可证这次修缮延续时间较长,规模较大,唯四角柱体量较大,柱头卷杀明显,且使用椿、槐类硬杂木,当为原始构件。因此推断,大殿在明代进行了一次大改动,主要使用松木更换了原柱网、梁檩,这种修缮痕迹通过选材图有直观反映。

从形制看,前檐斗栱具有明代特征,当与柱网、梁檩更换同期,与山面和后檐斗栱形制区别较大。前檐斗栱仍使用槐木,仅能通过材料的新旧判断前檐斗栱比山面和后檐斗栱晚,但不能通过材质区分。

部分散斗后期使用杨、椿木更换,制作简陋,无斗颛,斗口较浅,可见施工质量较差,可能与清代仓促补修相关。

大殿山面与后檐斗栱具有宋金建筑特征,是大殿保存下来的最老构件,但形制分布没有规律,单材、足材、假昂、真昂散乱(图 2 - 20)。这当与明代嘉靖大修时,将前檐斗栱拆除,以部分构件对山面、后檐已经糟朽的构件进行修补有关,是古建筑后代修缮过程中旧材重新利用、组织的佳例。

享殿所见选材情况亦为后期修缮造成。从材质上看,松木构件与杨、榆木构件结构关系不大,在额枋部位存在搭接现象(图 2 - 21),推断原建筑面阔当与大额长度相当,后期添加松木构件,以增广面阔。若此,四角的角柱也当为后期添加,它们

图 2-20　芮城城隍庙大殿后檐各铺作形制对比图

均为榆木,与杨木大柱形制不统一,且
部分柱身弯曲严重,也说明其为后期增
补。这样,斗栱层的铺作分布也不是原
状。从材质上看,山面的四组斗栱主要
使用杨木,而前后檐斗栱主要使用榆
木,它们可能不同期。推断后期修缮过
程中增加了面阔,角铺作向两边侧移一
间,留出的空位(即四杨木大柱之上)用
原山面补间铺作补充,再添加了现在所

图 2-21　芮城城隍庙享殿角部杨木
大额上搭接松木额枋

见的山面四组斗栱。殿内梁架也有大规模重修,勘察中发现,享殿次间东西缝四椽
栿上距现蜀柱内侧8.5厘米处有原蜀柱榫口,其旁并有托脚榫口,而现四椽栿两端
另接有圆形小梁头,可见在后期重修中,原进深大梁的长度不能满足要求,重新置
换了上部结构,并续补了梁头。

综上可知,享殿在后期(从现状梁架形制推断为明代)进行了大规模落架重
修,其原为四柱承额结构,其上四面置两组补间铺作,而后期增加了面阔、进深,添
加了角柱,移置并补充了檐下斗栱。原柱、额主要使用杨木,斗栱主要使用榆木,后
期添加构件杂乱,使用杨、榆、松、椿、槐等多种木材。

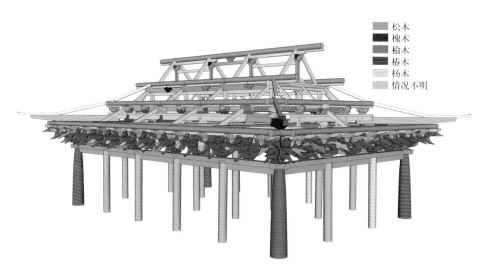

图 2-22　芮城城隍庙大殿选材图——前檐、东山（东南向西北看）

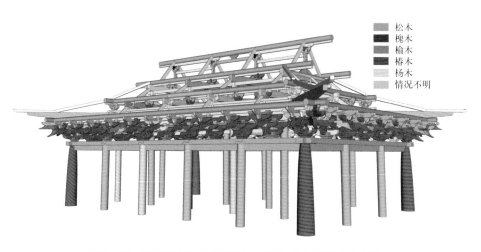

图 2-23　芮城城隍庙大殿选材图——后檐、西山（西北向东南看）

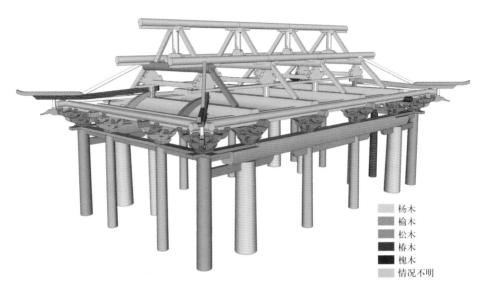

杨木
榆木
松木
椿木
槐木
情况不明

图 2-24　芮城城隍庙享殿选材图——前檐、西山 (西南向东北看)

杨木
榆木
松木
椿木
槐木
情况不明

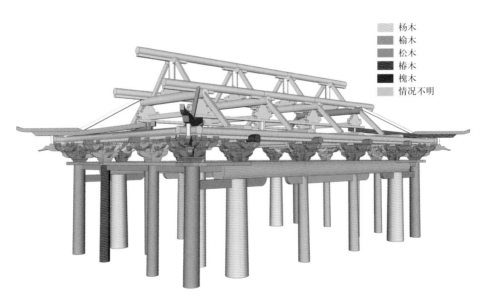

图 2-25　芮城城隍庙享殿选材图——后檐、东山 (东北向西南看)

4

长治市长子县西上坊村成汤庙

一、基本情况[1]

　　成汤庙坐北朝南,位于村南土岗之上,现仅存大殿一座。据碑文、铭刻记载,庙创建于金代以前[2],金皇统元年至天德二年(1141—1150)大规模重修,置门楼、献殿、中殿、后殿、东西挟屋、东西廊屋等,规模宏大。此后元至正、明嘉靖、清乾隆年间屡有修葺。新中国成立后,20世纪70年代为村委办公室,80年代村委搬出后一直荒废至今。

　　大殿单檐歇山顶,面阔五间,进深四间八椽。殿内减去后檐当心间二根内柱。前檐柱及角柱石质,其他均为木柱,角部略有侧脚、升起。柱上阑额、普拍枋过角柱出头。

　　斗栱布局疏朗,不施出跳的补间铺作,前檐、山面、后檐斗栱均不对称。前檐斗栱五铺作双假昂,山面斗栱五铺作单杪单假昂,后檐斗栱五铺作单杪单真昂,均为计心重栱。琴面昂,其下双瓣华头子,上出蚂蚱形要头。前檐及山面斗栱里转单杪托楷头承梁,后檐斗栱里转双杪托韡楔衬下昂后尾承梁。转角铺作正侧面作昂形要头,角缝单杪单下昂,其上由昂,里转三杪偷心托韡楔衬下昂、由昂后尾承角梁。

　　梁架使用断面为圆形的自然弯材作梁。八架椽屋,当心间东西缝前乳栿衬后六椽栿用三柱,次间梁架用四柱,于后檐设内柱承圆栌斗、斗栱托六椽栿底。六椽栿上前后蜀柱,其上四椽栿,再上前后蜀柱托平梁。平梁上合楷、蜀柱、栌斗、襻间栱托脊槫,两侧叉手与丁华抹颏栱咬合,并与襻间枋上所置散斗、替木相交。山面

---

[1] 徐怡涛、王书林、彭明浩《山西长子成汤庙》,天津大学出版社,2016年。
[2] 于大殿台基前曾发现唐天宝元年(742)经幢,现存于长子县博物馆,但地方祠庙建筑中一般不会出现佛教经幢,故无法确认经幢与该庙是否有直接联系。

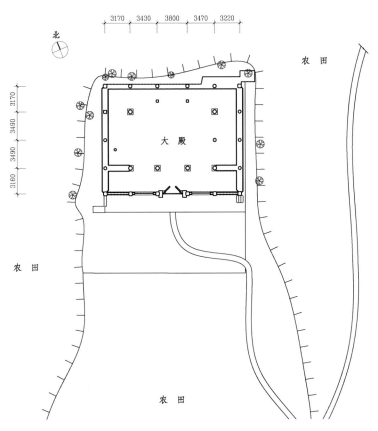

图 2‐26　长子西上坊成汤庙总平面图

(徐怡涛、王书林、彭明浩《山西长子成汤庙》)

居中的丁栿斜置于六椽栿之上,而前后檐丁栿平置于六椽栿之下,与内柱上斗栱交构。中平槫下随间各用实拍栱承单材襻间。上、下平槫下用捧节令栱。脊槫下用单材襻间,隔间相闪。

二、大木作选材

成汤庙大殿是个案中唯一未在修缮的建筑,且现状残损严重,因此无法对其梁架以上部分进行全面的考察。现场主要针对柱、额枋、铺作层和当心间西缝梁架进行了

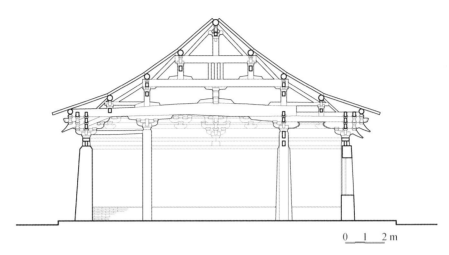

图 2-27　长子西上坊成汤庙大殿剖面图

（徐怡涛、王书林、彭明浩《山西长子成汤庙》）

粗视识别，在此基础上，选取重点结构详细取样，并对其他部分进行一定量的抽样。

总取样 123 个，现场无法识别的有 4 个，占 3.25%，粗视识别与显微检测不一致的有 6 个，占 4.88%。取样检测表见附录 7。

根据以上资料，结合现场调查，西上坊成汤庙大殿大木选材图如下图 2-28、2-29。

三、选材特征

大殿大木作各结构层无选材差别[1]，均以杨木为主要用材。在局部上，角铺作真昂、后檐真昂无一例外均使用槐木，从这些构件的形制和与其他构件的交接关系看，它们非后期更换构件，因此推测是工匠建造大殿时的有意安排。成汤庙大殿铺作层中，真昂是最长的构件，起主要的悬挑作用。选用槐木，或与它硬度、抗弯

---

[1] 梁架以上部分虽仅检测当心间西缝，但进行了部分梁架抽样检测。综合现有的检测结果和现场考察，大殿选材单纯，以杨木为主体，且其他几缝梁架形制特征、组织方式与当心间西缝基本一致，因此其选材情况应该不会有太大差异。

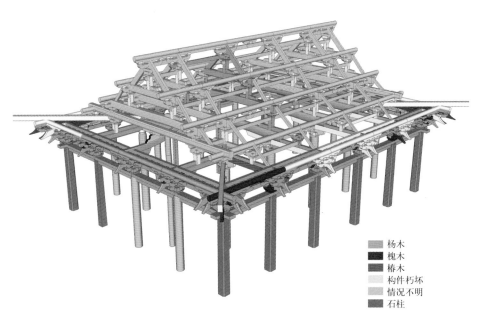

图 2-28　长子西上坊成汤庙大殿选材图——前檐、西山（西南向东北看）

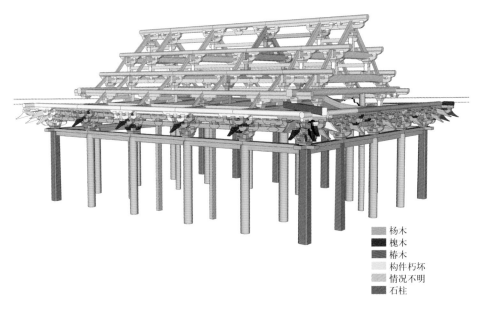

图 2-29　长子西上坊成汤庙大殿选材图——后檐、西山（西北向东南看）

强度、耐久性较杨木高相关。实际上，在现场调查中可以看到，凡是槐木构件均较杨木构件保存得好，受湿度、风化影响较小。

在一般的认识中，杨木质软易糟朽，不宜建房。但成汤庙大殿却大量使用杨木，这种现象在山西南部地区的金元建筑中很普遍。出现这种现象的原因，主要是优质材料不易找寻，人们不得不使用常见的乡土木材，这在本书的第肆章综合整个区域选材的总趋势后再详细说明。而如成汤庙使用的杨木，当地俗称大叶杨，由于大量用作建筑材料，现在已很少见。根据工匠修缮时的体验，这种杨木较现在习见的毛白杨、速生杨柔韧致密，材性并不差。其木纤维较长，适合做大的横向承重构件，广泛运用于大梁、大额。通过大大增加构件截面，可弥补杨木坚实程度的不足，并分担较小的杨木构件的承重压力。这样，通过大小、主次关系的安排，可使本来材性较弱的材料整合为一体，保证了建筑结构的稳固。

5

晋城市泽州冶底村岱庙

一、基本情况[1]

岱庙位于村西北高岗上,坐北朝南,依地形分高低两进院落。沿中轴线由南往北依次分布山门、舞楼、天齐殿,东西设殿、祠围合,其格局如图2－30所示。据庙内碑文、铭刻记载,宋元丰三年(1080)建天齐殿,金正隆二年(1157)建舞楼,金大

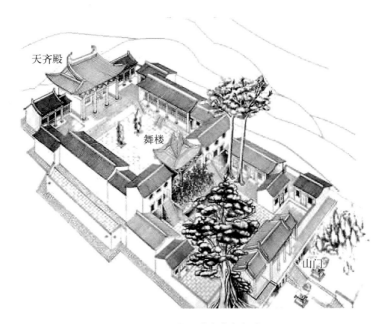

图2－30 泽州冶底岱庙鸟瞰

(李玉民、刘宝兰《晋城冶底岱庙天齐殿建筑与艺术风格浅析》)

[1] 山西省古建筑保护研究所《山西省泽州冶底岱庙勘察报告》,修缮工程报告,2006年;李玉民、刘宝兰《晋城冶底岱庙天齐殿建筑与艺术风格浅析》,《文物世界》2008年6期。

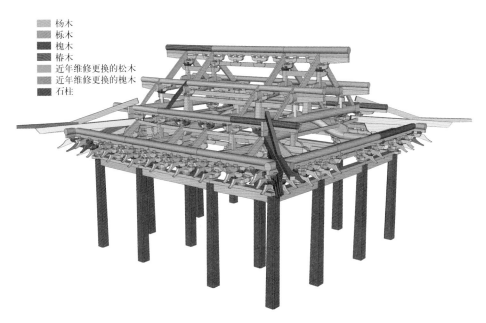

图 2-31　泽州冶底岱庙大殿选材图——前檐、东山（东南向西北看）

图 2-32　泽州冶底岱庙大殿选材图——后檐、西山（西北向东南看）

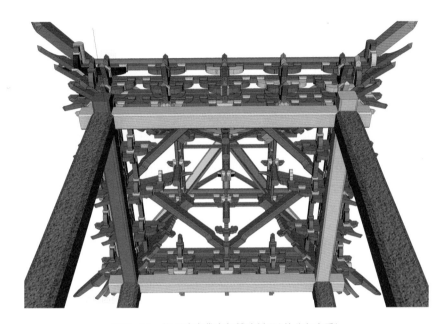

图 2-33　泽州冶底岱庙舞楼选材图(从北向南看)

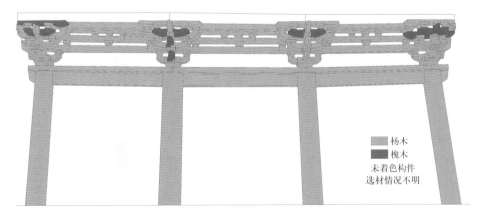

■ 杨木
■ 槐木
未着色构件
选材情况不明

图 2-34　泽州冶底岱庙山门前檐选材图(从南向北看)

定丁未年(1187)重修大殿,此后元明清屡有修缮。

天齐殿建于砖砌台基之上,单檐歇山顶,面阔三间,进深三间六椽,前檐出廊,置内柱两根。檐柱、内柱均石质,角柱侧脚、升起明显,阑额至角部不出头,普拍枋出头直截。

斗栱分布不均匀,前檐当心间施补间铺作两朵,次间一朵;两山南次间施补间铺作一朵,当心间及北次间不施补间铺作;后檐均不施补间铺作。柱头斗栱五铺作双假昂计心重栱,琴面昂,其下刻双瓣华头子,上出蚂蚱形耍头。铺作里转随梁位置的不同而各异,前檐单杪衬楮头状二昂后尾托梁,山面南侧出双杪托丁栿,山面北侧及后檐出双杪衬楮头状耍头后尾托梁。补间铺作使用讹角栌斗,外转同柱头铺作,里转三杪偷心,再上衬䫜楔托挑斡抵下平槫襻间栱栌斗。转角铺作正侧面五铺作单假昂单插昂,出昂形耍头。角缝前后檐不同,前檐单假昂单真昂,其上由昂,里转三杪偷心衬䫜楔托二昂、由昂后尾承角梁;后檐双假昂,其上由昂,里转三杪偷心衬垫块承角梁。

梁架使用断面为圆形的自然弯材作梁,前乳栿衬后四椽栿用三柱。四椽栿上前后蜀柱、栌斗托平梁,平梁上合楂、蜀柱、栌斗、襻间栱托脊槫,两侧叉手与丁华抹颏栱咬合,并与襻间枋上所置散斗、替木相交。脊槫下单材襻间,隔间相闪。山面前檐丁栿平置,作月梁状,与内柱上斗栱交构,后檐丁栿斜搭于四椽栿上。

舞楼虽创建于金代,但现存主体结构当为明万历四十三年(1615)重修所为,其形制从略。

山门亦为早期建筑,单檐悬山顶,面阔三间,进深两间六椽,设内柱分心。前檐柱头顺身斜抹,阑额至角部出头斜杀,普拍枋出头直截。只设柱头铺作,五铺作双假昂计心重栱,昂面起棱,昂嘴五边形,昂下刻两道起线华头子,耍头作龙头。瓜子栱、慢栱、令栱、替木均抹斜。里转双杪托耍头后尾承梁,每跳置异形栱。后檐不作斗栱,大梁直接搭于普拍枋上。殿内通四椽栿,其上前后分置四根蜀柱承劄牵及上部平梁,平梁上立蜀柱、栌斗、实拍襻间栱托脊槫,两侧叉手过丁华抹颏栱抵脊槫。

二、大木作选材

岱庙天齐殿从 2010 年 8 月开始修缮，至年底基本完工。笔者在岱庙考察时间较长，且天齐殿的体量和构造在山西南部地区的同时期建筑中具有一定的代表性，因此进行了全面的粗视识别和取样，以期最大程度地掌握粗视识别的准确率。

天齐殿取样 425 个，粗视识别与显微检测不一致的有 35 个，占 8.24%，其中 8 个是较为少见的山桐子、山荆子，9 个是槐、栎混淆，其他的为斗和殿内漆红构件认错。取样检测表见附录 9。

根据以上资料，再综合现场对各斗的粗视识别结果，天齐殿的大木作选材图如图 2 - 31、2 - 32。

舞楼落架修缮时间早于大殿，笔者在舞楼铺椽望阶段借助脚手架对各构件进行了粗视识别，对少数现场不能判断的构件进行了取样。由于没能跟上落架修缮阶段，无法了解这次修缮所更换的大木构件原材质。

舞楼共取样 17 个，所测树种如黄连木、野茉莉较罕见，且现场粗视识别时均将几个柳木样本认作杨木，因此现场粗视识别的可信度不足。但其主体选材——槐木的特征明显，较为明确。这里的选材图 2 - 33 仅供参考，黄色代表杨柳科，不区分为杨还是柳，褐色为槐，相关选材情况可参考附录 9。

山门 2003 年进行过整体修缮，这次未列入修缮项目中，因此现场对其的考察主要依靠粗视识别。山门内部梁架刷有红漆，情况不明。前檐大木作选材图如图 2 - 34。

三、选材特征

天齐殿主要使用杨、栎、槐木，三种材料分布混杂，互相交构，且不同材质的同类构件在形制上没有区别，因此这种情况当是大殿的原始情况。其中槐木主要用在角铺作，栎木主要用在柱头铺作和平梁，而杨木普遍存在。槐、栎木远较杨木硬实，加工难度也就更大。天齐殿主体结构使用杨木，而在角部、柱头等关键节点使用槐、枋木,反映出工匠设计、施工时在加工便宜和结构稳固之间的权衡。

天齐殿大木作主要使用杨木,从综合区域选材特征来看,这应当是金元时期才出现的现象,而现在一般根据大殿石柱上宋代题记推断天齐殿为元丰三年(1080)建筑。但大殿石柱与其上斗栱、梁架的整体比例有失匀称。更为直接的证据在于,大殿斗栱、梁架特征与附近高平西李门二仙庙大殿、中坪二仙宫大殿基本一致,且其铺作分布不均匀,补间铺作双假昂但后尾仍出挑斡的做法具有向金后期过渡的特征,故结合殿石门框上金大定丁未年(1187)题记,推断天齐殿石柱以上大木作当为此次金代修缮所改。

舞楼大额使用杨柳科树种,斗栱主要使用槐木,部分构件选用较为少见的树种,杂材较多;山门主要使用杨木,少量构件使用槐木。

四、材料更换

天齐殿 2003 年民间修缮时使用松木更换梁架构件,槐木更换斗栱构件,其更换情况可通过材种和材料的新旧程度与原构做明显区分。

大殿三根槫使用椿木,从选材上看可能是局部更换的结果。2010 年 8 月修缮时,为了抬升东南角柱,将前檐东次间下平槫(其中一根椿木槫)卸下,于槫下皮见明正德七年(1512)重修题记[1](图 2-35),其所记时间、人物、事件可与大殿东檐下现存明正德七年《重修东岳天齐庙碑》[2]对应。因此,可推断三根椿木槫均为此次重修更换。再考虑到该殿槫部以下无明显构件更换现象,可进一步推断此次修缮主要是重作屋顶,更换了部分槫条,由此说明修前屋顶已有局部坍塌漏雨现

---

[1] 题记由西向东分为四块,分别书写有:"做工人董子华""孙董仲威等共二十……李□ 白□ 正德七年(1512)四月二十八日记重修此庙长工每……蔡宝王福□施主董文怀……等一十八……木匠□□□""正德七年四月二十八日记重修此庙施主遇强贼□马……于河南地杀无……正德六年五月间石玉于本州杀人……冶底人□□□□""小名七□官名董子□"。

[2] 碑记:"……今有本镇董文怀见斯正殿毁故,风雨倾颓,圣像霖漓,实为难忍,先克己资,后会本社,捧白银百两,采木求材,重为更建……自正德辛未年(1511)兴工至壬申岁(1512)将毕,殿宇彩饰焕然一新……"

象。借此可以大致了解当时大殿修缮前后的状况，明白碑文所记"圣像霖漓"的直接原因，清楚"正殿毁故，风雨倾颓""采木求材，重为更建"的实际含义。

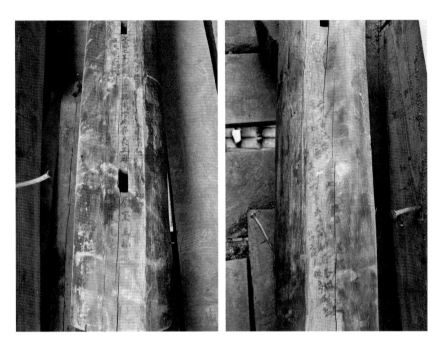

图 2 - 35　泽州冶底岱庙大殿椿木槫身上前后两部分题记

6

晋城市高平铁炉村清梦观

一、基本情况[1]

清梦观位于村东北山坡上,坐北朝南,前后两进院落,沿中轴线由南往北分布有山门、三清殿和玉皇殿,院落东西均有厢房围合,格局如图2-36所示。据庙内碑文记载,清梦观由姬志玄创建于蒙古统治时期[2],明隆庆元年(1567)重修前院西厢阎王殿并重妆塑像,明万历庚辰年(1580)重修三清殿,万历四十年(1612)重修玉皇殿,清嘉庆二十二年至道光四年(1818—1824)整体补修。

三清殿位于清梦观中部,单檐歇山顶,面阔三间,进深三间六椽。殿内后檐置内柱两根,用柱全为石质,角柱侧脚、升起不明显。阑额至角部不出头,普拍枋出头直截。斗栱分布均匀,每间置补间铺作一朵。柱头铺作四铺作单假昂,昂嘴高厚,断面五边形,昂下刻双瓣华头子,其上要头作蚂蚱头,令栱及其上散斗抹斜,里转单杪托楷头状要头后尾承梁。补间铺作四铺作单杪,里转单杪托楷头状要头后尾。角铺作正侧两面与柱头铺作同,角缝出假昂,其上由昂、衬枋头。里转双杪托衬枋头后尾承角梁。梁架使用断面为圆形的自然弯梁。前五椽栿压后劄牵用三柱。两山丁栿斜搭于五椽栿之上,上置蜀柱、栌斗承平梁。平梁上合㭼、蜀柱、栌斗、襻间栱托脊槫,两侧叉

[1] 山西省古建筑保护研究所《高平清梦观保护修缮勘察报告》,修缮工程报告,2007年。
[2] 庙内元中统二年(1261)《创建清梦观记》为姬志玄弟子姬志真对先生创建清梦观的追文,记述先生于贞祐南迁之末入道,游历四方,久之,"年已长矣,策杖而来,载经父母之邦,复造先人之庐"。其创建年代当较元中统二年立碑之时略早,与贞祐南迁之时(1213)当有一定距离,可基本以元中统二年为其创建年代,属蒙元时期。可参看霍建瑜《姬志真〈创建清梦观记〉碑文考》,《山西大学学报(哲学社会科学版)》2004年2期。

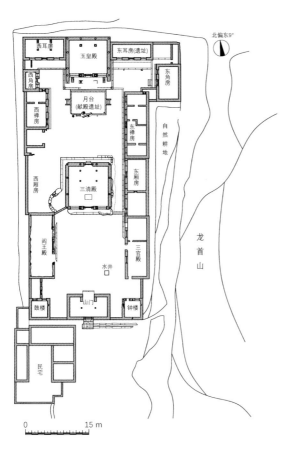

图 2-36　高平清梦观总平面[1]

手与丁华抹颏栱咬合,并与襻间枋上所置散斗、替木相交。脊槫下单材襻间,隔间相闪。

玉皇殿位于清梦观北端月台之上,单檐悬山顶,面阔三间,进深六椽,前檐出廊,立柱除两山四根立柱为木质外,其余均为石质。只施柱头铺作,四铺作单假昂,琴面昂,昂嘴厚,昂下刻四道起线华头子,其上昂形耍头,昂嘴出锋起棱,断面五边形,其下三瓣华头子。再上劄牵过槫出头,里转单杪托耍头后尾承梁。梁架使用断面为圆形的自然弯梁,当心间东西缝前后劄牵托四椽栿用四柱,山面前后乳栿中平梁。四椽栿前后置蜀柱、栌斗托平梁。平梁上合楷、蜀柱、栌斗、襻间栱托脊槫,两侧叉手与丁华抹颏栱咬合抵脊槫。

二、大木作选材

清梦观两座主要建筑的修缮时间不同:玉皇殿开工于 2010 年 5 月,笔者跟随施工进行了较为详尽的调查和取样;而三清殿开工于 8 月,由于种种原因,笔者未能于大殿落架时进行考察。虽委托工程资料员帮助进行了部分材料的记录和取

---

[1] 引自保护修缮勘察报告。

样,尽可能补充了基础资料,但由于未能直接接触材料,对三清殿不作具体讨论。

考察玉皇殿时,构件已全部落架,因此较易进行粗视识别,现场主要对选材具有代表性的部分构件和少数不易识别的构件进行了取样;三清殿的取样虽未进行粗视识别,检测结果亦列出供参考,两殿取样检测表见附录10。

根据现场考察和检测结果,玉皇殿大木作选材图如图2-38、2-39。

三、选材特征和材料更换

玉皇殿选材情况较为复杂,需先进行原构分析。

玉皇殿石柱为明万历四十年(1612)修缮时更换,《重修玉皇殿记》[1]曰"去原柱之木易之以石,石视木坚也;去原壁之土易之以砖,砖视土精也",是罕见的记载建筑材料更换的文字材料。2010年修缮时发现墙内明万历纪年砖,可与碑文相互印证。明万历修缮之前,"玉皇殿基址残败、柱朽壁巅,岌岌乎其坏坠焉"。既然柱、墙全然更换,当时定是落架整体修缮,其上木构件当有较多更换。

从木构选材来看,玉皇殿主要使用杨、松、槐三种材料,以杨木为主,松木构件主要集中在檩、枋部位,槐木构件零散。落架修缮过程中发现,部分杨、槐木构件下有墨书题记,指明构件位置(见附录11),而松木构件上未见。从形制来看,相同位置的槐木构件较杨木构件大,细节做法不同(图2-39),槐木构件与杨木构件是否同期还有待继续研究。而松木构件从上下两个方向将杨木构件包合,按照构件更换的逻辑,推断杨木构件为早期原构,松木构件为后期更换,可能与万历四十年的大修对应。

三清殿梁架结构具有金代遗风,当是蒙古统治时期原构,其主体结构使用杨、槐,但檩、枋也使用了许多松木,结合玉皇殿的情况考虑,亦不排除与明万历年间的大修相关。

---

[1] 碑现存于玉皇殿前檐东侧。

杨木
松木
槐木
榆木
椿木
石柱
情况不明

图 2 - 37　高平清梦观玉皇殿选材图——前檐、西山（西南向东北看）

杨木
松木
槐木
榆木
椿木
石柱
情况不明

图 2 - 38　高平清梦观玉皇殿选材图——后檐、东山（东北向西南看）

前檐当心间东栌斗（杨木，圆形榫）	
前檐最西栌斗（槐木，方形榫）	

图 2 - 39　高平清梦观玉皇殿槐、杨木构件对比

叁

区域调查

区域调查旨在弥补个案研究地域和时代上的限制,可起补充、参考作用;但受制于考察条件,调查无法做太多的取样,现场主要依靠粗视识别,其判断的准确性和科学性相对降低。考虑到调查的优势和劣势,笔者在选点和考察时遵循以下标准,尽可能发挥区域调查有利的一面:

　　1. 主要选择该地域公认的各时期代表性建筑,并尽量结合勘察测绘或修缮工程进行考察,选材情况不明的也予以提及并阐明具体原因;

　　2. 殿内梁架不宜粗视识别,若无特殊情况,不对梁架多加讨论,主要选取建筑外檐具有代表性的结构进行说明;

　　3. 尽可能就观察的代表性选材结构进行取样,以提供科学检测依据;

　　4. 若建筑修缮工程报告、相关论文有涉及选材内容,则选择该建筑进行考察,并结合报告了解其选材情况;

　　5. 晋西南元代建筑多,而宋金建筑很少,因此选点中未舍弃该地区时代存有争议的金代以前建筑。

　　为使行文简洁,本章以单体建筑为单元分述,除建筑年代、原构保存情况等基本问题外,建筑格局、沿革、形制等具体情况不作介绍,相关文献见注。

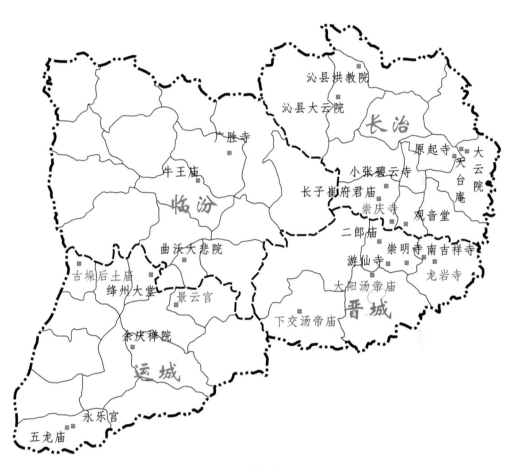

图 3－1　区域调查选点分布图

1
芮城龙泉村五龙庙正殿^[1]

芮城五龙庙正殿面阔五间,进深三间,四架椽屋通檐用二柱,柱头铺作五铺作双杪偷心,无补间铺作,根据构件形制和庙内所存唐代《龙泉记碑》断为唐太和五年(831)建筑。1958年进行大修时,更换了较多构件。现构件均涂有红漆,选材的具体情况已较难探明。

殿前檐当心间西柱与东北角柱部分外露,可观察到材质为松木。其山面斗栱还存有少量原构^[2],以东山南平柱头铺作保存最为完整,通过现场粗视识别,判断其构件材质如图3-2所示。

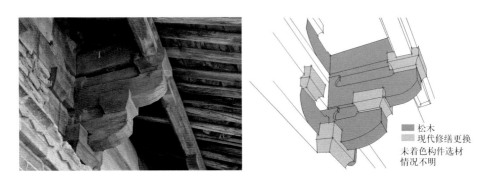

松木
现代修缮更换
未着色构件选材
情况不明

图3-2 芮城五龙庙大殿东山南平柱头铺作选材示意图

---

[1] 酒冠五《山西中条山南五龙庙》,《文物》1959年11期。
[2] 近代更换的构件虽形制上与原构一致,但无糟朽、棱角分明,易于与原构区分。

表 3-1 芮城五龙庙大殿取样检测表

编 号	名 称 位 置	粗视识别	显微检测	拉丁名
1	前檐当心间东柱	松	冷杉	*Abies* sp.
2	前檐当心间西柱	松	冷杉	*Abies* sp.
3	东北角柱	松	云杉	*Picea* sp.

2

平顺王曲村天台庵大殿[1]

　　大殿面阔三间,进深三间,四架椽屋通檐用二柱,四椽栿出头做华栱,以斗口跳托檐。大殿年代存疑[2]。调查时尚未进行修缮。根据现场调查,并结合部分构件

图3-3　平顺天台庵西南角铺作及前檐当心间西柱头铺作选材示意图

---

[1] 王春波《山西平顺晚唐建筑天台庵》,《文物》1993年6期;徐振江《平顺天台庵正殿》,《古建园林技术》
1989年3期。

[2] 平顺天台庵大殿一般认为是晚唐建筑,也有人认为是五代建筑。大殿并无直接相关的纪年材料,
其形制特征简单(主要推断其为唐代建筑的时代特征),如无普拍枋、扶壁栱组合、斗口跳、梁栿与
铺作结合等做法,均可延续至宋,其梁架以上部分后代维修改换较大。因此本书并不明确将此建
筑定为唐代建筑,而视为北宋以前建筑。在本章中仍作为此区域最早建筑之一,以免阙漏引起不
必要的讨论,但鉴于其年代的不确定性,在总结归纳中不作为主要的选点,仅供参考。

树种检测结果判断,大殿主要使用栎、槐两种木材,少量使用松木。栎木做梁、柱等长直构件,兼做斗栱;槐主要作斗栱;松木作枋。天台庵选材情况与晋城二仙庙大殿有类似之处,似乎年代较晚,但也可能是受区域小环境和建筑规格等因素影响。

表3-2　平顺天台庵大殿取样检测表

编　号	名 称 位 置	粗视识别	显微检测	拉丁名
1	前檐当心间西柱	栎	麻栎	*Quercus* sp.
2	西南角铺作栌斗	槐	槐树	*Sophora japonica*
3	西南角铺作南向华栱	槐	槐树	*Sophora japonica*
4	当心间西缝四椽栿	栎	麻栎	*Quercus* sp.

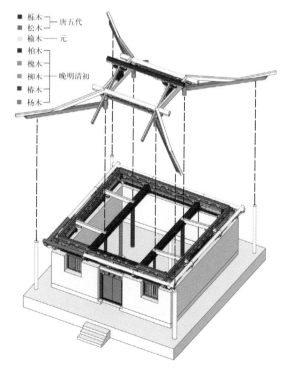

图3-4　平顺天台庵大殿构件选材

(李竞扬《山西平顺天台庵佛殿的修缮改易与旧貌管窥》)

　　后大殿于 2014—2016 年修缮,施工过程中发现脊榑有五代长兴四年(933)创修题记[1]。结合天台庵修缮,李竞扬对大殿历代修缮改易和选材树种做了较全面的调查,指出其"唐、五代用栎木和松木,元代更换构件用榆木等硬杂木,清代更换构件用杨木"(图 3-4)[2],可资参考。

---

[1] 帅银川、贺大龙《平顺天台庵弥陀殿修缮工程年代的发现》,《中国文物报》2017 年 3 月 3 日第 8 版。

[2] 李竞扬《山西平顺天台庵佛殿的修缮改易与旧貌管窥》,《建筑遗产》2021 年 3 期,25—35 页。

3

平顺实会村大云院弥陀殿[1]

　　弥陀殿面阔三间,进深三间,六架椽屋前四椽栿对乳栿用三柱,柱头斗栱五铺作双杪偷心,补间铺作与柱头铺作次序基本相同。大殿为五代晋天福三年(938)建筑,已经修缮并开放,不能取样,但其主要用材选用松木,特征明显。根据现场粗视识别,弥陀殿柱、额、枋、栱、梁普遍使用松木,斗使用槐木,以东南角铺作为例,其选材示意图见图3-5。

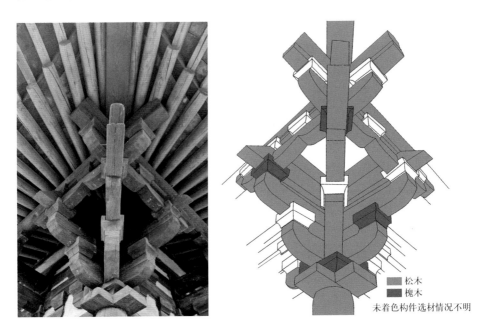

■ 松木
■ 槐木
未着色构件选材情况不明

图3-5　平顺大云院弥陀殿角铺作选材图

---

[1]　杨烈《山西平顺县古建筑勘察记》,《文物》1962年2期;柴泽俊《山西几处重要古建筑实例》,《柴泽俊古建筑文集》,文物出版社,1999年。

4
高平南赵庄二仙庙大殿

　　南赵庄二仙庙为北京大学考古文博学院 2015 年新发现的早期木构建筑。根据庙内碑文,其创建于北宋乾德五年(967),现存斗栱和部分梁架的形制结构与此纪年相符,为现知最早的北宋木构遗存[1]。该殿平面近方,单檐歇山顶,周围檐廊,面阔五间,柱头铺作五铺作双杪偷心,无补间铺作。大木作中栱、枋、梁普遍使用松木,而斗使用槐木。梁架后期更换构件选材杂乱,特别是当心间西侧一缝梁架,将原来的梁身后部锯截,而补以自然圆梁,反映了早晚期选材加工方式的巨大差异。

---

[1] 北京大学考古文博学院等《山西高平南赵庄二仙庙大殿调查简报》,《文物》2019 年 11 期,59—77 页。

5
高平圣佛山崇明寺中佛殿[1]

中佛殿面阔三间,进深两间,六架椽屋通檐用二柱,柱头铺作七铺作双杪双下昂,一、三跳偷心,第二跳计心重栱,补间铺作减跳,为北宋开宝四年(971)建筑。其选材情况与弥陀殿基本相同。2005 年重修时,用松木替换原梁架、栱枋,榆木更换斗。根据现场粗视识别,其柱头铺作选材示意图如图 3-6。

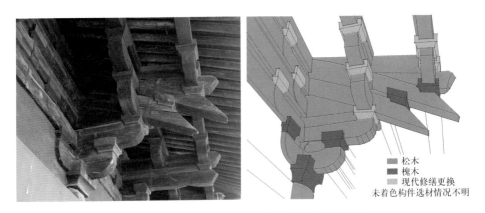

图 3-6　高平崇明寺大殿东山中柱头铺作选材示意图

[1] 张驭寰《上党古建筑》,天津大学出版社,2009 年,40—41 页。

6
长子紫云山崇庆寺千佛殿[1]

千佛殿面阔三间,进深三间,六架椽屋前四椽栿对后乳栿用三柱,柱头斗栱五铺作单杪单下昂偷心,无补间铺作,为北宋大中祥符九年(1016)建筑,于2006年整体修缮,其大木作选材情况基本同上。东南转角铺作还较为完整地保存有原构,选材示意图如图3-7。

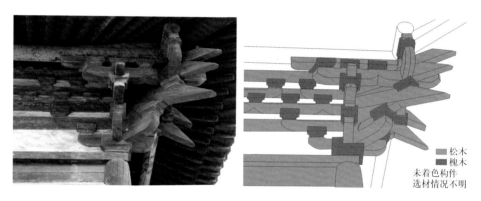

松木
槐木
未着色构件
选材情况不明

图3-7　长子崇庆寺千佛殿东南角选材示意图

[1] 杨烈《长子县崇庆寺千佛殿》,《历史建筑》1959年1期;张驭寰《上党古建筑》,天津大学出版社,2009年,31—35页。

7

陵川平川村南吉祥寺大殿

南吉祥寺大殿面阔三间,进深三间,六架椽屋通檐用二柱,柱头斗栱五铺作单杪单下昂偷心,补间五铺作双杪偷心出斜栱,其梁架以下部分为宋天圣八年(1030)创修原构,梁架以上后期改动。檐柱、额枋普遍使用松木,斗栱使用松、槐两种木材。与前面诸例不同的是,大殿泥道栱、一跳华栱等长度较小的栱使用槐木,表现出了一定的过渡特征。取其具有代表性的柱头、补间铺作分示如图3-8。

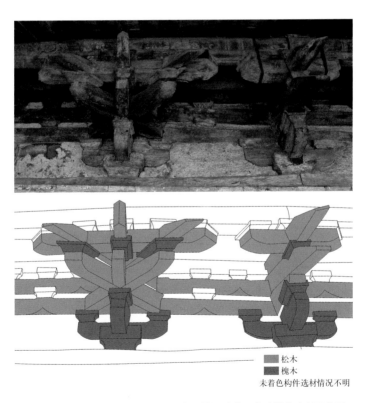

图3-8　陵川南吉祥寺大殿后檐东次间补间铺作及柱头铺作选材示意图

8

高平游仙山游仙寺毗卢殿

毗卢殿面阔三间,进深三间,六架椽屋前四椽栿压后乳栿用三柱,柱头斗栱五铺作单杪单昂偷心,补间五铺作双杪偷心。按碑文记载,大殿建于北宋淳化年间(990—994),康定元年(1040)重修[1]。从斗栱形制来看,其与周边的南吉祥寺大殿(1030)、小会岭二仙庙正殿(1069)基本一致,偷心做法较高平开化寺大雄宝殿(1073)、晋城青莲寺释迦殿(1089)、晋城二仙庙大殿(1107)偏早,但出昂形耍头又较宋初略晚,与康定纪年(1040)更为吻合,可作为北宋前后两期的分界。梁架以上部分[2]当为金代改动,可能与其后金代三佛殿的营建有关。

由于大殿外檐施有彩画,内部涂有红漆,其大木作选材情况无法通过普通调查探明。根据《晋东南古建筑木结构用材树种鉴定研究》[3]一文对于游仙寺斗栱的两个检测数据结果(均检测为麻栎,但不知其具体位置),结合其构件表面普遍粗糙起棱的现象,判断斗栱很有可能普遍使用栎木。实际情况尚待进一步考察检测,这里仅为推断,因此该建筑并不适合作为具体实例。但考虑到游仙寺毗卢殿建筑年代与形制均处于区域整合研究重要的结点位置,需要给予一定的说明。

---

[1] 李会智、李德文《高平游仙寺建筑现状及毗卢殿结构特征》,《文物世界》2006 年 5 期。文中将毗卢殿整体断为宋代建筑,指出其做法在许多方面具有领先性,但未说明大殿现存遗构分别与淳化、康定纪年的相关性。

[2] 梁架使用断面为圆形的自然弯梁;前四椽栿压后乳栿用三柱;前丁栿使用爬梁,后丁栿作月梁形与内柱斗栱交构;叉手托脊槫均为金代建筑常见特征,且其补间铺作后尾与殿内结构无交接,故推测梁架整体在金代进行了改动。

[3] 殷亚方等《晋东南古建筑木结构用材树种鉴定研究》,《文物世界》2010 年 4 期。

9
长子小张村碧云寺大殿[1]

　　碧云寺大殿面阔三间,进深三间,四架椽屋前三椽栿对后劄牵用三柱,柱头四铺作单昂,无补间铺作。大殿无明确纪年材料,从形制上看当为北宋中后期建筑[2]。大殿构件上均刷有红漆,现场不能考察材质。2009年借助测绘机会,对大殿主体结构进行了抽样。根据检测结果,大殿主要使用麻栎,兼用椿、槐、杨木等乡土树种。值得注意的是,大殿三椽栿仍使用硬木松,反映出当时人们在松木匮乏的情况下,甄选松木做关键结构的过渡行为。

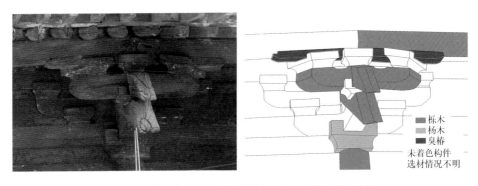

图 3-9　长子碧云寺大殿前檐当心间东柱头铺作选材示意图

---

[1] 北京大学考古文博学院《山西长治长子县部分宋金木构建筑普查鉴定报告》,2007年;贺大龙《长治五代建筑新考》,文物出版社,2008年。

[2] 上注中贺大龙断碧云寺大殿为五代建筑,北京大学考古文博学院的鉴定报告认为大殿为北宋中后期建筑。从现有的大木作选材情况看,大殿更可能是北宋中后期建筑。

表 3-3 长子碧云寺大殿取样检测表

编 号	位 置	显微检测	拉 丁 学 名
1	前檐当心间西柱	麻栎	*Quercus* sp.
2	前檐当心间东柱	麻栎	*Quercus* sp.
3	前檐西次间阑额	槐树	*Sophora japonica*
4	前檐当心间西柱头铺作栌斗	臭椿	*Ailanthus altissima*
5	前檐当心间西柱头铺作下昂	麻栎	*Quercus* sp.
6	前檐当心间西柱头铺作耍头	臭椿	*Ailanthus altissima*
7	前檐当心间东柱头铺作栌斗	杨树	*Populus* sp.
8	前檐当心间东柱头铺作令栱	麻栎	*Quercus* sp.
9	前檐当心间东柱头铺作替木	臭椿	*Ailanthus altissima*
10	当心间东缝三椽栿	硬木松	*Pinus* sp.
11	东山后檐丁栿	槐树	*Sophora japonica*
12	当心间东缝平梁	麻栎	*Quercus* sp.
13	前檐东次间檐槫	麻栎	*Quercus* sp.

10

潞城辛安村原起寺大雄宝殿[1]

　　大雄宝殿面阔三间,进深三间,四架橼屋通檐用二柱,四橼栿出头作华栱挑檐,无补间铺作。大殿无明确纪年材料,从形制上分析当为北宋中后期建筑[2]。2006年修缮时更换了较多构件,原始选材情况已不清楚。构件上均刷有红漆,不能进行粗视识别,现场从大殿所存的部分原构上取样。经检测,大雄宝殿选材繁杂,使用了较多稀见树种。而栎木做柱、栱,大梁选用松木的做法,与碧云寺大殿基本相同,从选材上看两殿时代当较接近。

表3-4　潞城原起寺大雄宝殿取样检测表

编　号	名　称　位　置	显微检测	拉　丁　名
1	西南角柱	麻栎	*Quercus* sp.
2	殿内西内柱	械树	*Acer* sp.
3	前檐当心间西柱头铺作南北向支替	七叶树	*Aesculus* sp.
4	西山当心间南柱头铺作栌斗	臭椿	*Ailanthus altissima*
5	西山当心间南柱头铺作华栱	麻栎	*Quercus* sp.
6	后檐当心间西柱头铺作栌斗	山荆子	*Malus baccata*
7	后檐当心间西柱头铺作华栱	栾树	*Koelreuteria* sp.
8	当心间西缝三橼栿	云杉	*Picea* sp.

[1] 古代建筑修整所《晋东南潞安、平顺、高平和晋城四县的古建筑》,《文物参考资料》1958年3期;贺大龙《潞城原起寺大雄宝殿年代新考》,《文物》2011年1期。

[2] 上注仙洲执笔的古代建筑修整所文认为大雄宝殿可能是宋代晚期建筑,贺大龙认为大雄宝殿为五代建筑。本书主要根据徐怡涛晋东南早期建筑年代分期结论认为大雄宝殿为北宋中后期建筑,见徐怡涛《长治晋城地区的五代宋金寺庙建筑》,北京大学博士学位论文,2003年。

11
沁县郭村大云院大殿

　　沁县地处长治盆地西北缘、太岳山脉之间，周边林木资源当较其他地域丰富，因此选择大云院大殿作为实例，有助于了解区域小环境对建筑选材的影响。大殿悬山顶，面阔三间，进深三间，六架椽屋前后劄牵用四柱，柱头铺作四铺作单杪，无补间铺作。大殿无明确的纪年材料，从形制上分析当为宋末金初建筑。综合现场粗视识别和显微检测，其檐柱主要使用松木[1]，内柱使用杨木[2]，斗栱主要使用槐木。值得注意的是，前檐柱头铺作令栱均使用松木。松木在柱、栱上都有一定程度的使用，似反映出盆地周边多林地带的建筑在选材的变化上存在一定的滞后性。大殿前檐东柱头铺作选材如图3-10所示。

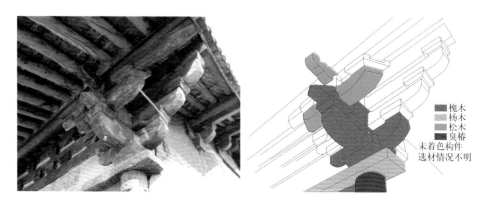

槐木
杨木
松木
臭椿
未着色构件
选材情况不明

图3-10　沁县大云院大殿前檐东角部柱头铺作选材示意图

---

[1] 大殿前檐东檐柱使用臭椿，与其他三檐柱选材不同，且柱头不做卷杀，当为后期更换构件。
[2] 内柱柱头卷杀做法自然，从形制分析与檐柱应为同期构件，使用杨木当不是后期更换造成，可能是由于内柱较檐柱长，当时松木不能满足长度要求所致。

表 3-5　沁县大云院大殿取样检测表

编 号	名 称 位 置	粗视识别	显微检测	拉 丁 名
1	前檐东角柱	槐	臭椿	*Ailanthus altissima*
2	前檐当心间东柱	松	硬木松	*Pinus* sp.
3	前檐当心间西柱	松	硬木松	*Pinus* sp.
4	前檐西角柱	松	硬木松	*Pinus* sp.
5	前檐东内柱		杨树	*Populus* sp.
6	前檐西内柱		杨树	*Populus* sp.
7	前檐东次间阑额	槐	槐树	*Sophora japonica*
8	前檐东次间普拍枋	杨	杨树	*Populus* sp.
9	前檐东角部柱头铺作栌斗	槐	槐树	*Sophora japonica*
10	前檐东角部柱头铺作泥道栱	槐	槐树	*Sophora japonica*
11	前檐东角部柱头铺作华栱	槐	槐树	*Sophora japonica*

12

夏县晁村余庆禅院大殿[1]

　　大殿悬山顶,面阔五间,进深三间,六架椽屋前后劄牵用四柱,柱头铺作四铺作单杪,无补间铺作。大殿断为元丰八年到元祐三年(1085—1088)建筑[2]。根据现场粗视识别及部分木柱的显微检测,大殿主体结构普遍使用榆木。由于榆木自然弯曲,形态不一,致使大殿檐柱柱径大小有别。大殿四椽栿原是自然弯材,前高后低,1980年大修时将其改换为现在所见的松木直材,为保证底皮取平,将前内柱斗底削去5厘米。

表3-6　夏县余庆禅院佛殿取样检测表

编　号	名　称　位　置	粗视识别	显微检测	拉　丁　名
1	前檐东角柱	榆	榆树	*Ulmus* sp.
2	前檐东次间东柱	榆	榆树	*Ulmus* sp.
3	前檐当心间东柱	榆		
4	前檐东次间东内柱	榆	榆树	*Ulmus* sp.
5	前檐当心间西内柱	榆	榆树	*Ulmus* sp.

[1] 李志荣《山西省夏县司马光墓余庆禅院的建筑》,《文物》2004年6期。
[2] 大殿并无直接相关的纪年材料,现主要依据余庆禅院创建的年代推断其年代,从形制上看,大殿是
　　否在金代重修仍存有疑问。由于晋西南地区宋金建筑较少,建筑年代较难准确判断,因此本书仍
　　采用宋元祐年间建筑的说法,但不作为讨论建筑选材的标尺,介绍木材料相关内容主要侧重在现
　　代修缮中材料更换问题上。

13

陵川梁泉村龙岩寺中佛殿[1]

　　龙岩寺中佛殿面阔三间,进深三间,六架椽屋前四椽栿压后乳栿用三柱,柱头铺作五铺作单杪单假昂计心重栱,补间铺作次序与柱头相同,但用真昂。大殿建成于金天会十二年(1134),2009年底开始修缮。据工程施工单位介绍[2],中佛殿主要使用槐木,现场粗视识别所见与此基本相同,其选材很单纯,少有槐木以外的其他树种。槐木多弯曲,需精挑细选才能做大料,而中佛殿柱、额、枋均较规则,大梁也较通直,说明当时选材相对充裕。据寺内金大定三年(1163)《龙岩寺记》载:"而我先人慨然而为首,并维那常祐等十有二人,鸠工哀旅,协力同心,伐木疏左右之林,运土塞往来之路,乃命公输设矩匠石挥斤,橡闻橐橐之声,筑有登登之喜,不逾于岁,已即其功。"[3]可知木材来源于附近树林。

---

[1] 张驭寰《陵川龙岩寺金代建筑及金代文物》,《文物》2007年3期;山西省古建筑保护研究所《陵川龙岩寺修缮工程勘察报告》,修缮工程报告,2007年。

[2] 该修缮工程由河南工程队负责,非山西古建筑保护研究所直接负责,因此现场未作取样,仅借助施工脚手架进行了外檐部分斗栱柱额、殿内内柱的粗视识别。修缮时所更换下来的东南角梁置于东廊内,为槐木材质。

[3] 碑现存于陵川龙岩寺后殿前廊东侧。

14
长治赵村观音庙观音殿[1]

观音殿面阔三间,进深三间,四架椽屋前劄牵托后三椽栿用三柱,柱头铺作四铺作单昂,仅当心间施一朵补间铺作。从形制上看,观音殿为金代早期建筑,近年村民修缮时于脊檩下枋发现清嘉庆重修题记,记载金皇统五年(1145)重修一事,可与其形制特征对应。

观音殿的木构均施有彩绘或红漆,粗视识别无法判断材质。2009 年,笔者借助对该建筑进行测绘的机会,对主要构件进行了取样。根据检测结果,大殿主要使用杨木,部分构件使用槐木,三椽栿特别选用松木,与碧云寺大殿类似,体现了金初建筑选材仍具有一定的过渡特征。

图 3-11　长治观音庙观音殿前檐当心间东柱头铺作选材示意图

[1] 北京大学考古文博学院《山西南部四市省级文物保护单位调查》,调查报告,2008 年。

表 3-7　长治观音殿取样检测表

编　号	位　　置	显微检测	拉 丁 学 名
1	前檐当心间东柱头铺作栌斗	杨树	*Populus* sp.
2	前檐当心间东柱头铺作泥道栱	杨树	*Populus* sp.
3	前檐当心间东柱头铺作华栱	槐树	*Sophora japonica*
4	前檐当心间补间铺作栌斗	杨树	*Populus* sp.
5	前檐当心间补间铺作泥道栱	杨树	*Populus* sp.
6	前檐当心间补间铺作里转挑斡	硬木松	*Pinus* sp.
7	前檐当心间补间铺作挑斡	杨树	*Populus* sp.
8	东北角铺作东侧令栱	杨树	*Populus* sp.
9	东北角铺作角昂	槐树	*Sophora japonica*
10	东北角铺作角梁	杨树	*Populus* sp.
11	当心间东缝前劄牵	杨树	*Populus* sp.
12	当心间东缝三椽栿	硬木松	*Pinus* sp.
13	当心间东缝平梁	杨树	*Populus* sp.

15

长子县城崔府君庙大殿[1]

　　崔府君庙大殿面阔五间,进深四间,八架椽屋前后乳栿用四柱,柱头铺作五铺作双假昂计心重棋,补间铺作次序与柱头相同,但第二跳用真昂。大殿无相关纪年材料,但从形制上看,为典型的金代建筑。2010 年 7 月开始落架大修,笔者借修缮机会对前檐柱头铺作和当心间东缝梁架进行了粗视识别和取样,根据检测结果,大殿主要使用杨木和槐木,殿内的松木内柱为后期更换。值得指出的是,大殿部分构件上有墨书题记,如取样检测的西北角由昂即题有"西北角垛",以标明构件位置。这些构件材质均为洋槐。洋槐为近代国外引种,因此可判定这些题有墨书的构件当为近代修缮更换[2]。

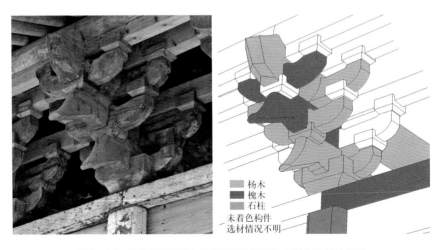

图 3－12　长子崔府君庙大殿前檐当心间西柱头铺作选材示意图

[1] 北京大学考古文博学院《山西长治长子县部分宋金木构建筑普查鉴定报告》,鉴定报告,2007 年;山西省古建筑保护研究所《山西省长治市长子县崔府君庙正殿修缮工程勘察报告》,修缮工程报告,2008 年 10 月。
[2] 大殿在 20 世纪 50 年代改造为学校礼堂,有过一次大修。

表 3－8　长子崔府君庙大殿取样检测表

编　号	名　称　位　置	粗视识别	显微检测	拉　丁　名
1	当心间西缝后内柱	松	硬木松	*Pinus* sp.
2	当心间东缝后内柱	松	硬木松	*Pinus* sp.
3	前檐当心间普拍枋	槐	槐树	*Sophora japonica*
4	前檐当心间西柱头铺作栌斗	杨	杨树	*Populus* sp.
5	前檐当心间西柱头铺作第一跳昂	杨	杨树	*Populus* sp.
6	前檐当心间西柱头铺作泥道栱	杨	杨树	*Populus* sp.
7	前檐当心间西柱头铺作泥道慢栱	杨	杨树	*Populus* sp.
8	前檐当心间西柱头铺作一跳交互斗	杨	杨树	*Populus* sp.
9	前檐当心间西柱头铺作瓜子栱	杨	杨树	*Populus* sp.
10	前檐当心间西柱头铺作慢栱	杨	杨树	*Populus* sp.
11	前檐当心间西柱头铺作二跳昂	槐	槐树	*Sophora japonica*
12	前檐当心间西柱头铺作令栱	槐	槐树	*Sophora japonica*
13	前檐当心间西柱头铺作耍头	杨	杨树	*Populus* sp.
14	西北角由昂	洋槐	洋槐	*Robinia pseudoacacia*
15	东南角梁	杨	杨树	*Populus* sp.
16	当心间东缝前乳栿	杨	杨树	*Populus* sp.
17	当心间东缝四椽栿	杨	杨树	*Populus* sp.
18	当心间东缝后乳栿	槐	槐树	*Sophora japonica*
19	当心间东缝四椽栿上前蜀柱	松	硬木松	*Pinus* sp.
20	当心间东缝平梁	杨	杨树	*Populus* sp.
21	当心间东缝脊柱		臭椿	*Ailanthus altissima*
22	当心间东缝脊柱上栌斗	杨	杨树	*Populus* sp.
23	当心间东缝后叉手	杨	杨树	*Populus* sp.

16
曲沃曲村大悲院过殿^[1]

过殿面阔三间,进深三间,六架椽屋分心用三柱,柱头铺作五铺作双昂计心单栱,补间铺作次序与柱头相同。过殿现存主体结构为金大定十三年(1173)重修,局部构件后期更换,2007年整体修缮。笔者对过殿选材的考察主要依靠粗视识别,并对部分檐柱和内柱取样,可见过殿柱网使用榆、槐木。其东北角铺作可在旁边房屋上近距离观察,通过现场粗视识别,及对由昂、角梁取样检测验证,其铺作选材基本为槐木,上下樽、枋等长直构件使用松木,如图3-13。

松木
槐木
未着色构件
选材情况不明

图3-13 曲沃大悲院过殿东北角铺作选材示意图

[1] 徐新云《临汾、运城地区的宋金元寺庙建筑》第二章第三节,北京大学硕士学位论文,2009年。

表 3-9　曲沃大悲院过殿取样检测表

编　号	名　称　位　置	粗视识别	显微检测	拉　丁　名
1	前檐当心间东柱	榆	榆树	*Ulmus* sp.
2	前檐当心间西柱	槐	槐树	*Sophora japonica*
3	后檐当心间东柱	槐	槐树	*Sophora japonica*
4	后檐当心间西柱	榆	榆树	*Ulmus* sp.
5	东内柱	榆	榆树	*Ulmus* sp.
6	西内柱	槐		
7	东北角由昂	槐	槐树	*Sophora japonica*
8	东北老角梁	松	云杉	*Picea* sp.

17
沁县南涅水洪教院大殿

　　沁县洪教院处于太岳山区。大殿悬山顶,面阔三间,进深三间,六架椽屋前后劄牵用四柱,柱头铺作五铺作单杪单昂计心重栱,第一跳上两侧出斜栱,无补间铺作,为典型的金代建筑。根据现场粗视识别和典型构件的取样检测,大殿主体构件均使用杨木,与这一时期盆地平原地区的建筑选材情况基本一致。值得注意的是,大殿两旁各一间方形悬山配殿,为元代建筑,柱、额、斗栱普遍使用松木。配殿的这种选材情况,还见于沁县仁胜村洪济院中殿和后殿[1]、武乡故城大云寺东西配殿[2],这在北宋中期以后很少见,在沁县、武乡地处盆地边缘山林地区的一部分金元古建筑中也还见有这种早期选材特征,似反映出区域小范围的森林环境对建筑取材的直接影响[3]。

表 3 - 10　沁县洪教院大殿取样检测表

编　号	名　称　位　置	粗视识别	显微检测	拉　丁　名
1	前檐东角柱	杨	杨树	*Populus* sp.
2	前檐东次间阑额	杨	杨树	*Populus* sp.
3	前檐东角柱柱头铺作栌斗	杨	杨树	*Populus* sp.

[1] 洪济院中后殿形制较为特殊,有早期建筑特征,但昂嘴高厚,粗略推断为金元建筑。院内有金代敕牒碑。

[2] 配殿从形制上分析当为金构。

[3] 洪教院金代大殿使用杨木,而元代配殿反使用松木,仍为很特别的现象,其原因当不单是取材环境的影响,可能与建筑营建的经费、建筑的体量、工匠的来源等因素相关。

18

高平王报村二郎庙戏台[1]

　　高平二郎庙戏台四角立柱,其上托大额设斗栱,四铺作单昂,通过构件形制和台明题记断为金大定二十三年(1183)建筑。大殿修缮属山西南部工程,完工于2009年底,由山西古建筑保护研究所李玉民工程师负责方案设计。李玉民工程师长期驻地指导修缮工程,对二郎庙的情况很熟悉。笔者通过他了解到,戏台原构几乎全部使用杨木,修缮用材为榆木和松木。《晋东南古建筑木结构用材树种鉴定研究》一文中对二郎庙斗栱、檩、柱的三个取样的检测结果也为杨木[2],可作为一定的佐证。

---

[1] 山西省古建筑保护研究所《二郎庙保护修缮勘测报告》,修缮工程报告,2006年6月。
[2] 殷亚方等《晋东南古建筑木结构用材树种鉴定研究》,《文物世界》2010年4期。文中取样位置前后不合,这里取用后面的说法。

19
高平古寨花石柱庙大殿[1]

大殿现面阔三间,其额枋斗栱及殿内梁架后期改换较大,但尚保留有基本的早期遗构,前檐石柱有泰和七年(1207)捐柱题铭,与木构的形制年代特征相符。建筑现存的原构中,斗栱、大额及额上垫板基本为杨木,而明清替补更换的替木和梁架构件基本为松木,反映出选材的更替。

表 3-11 高平花石柱庙大殿取样检测表

编 号	位 置	是否原构	显微检测	拉丁学名
1	前檐西角柱柱头铺作栌斗	是	杨树	*Populus* sp.
2	前檐西角柱柱头铺作泥道栱	是	杨树	*Populus* sp.
3	前檐西角柱柱头铺作华栱	是	杨树	*Populus* sp.
4	前檐西角柱柱头铺作交互斗	是	杨树	*Populus* sp.
5	前檐西角柱柱头铺作令栱	是	杨树	*Populus* sp.
6	前檐西角柱柱头铺作慢栱	是	杨树	*Populus* sp.
7	前檐西角柱柱头铺作耍头	是	杨树	*Populus* sp.
8	前檐西角柱柱头铺作西散斗	是	杨树	*Populus* sp.
9	前檐西角柱柱头铺作替木	是	杨树	*Populus* sp.
10	前檐当心间补间铺作栌斗	是	杨树	*Populus* sp.
11	前檐当心间补间铺作泥道栱	是	杨树	*Populus* sp.
12	前檐当心间补间铺作华拱	是	杨树	*Populus* sp.

---

[1] 北京大学考古文博学院2019年测绘实习考察,具体内容参看本系列丛书后续出版的《山西高平古寨花石柱庙建筑考古研究》。

编　号	位　　置	是否原构	显微检测	拉丁学名
13	前檐当心间补间铺作交互斗	是	杨树	*Populus* sp.
14	前檐当心间补间铺作令栱	是	杨树	*Populus* sp.
15	前檐当心间补间铺作昂	是	杨树	*Populus* sp.
16	前檐当心间补间铺作西散斗	是	杨树	*Populus* sp.
17	前檐当心间补间铺作东散斗	是	杨树	*Populus* sp.
18	前檐当心间补间铺作替木	否	硬木松	*Pinus* sp.
19	前檐当心间东柱头铺作栌斗	是	榆树	*Ulmus* sp.
20	前檐当心间东柱头铺作泥道栱	是	杨树	*Populus* sp.
21	前檐当心间东柱头铺作华栱	是	杨树	*Populus* sp.
22	前檐当心间东柱头铺作交互斗	是	杨树	*Populus* sp.
23	前檐当心间东柱头铺作令栱	是	杨树	*Populus* sp.
24	前檐当心间东柱头铺作西散斗	是	杨树	*Populus* sp.
25	前檐当心间东柱头铺作东散斗	是	杨树	*Populus* sp.
26	前檐当心间东柱头铺作替木	否	硬木松	*Pinus* sp.
27	当心间东乳栿	否	硬木松	*Pinus* sp.
28	当心间东乳栿上蜀柱	否	硬木松	*Pinus* sp.
29	前檐东次间大额	是	杨树	*Populus* sp.
30	前檐东次间大额上垫板	是	杨树	*Populus* sp.
31	前檐东次间补间铺作栌斗	是	杨树	*Populus* sp.
32	前檐东次间补间铺作泥道栱	是	杨树	*Populus* sp.
33	前檐东次间补间铺作华栱	是	枣树	*Zizyphus* sp.
34	前檐东次间补间铺作交互斗	是	杨树	*Populus* sp.
35	前檐东次间补间铺作令栱	是	杨树	*Populus* sp.
36	前檐东次间补间铺作昂	是	柳树	*Salix* sp.
37	前檐东次间补间铺作西散斗	是	杨树	*Populus* sp.
38	前檐东次间补间铺作替木	是	杨树	*Populus* sp.
39	前檐东次间下平槫	否	硬木松	*Pinus* sp.

20
阳城下交汤帝庙献殿[1]

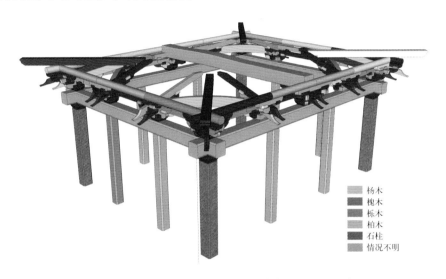

图 3-14　阳城下交汤帝庙献殿选材图——前檐、西山（西南向东北看）

杨木
槐木
栎木
柏木
石柱
情况不明

献殿四角设石柱托大额，额上斗栱四铺作单昂。建筑始建于金大安三年（1211），后期多有重修，原构尚不单纯[2]。这里将献殿列入，主要是因为其为山西南部工程在建项目，笔者在现场进行考察时可借助施工条件，掌握较具体的情况。由于工程非山西古建筑保护研究所直接负责，故主要针对现场粗视识别存疑的构件进行了取样。

献殿主要使用杨、槐木，现代修缮更换梁柱时使用松木，更换斗栱时使用椿木。椿木虽为硬杂木，但髓心软、易糟朽，材质硬却韧性不足，易横向断裂，在民间虽有吉祥之义（带"春"字），但较榆、槐为次。现代修缮前，献殿梁架以下部分的选材情况如图 3-14。

[1] 朱向东、姚晓《商汤文化对晋东南宋金祭祀建筑的影响——以下交汤帝庙为例》，《华中建筑》2011 年1 期。
[2] 下交汤帝庙四角柱上分别有大安二年、三年题记，明嘉靖十五年《重修正殿廊庑碑》载："汤庙乃辽大安二年（1086）所建，实宋哲宗元祐元年也。"辽域不及阳城，碑记石柱铭文误将金大安解为辽大安所致。从形制看，其整体构造如真昂、昂嘴厚起棱、大额、大栌斗等具有金代建筑特征，但细节上如无斗凹、叉手抵槫等又晚至明，不知是否与汤帝庙明代重修相关。

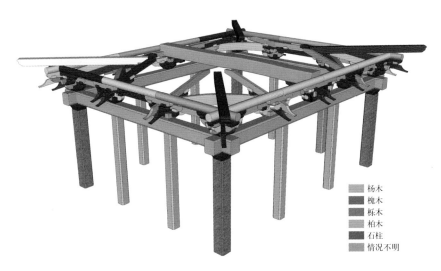

图 3-15　阳城下交汤帝庙献殿选材图——后檐、东山（东北向西南看）

表 3-12　阳城下交汤帝庙取样检测表

编　号	位　　　置	粗视识别	显微检测	拉丁学名
1	西山北平柱	杨	圆柏	*Sabina* sp.
2	前檐大额	杨	杨树	*Populus* sp.
3	西南角铺作西侧令栱	柏	圆柏	*Sabina* sp.
4	前檐西补间铺作二跳昂	槐		
5	前檐中补间铺作二跳昂	槐	槐树	*Sophora japonica*
6	前檐中补间铺作令栱	槐	槐树	*Sophora japonica*
7	后檐西补间铺作一跳昂	槐	槐树	*Sophora japonica*
8	后檐西补间铺作泥道慢栱	槐	麻栎	*Quercus* sp.
9	西北角铺作西侧令栱上南散斗		槐树	*Sophora japonica*
10	西山南补间铺作一跳昂		槐树	*Sophora japonica*
11	前檐西次间檐栿	槐		

21
高平府底玉皇庙大殿[1]

　　大殿悬山顶,面阔三间,六架椽屋前乳栿衬后四椽栿用三柱,前出檐廊,柱头铺作四铺作单昂,无补间铺作。根据大殿结构、形制,可判断其为金末元初建筑。借助测绘,我们对大殿大木构件进行了采样,主要集中在当心间西侧一缝。根据检测结果,其主体梁栿、斗栱构件以杨木为主要用材,占77.1%;部分蜀柱、耍头构件使用榆、枣木。从其形制及交接关系看,这些构件当为原构,推测是大殿营造过程中工匠的有意安排。

　　庙前山门年代相对大殿略晚,但由于近年烧毁,测绘时仅针对部分残构进行了少量抽样。其大梁呈自然弯材,使用杨木,而部分斗栱构件检测为松木,较为特别。

表 3－13　高平府底玉皇庙大殿取样检测表

编 号	位　　　置	显微检测	拉 丁 学 名
1	当心间西缝平梁	杨树	*Populus* sp.
2	当心间西缝脊槫正下蜀柱	柳树	*Salix* sp.
3	当心间西缝脊槫下襻间栱	榆树	*Ulmus* sp.
4	当心间西缝北叉手	杨树	*Populus* sp.
5	当心间西缝顺脊串	杨树	*Populus* sp.
6	后檐当心间西缝上平槫下蜀柱上栌斗	杨树	*Populus* sp.
7	后檐当心间西缝上平槫下襻间栱上东散斗	杨树	*Populus* sp.

---

[1] 北京大学考古文博学院2019年测绘实习考察,具体内容参看本系列丛书后续出版的《山西高平府底玉皇庙建筑考古研究》。

编　号	位　　置	显微检测	拉　丁　学　名
8	后檐当心间西缝上平槫下襻间栱	杨树	*Populus* sp.
9	后檐当心间西缝上平槫下替木	杨树	*Populus* sp.
10	后檐当心间西缝上平槫下蜀柱东侧横枋	杨树	*Populus* sp.
11	后檐当心间西缝上平槫下蜀柱	榆树	*Ulmus* sp.
12	后檐当心间西缝上平槫	无法鉴定	
13	后檐当心间西缝上平槫下合楷	杨树	*Populus* sp.
14	当心间西缝四椽栿	硬木松	*Pinus* sp.
15	前檐西次间普拍枋	桑树	*Morus* sp.
16	前檐当心间西缝栌斗	杨树	*Populus* sp.
17	前檐当心间西缝一跳昂	杨树	*Populus* sp.
18	前檐当心间西缝泥道栱	杨树	*Populus* sp.
19	前檐当心间西缝昂身后尾上斗	桑树	*Morus* sp.
20	前檐当心间西缝乳栿	杨树	*Populus* sp.
21	前檐当心间西缝昂上交互斗	榆树	*Ulmus* sp.
22	前檐当心间西缝令栱	杨树	*Populus* sp.
23	前檐当心间西缝要头	枣树	*Zizyphus* sp.
24	前檐当心间西缝替木	杨树	*Populus* sp.
25	前檐西次间檐槫	杨树	*Populus* sp.
26	前檐当心间西缝下平槫下蜀柱	榆树	*Ulmus* sp.
27	前檐西次间下平槫下串枋	杨树	*Populus* sp.
28	前檐当心间西缝下平槫下栌斗	杨树	*Populus* sp.
29	前檐当心间西缝下平槫下剳牵	杨树	*Populus* sp.
30	前檐当心间西缝下平槫下捧节令栱	杨树	*Populus* sp.
31	前檐当心间西缝下平槫下替木	杨树	*Populus* sp.
32	前檐西次间下平槫	杨树	*Populus* sp.

续　表

编　号	位　　置	显微检测	拉丁学名
33	前檐当心间西缝上平槫捧节令栱	杨树	*Populus* sp.
34	前檐当心间西缝上平槫下蜀柱上栌斗	杨树	*Populus* sp.
35	前檐当心间西缝上平槫下替木	杨树	*Populus* sp.
36	前檐当心间西缝上平槫下串枋	杨树	*Populus* sp.
37	后檐当心间西缝下平槫下串枋	杨树	*Populus* sp.
38	后檐当心间西缝下平槫下栌斗	杨树	*Populus* sp.
39	后檐当心间西缝下平槫襻间栱	杨树	*Populus* sp.
40	后檐当心间西缝下平槫下襻间上东散斗	杨树	*Populus* sp.
41	后檐当心间西缝下平槫下襻间上西散斗	杨树	*Populus* sp.
42	后檐当心间西缝下平槫下合楷	杨树	*Populus* sp.
43	后檐当心间西缝下平槫襻间替木	杨树	*Populus* sp.
44	后檐西次间下平槫	杨树	*Populus* sp.
45	后檐西次间檐槫	榆树	*Ulmus* sp.
46	当心间东缝平梁	杨树	*Populus* sp.
47	当心间东缝前檐剳牵	杨树	*Populus* sp.
48	当心间东缝四椽栿	杨树	*Populus* sp.
49	前檐当心间东缝内柱	榆树	*Ulmus* sp.

22
芮城永乐宫龙虎殿[1]

芮城永乐宫龙虎殿即山门,其后由南往北分布三清殿、重阳殿、纯阳殿,均为元代建筑。龙虎殿面阔五间,进深两间,六架椽屋分心用三柱,柱头铺作五铺作单杪单昂计心重栱,补间铺作次序与柱头一致。殿内彻上露明,可详尽观察,且考察时借管理单位日常检修的机会,上梯对西山南平柱头铺作部分构件进行了抽样,因此永乐宫龙虎殿的选材情况最为清楚。其柱、额、梁、檩普遍使用松木,斗栱使用槐木。

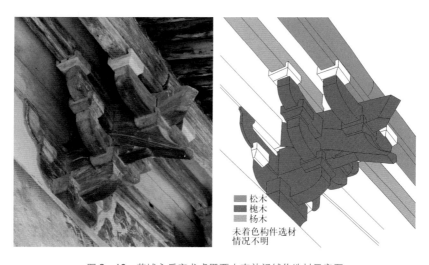

松木
槐木
杨木
未着色构件选材
情况不明

图 3-16　芮城永乐宫龙虎殿西山南补间铺作选材示意图

[1] 杜仙洲《永乐宫的建筑》,《文物》1963 年 8 期;宿白《永乐宫创建史料编年——永乐宫札记之一》,《文物》1962 年 Z1 期;宿白《永乐宫调查日记——附永乐宫大事年表》,《文物》1963 年 8 期。

表 3 - 14　芮城永乐宫龙虎殿取样检测表

编　号	名 称 位 置	粗视识别	显微检测	拉 丁 名
1	东南角柱	松	落叶松	*Larix* sp.
2	后檐当心间西柱	松	云杉	*Picea* sp.
3	西山南次间普拍枋		杨树	*Populus* sp.
4	西山南次间补间铺作栌斗	槐	槐树	*Sophora japonica*
5	西山南次间补间铺作泥道栱	槐	槐树	*Sophora japonica*
6	西山南次间补间铺作瓜子栱	槐	槐树	*Sophora japonica*
7	西山南次间补间铺作慢栱上枋	杨	杨树	*Populus* sp.
8	西山南次间补间铺作华头子	槐	槐树	*Sophora japonica*
9	西山南次间补间铺作二跳昂	槐	槐树	*Sophora japonica*
10	西山南次间补间铺作令栱	槐	槐树	*Sophora japonica*
11	西山南次间补间铺作替木	松	云杉	*Picea* sp.
12	西山南次间檐槫	松	云杉	*Picea* sp.

23
泽州大阳汤帝庙大殿[1]

　　大殿悬山顶,为典型的大额式建筑,其前檐以四根立柱托三条大额承檐下斗栱,殿内按梁缝划分实为七间,斗栱五铺作双昂计心重栱。殿脊刹吞口间题有"至正"年号,可与明万历七年《重修汤帝庙东廊房记》所载"殿悬匾额大元至正四年并脊有记"对应,推断大殿为元至正初(1341—1345)建筑。汤帝庙属山西南部工程,基本完工于2010年初,笔者没能跟上工期,但冶底岱庙工程队和监理单位参加了工程,笔者通过木工和监理了解到汤帝庙大殿几乎所有构件都使用杨木,与笔者现场调查情况一致。大殿选材相当单纯,普遍使用杨木为主要构材。

---

[1] 李玉民《大巧若拙——漫谈泽州大阳汤帝庙成汤殿建筑风格》,《文物世界》2007年4期。

24
绛州州署大堂[1]

　　绛州大堂也是大额式建筑,内外均施大额承托横梁,按梁缝划分实为七间,斗栱五铺作双昂计心单栱。从斗栱、梁架的形制看,大堂在一定程度上保留了金代建筑风格,而通过柱上榫口及普拍枋的接缝,可判断原建筑柱网与其上梁架相对,很可能元代改动了大堂柱网,增加了大额,并更换了部分铺作构件(如象鼻昂等),才成为了现在的形式。

　　2009 年绛州大堂整体修缮,现在殿前还存有当时修缮更换下的前檐大额,为杨木材质,而更换的大额选用通直的松木,与原建筑自然、灵活的整体风格明显不符。大堂柱网选材杂乱,当与后期柱网改造有关;斗栱以榆木为主。

---

[1] 李志荣《元明清华北华中地方衙署个案研究》,北京大学博士学位论文,2004 年。

表 3-15　绛州大堂取样检测表

编　号	名　称　位　置	显微检测	拉　丁　名
1	前檐东 3 柱 [1]	侧柏	*Platycladus orientalis*
2	前檐东 4 柱	杨树	*Populus* sp.
3	前檐西 4 柱	槐树	*Sophora japonica*
4	前檐西 3 柱	侧柏	*Platycladus orientalis*
5	前檐西 2 柱	槐树	*Sophora japonica*
6	前檐中平槫下西 1 内柱	云杉	*Picea* sp.
7	前檐中平槫下西 2 内柱	杨树	*Populus* sp.
8	前檐中平槫下西 3 内柱	杨树	*Populus* sp.
9	后檐下平槫下东 1 内柱	杨树	*Populus* sp.
10	后檐下平槫下东 2 内柱	榆树	*Ulmus* sp.
11	后檐下平槫下西 2 内柱	榆树	*Ulmus* sp.
12	后檐下平槫下西 1 内柱	槐树	*Sophora japonica*
13	后檐当心间西柱	槐树	*Sophora japonica*
14	前檐当心间大额	杨树	*Populus* sp.

---

[1] 因大额式建筑柱网不规整,这里以当心间分东、西,东端柱称为东 1,往中部顺次编号;西端柱称为西 1,往中部顺次编号。

25

洪洞霍山广胜寺下寺[1]

　　广胜寺现存建筑基本为元大德七年(1303)大地震后陆续重建,分上下两寺。下寺中轴线由南往北分布山门、中佛殿、后殿,均为元代建筑。梁柱普遍使用杨木,斗栱普遍使用槐木,部分额枋使用松木。中佛殿梁架构件上多有墨书题记,其中后檐东侧内额下题记"三月十三日本寺僧人广乾施杨树一根作梁银三两五……"[2],记有施材树种,尤为难得。下寺西南侧水神殿后横置一粗大直材,长10余米,径过1米,杨木材质,当地老乡称为"木神",也可见杨木堪成大材。

表3-16　洪洞广胜寺下寺取样检测表

编　号	名　称　位　置	粗视识别	显微检测	拉　丁　名
1	山门东内柱	杨	杨树	*Populus* sp.
2	山门后檐东角柱	杨	杨树	*Populus* sp.
3	山门后檐当心间东柱	杨	杨树	*Populus* sp.
4	中佛殿前檐当心间东柱	杨	杨树	*Populus* sp.
5	中佛殿前檐当心间西柱	杨	杨树	*Populus* sp.
6	后殿前檐当心间西柱	杨	杨树	*Populus* sp.
7	水神殿后10余米长、1米径大材	杨	杨树	*Populus* sp.

---

[1] 柴泽俊、仁毅敏《洪洞广胜寺》,文物出版社,2006年。
[2] 题记据笔者现场抄录,其前后两端被额下绰幕枋遮挡。

26

临汾魏村牛王庙戏台、后殿[1]

　　牛王庙戏台以四根角柱(前檐两石柱,后檐两木柱)托大额,其上设五铺作双昂计心重栱,由前檐石柱题记[2]和建筑形制可确认为元代建筑,主体构件普遍使用杨木。

　　后殿前檐施大额,殿内按梁缝划分为三间,六架椽屋前乳栿后四椽栿用三柱,

表3-17　临汾牛王庙取样检测表

编　号	名　称　位　置	粗视识别	显微检测	拉　丁　名
1	戏台后檐东柱	杨	杨树	*Populus* sp.
2	戏台后檐西柱	杨	杨树	*Populus* sp.
3	戏台前檐大额	杨	杨树	*Populus* sp.
4	戏台东北角柱上大斗	杨	杨树	*Populus* sp.
5	后殿前檐东角柱	杨	柳树	*Salix* sp.
6	后殿前檐当心间东柱	椿	臭椿	*Ailanthus altissima*
7	后殿前檐当心间西柱	椿	臭椿	*Ailanthus altissima*
8	后殿前檐西角柱	杨	杨树	*Populus* sp.
9	后殿前檐大额	杨	杨树	*Populus* sp.
10	后殿前檐东绰幕枋	松	云杉	*Picea* sp.

---

[1] 吴锐《临汾市魏村牛王庙元代戏台修复工程述要》,《文物季刊》1992年1期。

[2] 西北柱有大元国至元二十年(1283)题记,东北柱有大元国至治元年(1321)题记,两题记时隔近40年,当非工程的延续时间,而是经大德七年(1303)大地震后重修的反映。

额上斗栱为五铺作双昂计心重栱。后殿无相关纪年材料，与戏台结构、形制对比，亦当为元代建筑。其前檐东西角部位置可进行粗视识别，结合显微检测，可确认后殿柱、额、斗栱用材以杨木为主。额下当心间东西柱使用椿木，与后殿整体选材有别，且柱底垫有较高的柱墩，柱顶直抵大额下皮，交接生硬，应为后期所加。原前檐大额当通跨三间，仅东西两端立柱。

27

河津古垛后土庙大殿[1]

　　大殿悬山顶,面阔三间,进深三间,四架椽屋通檐用二柱,前檐柱头斗栱四铺作单昂,无补间铺作。大殿当心间脊部襻间枋上题有"时大元国元贞元年岁次乙未孟夏上旬二日创建庙宇",结合结构、形制,可确认其为元贞元年(1295)建筑。根据山西古建筑保护研究所提供的现场修缮资料,大殿檐柱使用杨木和松木;内柱使用杨木和柏木;斗栱主要使用槐木,少量使用榆木;梁架除四椽栿使用杨木外,其他构件均使用松木;槫亦使用松木,部分替木使用柏木。

---

[1] 后两座建筑主要根据修缮工程施工方负责人采访,由于修缮工程中注意构件选材情况的不多见,且这些
　　资料也反映了一些较特殊的选材情况,列出以供参考。

28
绛县东灌底村景云宫大殿

　　景云宫仅存大殿,面阔五间,进深三间,六架橼屋前四橼栿对后乳栿用三柱,前檐柱头铺作五铺作双昂计心重栱,补间铺作次序与柱头基本一致。大殿断为元代建筑。根据李玉民工程师的勘察,该殿木构件材质分为四种:大型梁栿多为槐木和核桃木,斗栱为槐木(兼有其他杂木),当心间两根内柱为杨木,檐柱为本地楸木,其他构件为本地松木。

山西南部大木作选材特点

1

大木作选材的时代演变与地域特征

根据前文的调查,参考其他地点及晋中、晋北建筑选材的部分资料(列表见后),可以将山西南部地区早期古建筑大木作选材情况分为三期:

第一期　北宋中期[1]以前

这一时期,古建筑除斗以外,各构件普遍使用松木,斗主要使用槐木或者榆木。构件加工规整,均使用直材。

第二期　北宋中期至宋末

这一时期,古建筑少用松木,各构件主要使用槐、榆、栎三种常见木材,局部出现少量杨木构件。在一些主体结构构件上,还有选用松木的现象。加工仍较规整,但已使用自然弯材,通直材料渐少,开始使用石柱。该期属于过渡时期。

第三期　金元时期

这一时期,古建筑中大量使用杨木,也普遍使用槐、榆、栎、椿木等。各建筑选材情况差异较大,但均使用习见的乡土树种。大型构件不作加工,去皮后即用,普遍使用自然弯材。

以上分期仅说明一大体趋势,由于建筑选材受环境,特别是局部小环境影响较大,因此无法在大范围内具有完全的一致性。金元建筑长达两百年的时间没有分期,也是因为此时段内建筑选材情况较为杂乱,无法明确区分。在实例中,如沁县、武乡等靠近山林的地区,金元建筑仍常用松木;而在河津等水路交通要道,选材可能更依靠外地采运,故而更容易使用优质木材。

---

[1] 这里的北宋中期约以高平游仙寺毗卢殿的重修纪年(1140)为界,前后各约80年。

表 4-1　古建筑大木选材表

地域	名　称	时　代	柱	额枋	斗	拱	梁	备　注
运城	芮城龙泉村五龙庙正殿	唐太和五年(831)	松	松		松	松	漆红，现代修缮更换构件太多
长治	平顺源头村龙门寺西配殿	后唐同光三年(925)	松	松	榆	松	松	驼峰、叉手亦均为松木
长治	平顺王曲村天台庵正殿	后唐长兴四年(933)	栎	栎/松	槐	槐/栎	栎	从选材上看建筑年代当较晚
长治	平顺实会村大云院弥陀殿	后晋天福五年(940)	松	松	槐	松	松	建筑年代依据庙内碑文
晋城	高平南赵庄二仙庙大殿	北宋乾德五年(967)	松		槐	松	松	建筑年代依据庙内碑文
晋城	高平圣佛山崇明寺中佛殿	北宋开宝四年(971)	松	松	槐	松	松	建筑年代依据庙内碑文
长治	长子紫云山崇庆寺千佛殿	北宋大中祥符九年(1016)	松	松	榆/槐	松	松	建筑年代依据庙内碑文
运城	万荣太赵村稷王庙大殿	北宋天圣元年(1023)	松	松	槐/榆	松	松	
晋城	陵川平川村南吉祥寺大殿	北宋天圣八年(1030)	松	松	槐	松/一层拱槐		梁架后期更换，殿内情况不明
晋城	高平游仙山游仙寺毗卢殿	北宋康定元年(1040)			栎/槐	栎/槐		梁架有金代特征，斗拱有宋中后期特征
晋城	高平舍利山开化寺大雄宝殿	北宋熙宁六年(1073)	石/内柱栎		槐	槐	松	结构与小张村二仙庙基本相同

续表

地域	名称	时代	柱	额枋	斗	拱	梁	备注
晋城	泽州岰石山青莲寺释迦殿	北宋元祐四年(1089)	石/栎	榆/栎	槐	槐	大梁松	结构与小张村二仙庙基本相同
长治	平顺源头村龙门寺大雄宝殿	北宋昭圣五年(1098)	石/栎	栎	槐	槐	栎	结构、选材与小张村二仙庙基本相同
晋城	泽州南村二仙庙大殿	北宋大观元年(1107)	石/内柱槐	栎	槐	槐/栎	栎/槐	建筑年代依据庙内碑文
晋城	泽州河底村成汤庙大殿	北宋大观元年(1107)	石	槐	槐	槐	栎/槐	悬山殿,梁架高光线暗,不易识别材质
晋城	泽州北义城玉皇庙大殿	北宋大观四年(1110)	石	槐	槐	槐		建筑年代依据石柱上题记
长治	长子小张村碧云寺大殿	北宋后期	栎	槐/栎	槐/椿/杨	栎/槐	大梁松/平梁栎	
长治	潞城辛安村原起寺大雄宝殿	北宋	栎				松	构件漆红,选材杂乱,年代有不同意见
运城	夏县余庆禅院大殿	宋? 金	榆	榆	榆	榆	榆	
运城	芮城城隍庙大殿	宋? 金	椿/槐	槐	槐	槐	大梁杨	
晋城	陵川梁泉村龙岩寺过殿	金天会十二年(1134)	槐	槐	杨	槐	槐	选材单纯(为修缮工程队告知)
长治	长子西上坊成汤庙大殿	金皇统元年(1141)	杨	杨	杨	杨/部分槐	杨	建筑年代依据碑文,石柱题记

续　表

地域	名　称	时　代	柱	额枋	斗	拱	梁	备　注
长治	长治赵村观音堂大殿	金皇统五年(1145)	石	杨	杨	杨/部分槐	大梁松/平梁杨	建筑年代依据槫下板枋题记
晋城	高平西李门二仙庙大殿	金正隆二年(1157)	石	杨	杨/槐			建筑年代依据门框题记
临汾	曲沃曲村大悲院过院殿	金大定十三年(1173)	槐	松	槐	槐		建筑年代依据碑文
晋城	高平中坪二仙宫大殿	金大定十二年(1172)	石	杨	杨/槐	杨/槐		建筑年代依据神台须弥座座题记
晋城	高平王报村二郎庙戏台	金大定二十三年(1183)	杨	杨	杨	杨		建筑年代依据神台题记
泽州	泽州冶底岱庙天齐殿	金大定二十七年(1187)	石	杨	杨/槐	杨/栎/槐	杨/栎	建筑年代依据门框题记
晋城	高平古寨村花石柱庙大殿	金泰和七年(1207)	石		杨	杨	杨	建筑年代依据石柱题记
长治	长子县城崔府君庙大殿	金	石	杨	杨/槐	杨	杨/松	
长治	长子韩坊尧王庙大殿	金	石	杨	杨	杨	杨	
长治	沁县仁胜村洪济院中后殿	金？	松	松	松	松	松	选材情况异常可能与处于山区有关
晋城	高平府底玉皇庙大殿	金末元初		杨	杨	杨	杨	
运城	芮城永乐宫虎殿	元初	松	松	槐	槐		
运城	河津古垛后土庙正殿	元元贞元年(1295)	杨/松	松	槐	槐	大梁杨/其他松	建筑年代依据襻间枋有题记
临汾	临汾魏村牛王庙戏台	元至治元年(1321)	杨	杨	杨	杨	杨/松	建筑年代依据柱上题记

续表

地域	名称	时代	柱	额枋	斗	拱	梁	备注
晋城	泽州大阳汤帝庙大殿	元至正四年（1344）	杨	杨	杨	杨	杨	建筑年代依据碑文
临汾	临汾魏村牛王庙后殿	元	杨	杨	杨	杨		
临汾	洪洞霍山广胜下寺山门	元	杨	杨/松	槐	槐		水神庙后有柱径1米,长10余米的大杨木
运城	芮城城隍庙献殿	元	榆/杨	杨	榆	榆		
运城	绛县东灌底村景云宫玉皇殿	元	楸/杨	松	槐	槐	槐	

参考：山西其他地域建筑

地域	名称	时代	柱	额枋	斗	拱	梁	备注
晋中	五台李家庄南禅寺大殿	唐建中三年（782）	松	松		松	松	
晋中	五台佛光寺东大殿	唐大中十一年（857）	松	松		松	松	
晋中	平遥郝洞村镇国寺万佛殿	北汉天会七年（963）	松	松	榆	松	松	据修缮报告
晋中	太原晋祠圣母殿	北宋天圣元年（1023）	松	松	松/榆	松	松	据修缮报告
晋中	平遥文庙大成殿	金大定三年（1163）	松	松	榆	松	松	规格高,做法规整
晋中	平遥襄垣村慈胜寺大殿	金	榆/松	松	杨/榆	榆/松		内柱由两块松板拼成
晋北	应县佛宫寺释迦塔	辽清宁二年（1056）	松	松	松	松	松	"砍尽黄花梁,建起应州塔"
晋北	忻州西呼延村金洞寺文殊殿	北宋元祐八年（1093）	松	松	榆	松/榆	松	修缮构件更换明显
晋北	朔州崇福寺大雄宝殿	金皇统三年（1143）	松	松	榆	松	松	据修缮报告

说明：此表主体按建筑时代排序,增加少数未列入前文叙述的建筑,并附有部分晋中、晋北地区古建筑的选材,以供参考。

但通过分期仍可以看出：在宋金之际，山西南部地区古建筑大木作选材整体上发生了大转变，从使用松材到使用常见的乡土树种，从深山老林寻木伐材到田头路边就地取材，从选材单纯到杂材兼用，逐渐形成金元时期大木作选材的基本面貌。松木劲直，是建筑营造活动的优先选材，但积年方成大料，持续利用率低，随着人们大量采伐，宋代山西南部地区"松山大半童矣"。由于松林资源减少、变得稀缺，人们不得不选用日常习见的乡土树种，而这一地区，杨、榆、槐、椿木最为普遍，与松木相比，它们生长能力强，但分布零散混杂，不便批量砍伐加工，因此在建筑选材上亦多表现为材质各异、规格不一，趋于随意、繁杂。以上变化与山西南部森林生态环境恶化有直接对应关系，反映了自然环境与人类营造活动的相互影响。

在区域内部，晋东南与晋西南选材情况有一定差别[1]。金元时期，晋西南仍普遍使用榆木和槐木等硬杂木，柱、枋、槫等结构有时还会选用松、楸木等优质材料，杨木主要作大型梁、额使用，基本保持了宋代后期选材特征；而晋东南则大量使用杨木。榆、槐木虽抗压、抗弯、抗腐蚀等材性高于杨木，但树干多曲，生长时间较长，材料挑选、加工均较杨木困难，需要投入更多的财力。因此，选材区域性差异可能与两地社会经济水平相关：晋西南地区地处南北交通要道，又控扼黄河沿线的重要渡口，盐铁资源丰富，社会经济水平相对于晋东南更高，用于营造活动的物力、人力投入可能较多，在松木稀缺的情况下，选用材性较强但加工不易的榆、槐木在情理之中。

需要说明的是，如果综合考虑材料的各方面特点，杨木因生长快，树干直，不易翘曲，加工简易，在民间运用最为广泛，即使在晋西南，由于松木大材的缺乏，杨木仍是制作大型主体构件的重要材料。古人很早就有杨木堪任屋材的说法，贾思勰《齐民要术》即载："白杨，性甚劲直，堪为屋材；折则折矣，终不曲挠。榆性软，久无不曲；比之白杨，不如远矣。且天性多曲，条直者少；长又迟缓，积年方得。凡屋材，松柏为上，白杨次之，榆为下也。"[2]

---

[1] 由于晋西南宋代建筑很少，这里主要说明金元时期两地区选材的地域性。
[2] [北魏] 贾思勰著，石声汉校释《齐民要术今释》卷五，中华书局，2009年，428页。

　　晋中、晋北与晋东南、晋西南的选材情况亦不相同。从已有资料看,至少在辽金时期,前两区域仍广泛使用松木,如平遥文庙大殿、朔州崇福寺大殿以及应县木塔等,而这可能也与晋中、晋北所存多大型建筑,较晋东南、晋西南的乡野小庙等级更高相关。

　　一些现象表明,明代以后,山西南部地区(特别是晋西南)部分寺庙中的主体建筑选材有恢复趋势,松木又开始用于梁柱[1],斗栱普遍使用榆、槐等硬杂木,较少使用杨木,构件加工规整,并使用直材。这种选材趋势可能与这一时期社会经济发展、商贸繁荣相关。由于基础资料还不丰富,亦不属于本书讨论的时间范围,相关现象尚待以后详细考察。

---

[1] 如万荣稷王庙明代修缮用松木更换全部檐柱,芮城城隍庙明代修缮用松木更换柱额檩枋等,又如明清建筑解州关王庙中轴线诸建筑、万荣东岳庙飞云楼均大量使用松木。但此时松木似多使用云杉,而非早期常见的硬木松。

2
大木作选材的结构考虑

选材的结构考虑,指的是工匠根据建筑中不同结构的受力特点,选用不同的材料。它一定程度上反映了古人对不同木材性质的认识。

北宋中期以前,选材的结构性主要表现在:斗使用榆、槐类硬杂木;其他构件普遍使用松木。这种现象不仅出现在山西南部,在山西其他地域也有发现,如唐代五台山佛光寺东大殿、五代平遥镇国寺万佛殿[1]、北宋晋祠圣母殿[2]等(图4-1),应当是当时匠人的共识。从斗的加工方式可以看到,其最容易发生的是顺纹劈裂,因此选材的纹理不宜太顺直,榆、槐木正符合这种选材要求,乡人多言"榆木疙瘩"当合此意。另一方面,斗栱在建筑中处于结点位置,斗更可称为"结点的结点",因此是结构、受力的关键;而由于构造的制约,斗却是大木作中最小的构件,这就要求斗的选材具有足够的强度,选择榆、槐类硬杂木也当源于古人对这种强度要求的考虑。

斗、栱现在多并称,而北宋中期以前,山西地区建筑中斗的选材独立为一个系统,栱与整个梁架的选材为另一个系统。这种现象可能与当时统一的铺作层还未形成,栱、栿关系还很紧密相关,突出表现在梁栿出跳为栱的做法上。这多见于隋唐五代建筑,如佛光寺东大殿乳栿出头作二跳华栱;南禅寺大殿、五龙庙正殿四椽栿出头做二跳华栱;天台庵正殿、龙门寺西配殿四椽栿出头作一跳华栱,唯大云院弥陀殿梁栿压于斗栱之上(图4-2)。至宋初,有用梁栿衬于昂下、与斗栱交构的

---

[1] 刘畅、廖慧农、李树盛《山西平遥镇国寺万佛殿与天王殿精细测绘报告》,清华大学出版社,2013年,96—97页。

[2] 柴泽俊等《太原晋祠圣母殿修缮工程报告》,文物出版社,2000年,266—306页。笔者曾以为这种不同位置栌斗均使用与主要用材不同木材的现象为后期修缮更换造成的,见彭明浩《弥陀殿和圣母殿两部修缮工程报告所见的古建筑木材料问题》,《中国文物报》2009年7月24日,这是错误的。

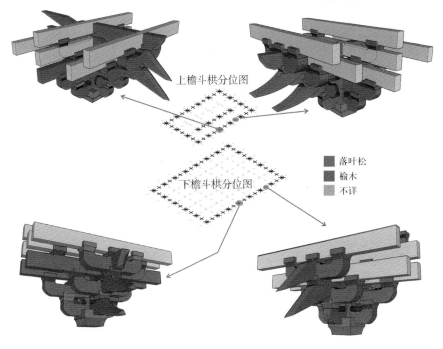

图 4-1　太原晋祠圣母殿斗栱选材图

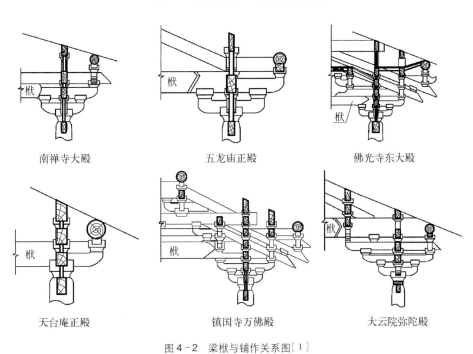

图 4-2　梁栿与铺作关系图[1]

---

[1] 贺大龙《潞城原起寺大雄宝殿年代新考》，《文物》2011 年 1 期。

做法,如崇明寺中佛殿、南吉祥寺大殿;但亦有如崇庆寺千佛殿那样梁栿搭压于斗栱之上的做法。这些情况整体反映出,宋初是梁架层与铺作层开始分化的过渡阶段,斗、栱的选材方式还沿袭前代;北宋中期以后,梁栿压于斗栱之上的形式成为主流[1],梁架层与铺作层分离,形成了独立的斗栱,斗与栱的选材也就渐趋一致。

北宋中期至宋末,建筑多使用榆、槐、栎等硬木,选材的结构性表现在榆、槐木多用于小型构件,栎木多用于长直构件。榆、槐木树干多弯曲,不适于制作规整的大型构件;而栎木虽硬度较高,但树干通直,在当时松木匮乏的情况下,古人大量选用栎木替代松木,可看出当时人们宁可在砍伐、加工木材上多费工,也要保证构件的规整,这种情况与金元时期大量使用易选取、易加工的自然弯材形成了鲜明对比,反映了在选材变化的过程中,人们竭尽全力承续旧形式。但这仅是暂时的过渡行为,最终仍被适合当时取材环境和加工条件的建筑形式所取代。需要指出的是,现在榆、槐多并举,且通常认为斗栱用材以榆木居多,但从这一时期的大量建筑实例可以看出,槐木的使用较榆木更为普遍。本书前文提到槐木材性略优于榆木,古人虽未留下相关的文字记录,但从建筑实例中可看出他们在榆、槐间的取舍[2]。

金元时期,由于环境的制约,建筑选材以杨木为主,杂材兼用,选材的结构性表现得就不够明确了。但从西上坊成汤庙大殿真昂仍有意使用槐木可看出,在某些金元建筑中,虽总体选材不太讲究,但在处理一些关键的承重结构时,匠人还是会考虑适合该结构的木材,这就需要结合具体事例具体分析。又如冶底岱庙天齐殿,其选材以杨木为主,但也使用了槐、栎等较硬实的材料加固檐部和角部受力。槐、栎木密度远大于杨木,若从结构层受力考虑,这两种材质的构件分布需要均匀,否则会因局部负荷过重,出现侧倾。从大殿槐、栎木构件的分布看,槐、栎木构件分布基本均衡、对称,反映出工匠在大木作制作和安装过程中对选材有一定程度的统筹。《世说新语·巧艺篇》即载:

----

[1] 王书林、徐怡涛《晋东南五代、宋、金时期柱头铺作里跳形制分期及区域流变研究》,《山西大同大学学报(自然科学版)》2009 年 4 期。

[2] 榆槐生长习性大体相同,按照现在山西南部自然杂生榆槐的现象,可推测当时榆槐木不会有太大数量的差别。

　　　　陵云台楼观精巧,先称平众木轻重,然后造构,乃无锱铢相负揭。台虽高
　　峻,常随风摇动,而终无倾倒之理。魏明帝登台,惧其势危,别以大材扶持之,
　　楼即颓坏。论者谓轻重力偏故也。[1]

故事中所反映的工程原理,似可在天齐殿的选材配置上得到反映。

---

[1] [南朝宋] 刘义庆撰,徐震堮校笺《世说新语校笺》,中华书局,1984 年,385 页。

3

民间建筑木材来源方式

与官式、皇家建筑大规模、远距离采运木材不同,山西南部早期建筑多为民间建筑,其规模较小,组织简单,多就地取材。取材方式有伐材、市材、输材和化材几种。伐材、市材由营建工程主持者倡导,而输材和化材则直接依靠乡民的支持。

伐材由乡绅、社首、官员、住持等有威信的人物主持,募集资金、召集人力,选定一地点伐木取材,伐木的工匠也多直接参与建筑的营造,是一项系统工程。赵城县开宝六年(973)《大宋新修女娲庙碑铭并序》即载:"遂命中使藏事有司揆功选良材召大匠,以坚易脆,去故就新。郁郁之松难藏涧底,岩岩之石尽出它山。"[1]高平北宋淳化二年(991)《创修东□圣佛山崇明之寺记》亦载:"是乃采梁栋于云峰,建堂庑于金地。"[2]伐木的地点多为周边山林,陵川县金大定三年(1163)《龙岩寺记》载:"而我先人慨然而为首,并维那常祐等十有二人,鸠工哀旅,协力同心,伐木疏左右之林,运土塞往来之路,乃命公输设矩匠石挥斤,椓闻橐橐之声,筑有登登之喜,不逾于岁,已即其功。"[3]但也有在城内近郊取材的,长治县王村皇统甲子(1144)《潜龙山宝云寺新建佛殿记》载:"凡园林墓木,斧斤云集,尽得美材,构殿五楹。"

市材指募集资金后直接购买材料,在山西南部地区并不常见。芮城县元丰六年(1083)《大宋陕州芮城县塔寺创修法堂记》载:"于是乃选募妙匠,远市良材,筑土成基,构木为厦。"

输材是乡民在寺庙修建主持者的号召下,主动捐献自家材料的集材方式,在民

---

[1] 本节碑文资料,除标明作者录碑地点外,余均选自胡聘之《山右石刻丛编》,山西人民出版社,1988年。

[2] 碑现存于高平崇明寺大殿西檐下。

[3] 碑现存于陵川龙岩寺后殿前廊东侧。

间最为普遍。平遥县下东门内宋元祐七年（1092）《汾州平遥县清虚观记》载："公节操行义，素为乡里士大夫之所信服，故一出言，亲旧里人与夫旁邑愿相其事之，争先唯恐其后，故豪者献材，巧者献技，贱者献力，而观为之成。"陵川县大定五年（1165）《重修真泽二仙庙碑》载："近者施其材木，远者施其金帛，有愿施粮食者，有愿施功力者，无有远近，咸云奔而雾集，不数年而庙大成。"[1]值得指出的是，现存许多寺庙都有"捐柱""扶梁"等题记，但有时不同捐赠人所捐材料的质地和尺寸较为统一，特别是许多石柱、台明上也有这类题记，因此，题记中一部分看似是输材的记录，实则可能仍是通过集资然后统一伐材或者市材完成的，仅在工程完工后于主体构件上题字刻铭以彰功德而已。

化材是寺观建筑集材的常见形式，即通过化缘获取营造材料。陵川县南九仙台《大金泽州陵川县古贤谷禅林院重修弥勒殿记》载：

> 皇朝贞元三年（1155）冬，闻悟乃躬率先结龙花邑众三十余人，随分助其物力，又除自己净财外，各人分头教化檩材飞橡并诸瓦木。所向人无难色，喜舍不吝。先是邑众誓檩非松材勿用，自近及远多方求访，至县东雅士坊化松三株，岭南又化三株并杂木二条，以大车远载，虽经山路艰险，人畜无分毫损伤。

这段史料不仅说明了当时寺院化材的方式，也可见当时松木的珍惜。

当然，这几种方式并不是相互独立的，在同一营建工程中，会灵活采用不同的集材方式。长治县大定二十三年（1183）《重修先师殿记》载：

> 周览愿谓众曰：先师继踵难陟景，行迦叶慈悲，救度有济于人者，今蔽漏若斯，我辈得无愧乎？众人闻之翕然风靡，各伐自己林木，铨拣良材，不中度者求市四方，尽出于囊金，人人赞其诚心，愿施谷帛者，项背相望。故功不逾载，鼎新革故成轮奂之居。

---

[1]　碑现存于陵川西溪二仙庙后殿前檐东侧。

即是输材与市材的结合。

而除以上所提到的几种常见集材方式外，旧材的重新利用当也是可能的形式，这在现存建筑中多有反映，如个案中的芮城城隍庙正殿。但见诸碑文的记载似乎不多，笔者所知的唯泽州县元癸卯年(1243)《大阳资圣寺记》：

> 里人王简等，亦游落四方，艰苦万状，默有所祷："异日平安到家，当舍所有以答佛力。"既归，乃以所居之正堂五间，与本寺修香积位，其殿宇寮舍，缺者完之，弊者新之，靡不用心焉。[1]

似与此相关。

总之，山西南部民间建筑木材主要通过集聚民众财力来获取，无论出钱、出力抑或直接出材，都是一种自下而上的集体行为，而与官式、皇家建筑材料大规模采运的政策性和自上而下的强制性明显有别[2]。出于共同的精神信仰和基本需求，民间建筑的营造虽需人倡导、推动，但出资、施材、献力的方式却是根据自身情况的自觉行为。闻喜县宋咸平四年(1001)《解州闻喜县增修夫子庙记》载："卿易弊以宜，移失于得，披择材木，芟刮诡绘，斫之、筑之、绳之、斤之，登登丁丁搅如偶声，悦匠怿役，朝提暮程，不费财不动众因其利也，不挟日不正方徇其俗也。"高平县元《重修真泽庙碑》亦载："由是感激奋厉，踊跃就役，斧斤者，陶甓者，版筑者，污墁者，不募而来，不劝而从。"[3]这种自觉的集材方式，并无严格的统一要求，在金元时期渐受当时的取材环境影响，"各伐自己林木"的输材方式逐渐成为主流，表现在建筑材质上，即为同一建筑上不同乡土树种的杂集。

---

[1]　[金]李俊民著，马甫平点校《庄靖集》，山西古籍出版社，2006年，454—455页。

[2]　宋代官式建筑木材来源方式可参看乔迅翔《宋代建筑营造技术基础研究》第二章第二节，东南大学博士学位论文，2005年。

[3]　[金]李俊民著，马甫平点校《庄靖集》，山西古籍出版社，2006年，470页。

4

材料"打破关系"的分析方法

在单体建筑中,构件选材的不同由两种情况造成:一种是结构差异,即前文所指不同结构对材料的不同选择,这种差异是共时的;另一种是材料更换,即后代使用不同材料更换了原始构件,这种差异是异时的。本书借用考古学的用语,称后者为"打破关系"。

结构差异所造成的选材差异一般较有规律,在选材图上表现为相同结构选材的整体一致性,如万荣稷王庙斗均使用榆、槐木,西上坊成汤庙真昂均使用槐木等。而材料更换所造成的选材不同则一般在局部出现,如晋城二仙庙山面椿木令栱、岱庙天齐殿椿木檩条等。

但这也并不绝对,历史上较大规模的修缮也会造成整个结构层选材的变化,如万荣稷王庙檐柱、芮城城隍庙大殿上部梁架和下部柱额的整体更换。而有时不同结构选材的差异也表现得很杂乱,特别是在某些材料杂集的建筑中,同一时期的相同构件会使用不同的材料[1],如岱庙天齐殿杨、槐、栎三种木材的交构。

因此,对于材料"打破关系"的分析不宜绝对化,应该紧密结合构件的形制和相关的文字史料作综合分析。同时,分析材料的"打破关系"有一个重要的前提,即后代更换的材料与原构不同;而若更换构件所用材料与原构一致,通过选材图无法看出修缮痕迹。由此可见,材料"打破关系"的分析并不是普适的,它需要在不同实例中实事求是。

不难看出,这种分析方法尝试借鉴考古学中地层学的分析方法:其手段,区分

---

[1] 这种情况具有不确定性,其原因可能很复杂,或者是材料来源的繁杂,或者出于构件结构的考虑,或者是材料不足次材充用,或者是加工时的随意处置等等。总之,这种情况也会造成局部选材的不同,会对"打破关系"的分析产生干扰,因此更需要充分运用形制分析等其他方法。

材种近似于地层学中区分土质；其原理，后代修缮一般尽量利用原始构件，在局部
更换材料时容易出现"打破关系"，虽不具有地层学中上下叠压、打破的普遍性，但
也有一定的适用空间，并通过整体与局部的不一致表现出时间的先后关系；其目
的，均是对遗迹、遗物历史进程的探寻。在这一探寻过程中，材料的一层层"打破关
系"更似一条条线索，使我们对古建筑历史的研究有更精确的着眼点，进而细化到
每一构件，并借助形制分析等方法予以检验、确认，最终以一种立体的建筑历代修
缮图表现出来。以个案中考察最为充分的冶底岱庙天齐殿为例，已有的分析结果
可以图4-3的形式呈现。

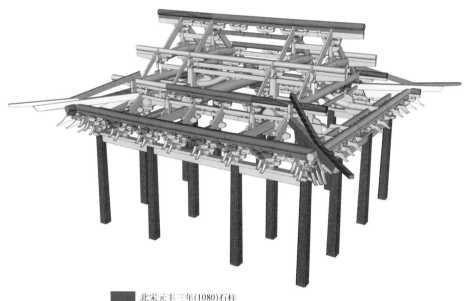

▨ 北宋元丰三年(1080)石柱

▨ 金大定二十七年(1187)改建，使用杨、槐、栎三种木材

▨ 明正德七年(1512)重修屋面，用椿木更换了部分檩条

▨ 2003年村民集资重修屋面，并用松木、槐木更换原构件

图4-3 泽州冶底大殿历代修缮图

柱、额、梁的加工

1

尺度控制

　　我国建筑选用自然林木作为主要构材,故其构件尺度受制于取材树木的可加工长度,不可能如砌筑体一般无限扩展。其中,决定古建筑体量的几个主要尺度——柱的高度和梁、额的长度与选材的可加工长度——最为相关,而这又取决于选材树种的生长高度和生长形态。一般来说,用于主要构材的树木首先需为乔木,主干高度至少在 3 米;其次需保证主干尽量通直,这样才易于制作规整构件。树高和树形不仅取决于树种,也受树龄、日照、水源、风向、积雪等多因素影响。由于影响树木高度和形态的因素较为复杂,无法定量分析树木尺度对选材尺度的直接约束,但通过建筑的面阔、进深、高度,可以在一定程度上反观山西南部地区民间寺庙建筑选材的大体尺度,并可与官式建筑选材尺度进行对比。

　　按《营造法式》对于不同规格材料用途的规定[1],一般大材首先充用大梁,而稍小的材料用于柱、额、榑等,再下一等用于制作斗栱等构件。若民间建筑材料的利用采用同样原则,大梁的用材长度在一定程度上可说明建筑选材的最大尺度。从山西南部地区早期建筑体量的总体规律看(表 5-1),一般最大面阔、进深在 3—4 米,最长梁栿跨四椽,以一椽 1.5—2 米计,四椽栿长度在 6—8 米之间(梁栿出跳、出头亦记入其内)。以宋尺 31 厘米计,梁栿取材长度在 19—26 尺之间,是额、枋体量的两倍左右;而柱的长度可能更短,一般在 3 米以内,即 10 尺以内。对比营造法式的规定(图 5-1),其充六椽栿至四椽栿的长方"长四十尺至三十尺,广二尺至一尺五寸,厚一尺五寸至一尺二寸",而充四椽栿至三椽栿的松方"长二丈八尺至二

---

[1] 李诫《营造法式》卷十二"锯作制度";卷二十六"诸作料例一·用方木"。

丈三尺,广二尺至一尺四寸,厚一尺二寸至九寸"[1],与此相较,民间建筑原材料的尺度与官式建筑有相当距离,其用材模数及对应的材等自然受其约束,表现在体量上即明显不及官式建筑。

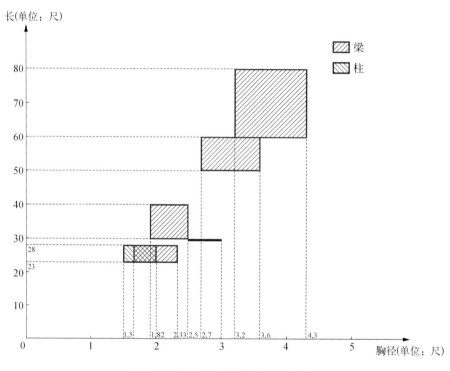

图5-1 《营造法式》规定材料尺度[2]

[1] 李诫《营造法式》卷二十六"诸作料例一·用方木"。
[2] 为便于以二维图表示,将材料宽厚换算为外接圆径,约近于胸径。

表 5 - 1　早期建筑构件尺度表[1]

名　称	时　代	面阔	进深	单材栱尺度	梁尺度	梁长度	栱栱厚度比
佛光寺东大殿	唐857			205,300	430,600	四椽	2
平顺龙门寺西配殿	五代925	3390	7080	120,180	250,350	四椽出栱8 000	1.94
平顺大云寺弥陀殿	五代925			160,220	310,430		1.95
长子崇庆寺千佛殿	宋1016	4320	4320				
万荣稷王庙正殿	宋中前期	5050	5000	130,205	210,350	平梁5 900	1.7
高平开化寺大雄宝殿	宋1073	4240	3700	140,220	240,460	四椽7 100	2.09
平顺龙门寺大雄宝殿	宋1098	3660	3660	137,210	350,460	四椽7 100	2.19
晋城二仙庙大殿	宋1107	3080	3090	130,190	340,370	三椽5 520	1.95
北义城玉皇庙大殿	宋1110	3110	3110	135,185	360,390	三椽5 500	2.11
陵川崔府君庙山门	宋	3700	3235	135,205	270,400	四椽7 230	1.95
潞城原起寺正殿	宋	3150	3240	120,180	270,430	四椽出栱7 920	2.39
陵川龙岩寺大殿	金1134	4440	3300	120,170	近圆460,570	四椽7 000	3.35
西上坊成汤庙大殿	金1141	3340	3490	145,215	¢700	六椽11 500	3.26
中坪二仙宫大殿	金1172	3860	3200	120,195	¢600	四椽7 200	3.08
冶底岱庙天齐殿	金1187	4560	3880	120,195	¢640	四椽8 060	3.28
高平清梦观玉皇殿	蒙古1261	3750	3750	120,180	¢580	五椽9 200	3.22

[1] 由于已发表的相关资料太少，数据不全，大部分数据引自对应的保护修缮勘察报告。

选材变化对建筑主体结构的影响

—— 兼论大额式建筑形成的原因

一、唐宋至金元建筑结构的转型

唐宋以前的建筑,主体梁栿、额枋等构件普遍长直,断面多加工为规整的矩形。而金元时期的建筑,则普遍使用自然弯梁,断面也不再加工,特别是元代还流行设置开间方向的大额,额身不作加工,呈自然走向,其上再搭设大梁,呈现出纵额与横梁搭构的主体构造特点,学界多称为"大额式建筑"。

张驭寰先生在分析元代殿堂的大木结构时,即将大额式建筑与继承和发展唐、宋规整结构的传统式样做了区分,他指出:"采用大额方法,就是在一个殿堂里,按面阔方向,纵向架设一条粗大的梁,用它来承担梁架上部的一切荷重","在传统式的梁架中基本上是继承唐、宋制度,在整个结构体系中没有什么大的改革,仅仅产生一些减柱法。但是在大额式结构中普遍运用减柱法、移柱法、大额与斜梁法,几种方法之间互相联系,有着密切的关系"[1]。张文从结构体系的角度,强调了大额式建筑对面阔方向纵向大额的倚重,与传统的进深方向横向设梁的做法相区别,带动了减柱、移柱,创新了建筑主体构造,这是从"额"的角度总结了大额式建筑的特征。

而对于大额的"大"这一特征,张文认为其"对砍削的规格不严格,常常在较规矩的梁架结构中,就出现几条圆料或者出现几根弯材,在一根材的处理上只做简单加工或砍削两面,大体接近平整就使用了。大部分都在材的端部略加工处理,其他

---

[1] 张驭寰《山西元代殿堂的大木结构》,《科技史文集》第 2 辑,上海科学技术出版社,1979 年,71—106 页,后引文均同此。

各部保持许多原材状态"。"关于梁架用材更是随便,材和用料没有明确的比例,往往超出规定,料大料小调合不太恰当。其中凡用大料不注意加工,有些粗犷大方、无拘无束的现象,从而证明元代大额式殿堂,在用材方面没有统一的规律,对殿堂的建设标准亦无《营造法式》那样严格,那样的统一和规定,表现出元代新创造的风格非常豪放。"

张文对大额式建筑的基本特征做了全面的总结,而此后学界多强调纵向"额"的结构及其与减柱、移柱的关系,较为忽略其"大"的自然材特征。至于元代为何做法粗犷,也尚未见合适的分析。

本书尝试对大额式建筑的产生原因做初步探讨,我们不妨先看一看大额结构与减柱、移柱的相关性。实际上,减柱、移柱主要解决的是木材做梁的跨度问题,这是我国建筑一直需要面对的难题。突破木材对建筑跨度的限制,寻找长直的大材,是解决这一问题的基本途径。

> 盖房子的目的,就是人们希望解决大空间问题,用木材构造,组成大空间的办法,以元代木构殿堂为典型。在一座殿堂里按面阔方向架设的大梁承担上部荷载,下面可以减去不需要的立柱,称为"减柱法",同时也可以将不需要的立柱移到不影响空间的部位,这叫作"移柱法"。[1]

唐代以前虽没有木构实例,但我国南北朝隋唐时期流行大佛,其前均需设置佛阁,而这类佛阁建筑中,若是满堂设柱,则会在佛头和佛身上普遍设柱,遮挡礼拜视线。现存大佛阁遗迹近年也有发掘,如蒙山开化寺佛阁遗址。从其平面看,该建筑在大佛前设置三排柱网,至佛腿部两侧也设置柱础,但之间没有明显的落柱痕迹,当有减去中间内柱的设置,以防在佛身落柱,避免遮挡大佛礼拜视线[2],这自

---

[1] 张驭寰《我国古代建筑材料的发展及其成就》,《建筑历史与理论》第一辑,江苏人民出版社,1980年,186—191页。

[2] 李裕群《中国北朝—唐规模最大的佛阁再现真容——太原蒙山开化寺佛阁遗址发掘(2015—2016年度)》,《中国文物报》2017年3月10日第5版。

图 5-2　义县奉国寺大殿透视图

（郭黛姮主编《中国古代建筑史》第三卷）

图 5-3　五台佛光寺文殊殿

然而然地需要设置横跨多间的大型梁、额,佛阁两侧厚实的山墙设置也当与此相关[1]。由此可知,至少南北朝时期,我国建筑就有大规模的减柱实践。而从现存唐代实例看,不论是南禅寺大殿的前后通檐,还是佛光寺大殿的金厢斗底槽,虽不能算作严格的减柱,但也设置了跨越多椽的大梁,以形成相对通透的佛坛空间。辽代减柱做法更为广泛,如义县奉国寺大殿,重点减去了前槽和中部佛坛位置的一排内柱,形成了宽敞的礼拜和坛像空间。这就对上方梁栿的跨度提出了相当要求。为此大殿前部设置了上下两道四椽栿,中部甚至还设置了跨越近七椽的巨大梁栿,为了加强稳固,还采取了叠梁处理(图5-2)[2]。又如大同善化寺大殿,也同样减去前槽和中部佛坛位置的一排内柱,并配合在上方设置跨四椽的大梁。宋金建筑也广泛采用这种做法,如晋祠圣母殿、朔州崇福寺弥陀殿等,前人已有详论[3],此不一一列举。

由以上简述可见,减柱、移柱的做法和对应的大跨度梁栿构造,是我国木构建筑历来的传统,其在唐代以前即已出现,宋辽金时期普遍流行,并非元代才兴起,因此也非大额形成的直接原因。

其次,大额所确立的纵架结构体系,也并非元代才出现。魏晋南北朝时期,纵架承重即是主流做法,只是伴随着进深方向梁栿体系的发展,横架在隋唐时期才渐成主流[4]。但宋代《营造法式》仍记载檐额和绰幕,且用材尺度较大[5],说明仍有以纵额为主体结构的建筑,只是较为少见。金代配合殿内建筑移柱,即采用大跨度的纵架内额解决设柱的问题,再于其上搭设横梁,如朔州崇福寺弥陀殿和佛光寺文殊殿(图5-3)。这类所谓的"大额",主要为解决跨度问题,其材料仍为松木,构

[1] 其旁童子寺大佛阁遗址也有类似的山墙设置,参见中国社会科学院考古研究所边疆考古研究中心、山西省考古研究所、太原市文物考古研究所《太原市龙山童子寺遗址发掘简报》,《考古》2010年7期,43—56页。
[2] 郭黛姮主编《中国古代建筑史》第三卷,中国建筑工业出版社,2003年,287—295页。
[3] 贾洪波《也论中国古代建筑的减柱、移柱做法》,《华夏考古》2012年4期,96—113页。
[4] 傅熹年主编《中国古代建筑史》第二卷,中国建筑工业出版社,2001年,279—294页。
[5] 《营造法式》卷五"阑额"条记"凡檐额,两头并出柱口,其广两材一栔至三材,如殿阁即广三材一栔或加至三材三栔",大木作料例中记载"广厚方,长六十尺至五十尺,广三尺至二尺,厚二尺至一尺八寸,充八架椽栿并檐栿、绰幕、大檐额"。

图 5－4　芮城五龙庙正殿梁架

图 5－5　长子布村玉皇庙大殿梁架

图 5-6　长子西上坊成汤庙大殿梁架

图 5-7　高平二郎庙戏台

件断面仍加工为方形。当然，因为其跨度增加，大额断面也相应加大，但相对于其他梁栿构件的体量，并非显著突出。这与元代以原木大梁、大额为核心结构及其梁额本身呈现的自然材特征明显不同。

由此可见，大额式建筑的减柱、移柱及纵架结构特征，均不是元代的产物，其渊源已久，实为我国建筑灵活的空间处理方法的反映；大额式建筑只是延续了这种空间处理方法，其核心特征不完全在此。而从主体结构的基本形式看，由使用长直梁栿转变为大量使用弯曲的自然圆额、圆梁，呈现出明确的时代特征。因此，强调纵向设置的大额并不能完全涵盖元代这类建筑的特点，当时建筑横向的大梁也多采用类似的自然材，梁额下的立柱也有大有小，没有统一尺度。综上，这类建筑的主要特征是竖向立柱、纵向大额和横向大梁形成的三维框架结构，都使用自然原木，不做精细加工，或称为"原木结构建筑"更为合适。

二、选材变化与结构演进

以主体构造使用自然原木为特征，再看大额式建筑的发展演进，可见其最初发端于横向梁栿的选材转变。

宋代中期以前，建筑选材单纯，普遍使用直材，构件加工为方形，主体梁栿断面尺寸为栱、枋等一般构件的 2 倍左右，各构件尺度整体分布较为均匀，逐层向上叠垒，无明显主次之分（图 5 - 4）。但从前文实例可见，山西南部北宋晚期的部分建筑，伴随着松木渐少，已出现了梁栿选材和加工的松动，如晋城二仙庙大殿，其殿内两根大梁使用了椿木和槐木两根硬杂木，梁身较为弯曲不平，断面也较厚，但还是对两侧进行了截直加工，反映了梁材转变的过渡特征。又如长子布村玉皇庙大殿[1]，其殿内大梁选用自然弯材，断面宽厚，只略微加工了梁栿两侧面；栿身起伏较大，其上前后设置驼峰承托平梁，通过调整驼峰的高度控制平梁的水平（图 5 - 5）。

---

[1] 布村玉皇庙时代存在争议，大殿梁栿选材与加工为宋代中期以后特征，断为宋末建筑为宜。参见徐怡涛、苏林《山西长子慈林镇布村玉皇庙》，《文物》2009 年 6 期，87—96 页。

　　金初即可见明确使用原木弯梁的案例,如西上坊成汤庙大殿,其梁材普遍使用杨木,去皮即用,未做加工,梁的断面呈圆形,远大于其他结构的断面,表现出建筑的主体构架(图5-6)。至少在金中期已开始使用圆木搭设纵架的额。这可能最先出现于戏台建筑中,如高平王报村二郎庙舞台,其四角立柱之上,纵架、横架均施大额,形成主体框架,其上设置斗栱、屋架,建筑构材基本使用杨木。考虑到建筑的外观,也为了檐下斗栱的整齐排列,大额选用了较为长直的杨木,额身表面还进行了整平,形成略近于讹角方形的断面,反映出过渡性的特征,但其柱、额相对于建筑上部结构的体量,已开始呈现压倒性的优势(图5-7)。

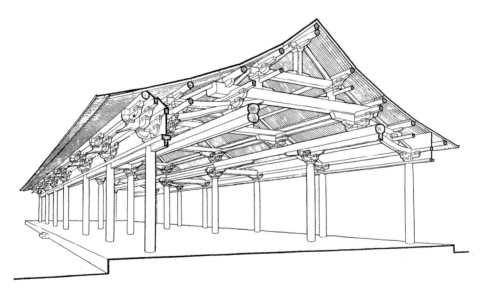

图5-8　洪洞广胜寺下寺中佛殿梁架结构示意图

(刘敦桢主编《中国古代建筑史》)

　　元代大额、大梁的使用进一步普遍,如晋西南地区的广胜寺下寺中佛殿,其外檐柱额斗栱做法规整,延续传统形式,但殿内前后槽均使用大内额,为加强受力,还叠垒两道大额(图5-8)[1]。其中后檐东侧内额下题有“三月十三日本寺僧人广乾施杨树一根作梁银三两五……”不仅记施材树种为杨木,还说明时人将额与梁同

---

[1] 刘敦桢主编《中国古代建筑史》(第二版),中国建筑工业出版社,1984年,270—275页。

等观之,这也进一步说明前文统一考虑梁、额的合理性。又如绛州大堂,外檐及内部均使用粗大的圆额,其上设多缝横梁分隔殿内顶部空间,梁栿断面也均为圆形,根据绛州大堂的选材抽样,其大额使用杨木,其下立柱用材杂乱,有杨、槐、榆、柏等木材,为保证材料的充分利用,柱材未做统一加工,粗细大小不一(图5-9)。再如晋东南的泽州大阳汤帝庙大殿,其上大额、大梁均使用杨木,选材较为自由,构件弯曲幅度较大;下方支撑的立柱选用粗壮的槐木加强承重,因柱径较大不利于柱脚通风,还特意开十字通风口,反映出当时工匠粗中有细的材料认知(图5-10)。

由此可知,金元时期的建筑,若施用大额、大梁,其选材多为杨木,呈自然弯材。梁、额下的立柱,由于对材料的轴向受力要求较高,材身需尽量顺直,因此柱身一般较为粗短,除使用杨木外,还多使用槐、榆、椿木等,选材较为杂乱,但多为常见硬木。在这一系统中,为弥补主要用材杨木材性上的欠缺,工匠往往对梁、额原材不做进一步加工,保留其粗大的圆形断面以达到受力要求,这使梁、额断面尺寸明显增大,是栱、枋等一般构件的3倍以上(体量则级数增大),构件组合呈显著的主、次分布。相应的,斗栱渐显单薄,为了弥补其受力的不足,常通过增加补间铺作、缩短出跳长度以及计心出栱等方式增强承重能力,部分主体建筑甚或省掉斗栱这一结构(一般在建筑后檐),直接将大梁搭于大额之上。这种做法,实则形成了柱、额、梁交构的主体框架,梁额以上亦用简单柱梁支撑,斗栱的转接、承重作用愈发弱化。

大材选用自然材,也造成相同结构的梁栿、额枋多不统一,其上交接的构件也随形就势,并不规则。同类构件形制上的不匀称,在一定程度上制约了民间建筑构件模数化,但工匠在设计、施工过程中则更具有灵活性。这种技术传统一直影响到明清,在乡土建筑中,受限于地区经济与环境,自然弯材仍大量使用。

明清官式建筑特意远距离伐运长直大材,虽在用料制度上有一定规范,但金元大额式建筑所形成的较为简化的结构体系仍有显著影响:一是斗栱的结构作用进一步减弱,小式建筑中不再使用斗栱,由柱额直接托梁;大式建筑中,虽设有斗栱,但梁头多伸出并直接与斗栱交构,挤压相应空间和结构的同时,也带动了斗栱与梁架的整合;二是梁架之上的结构进一步简化,减少了隔架斗栱,出现柱、墩直接托梁的做法,梁端也直接开碗托桁。可以说,金元大额式建筑使用原木做建筑的主体框

图 5-9 绛州大堂梁架

图 5-10 泽州大阳汤帝庙大殿梁架

架，一改唐宋建筑传统，并直接影响到明清的主体构造，实现了宋式向清式的结构转型。

综上可知，松木减少、建筑中大量使用杨木为主的自然杂木，是金元大额式建筑流行的主因，这种建筑的产生也强化了柱、额、梁等主体结构的作用，促进了结构的整合，形成了较为简练、直接的主体框架，檐下斗栱和殿内隔架斗栱的结构功能逐渐弱化，进而奠定了明清建筑构造的基本特点。

3

大材的加工与配置

一、直材加工

根据孙机[1]、李浈[2]先生的研究,我国早期将原木加工为直材,可分三道主要工序:一是锛(斧厅)的粗加工,二是锄、凿的精加工,三是最后的表面打磨。后两道工序遗留于构件表面的加工痕迹难以用肉眼识别,但锛的粗加工痕迹,却较为广泛地保留于大木作的草架之中。

近年借助应县木塔测绘,我们曾对平坐中的构件进行了考察,发现了大量的粗加工痕迹。如内槽一圈短柱及辅柱的表面,均留有一层层施锛痕迹,加工角度与材料木纹呈 15 度,由一端向另一端顺轴线依次加工,根据刀痕,可测量锛刃的宽度约 9 厘米,刀口略有交错,前后运锛的距离约 3—4 厘米,深度参差不齐,反映出工匠挥舞锛的幅度较大,很难精准地控制加工面(图 5 - 11)。

任丛丛团队对佛光寺上部草架的调查,也揭露出诸多加工细节:在叉手等小加工面构件的加工中,可能使用了扁铲,加工深度较整齐;而在梁栿等大加工面构件的加工中,则有明显的锛加工痕迹,如北次间乳栿侧面有两排加工痕迹,对称分布,均与木纹呈一定夹角,加工深度多有参差(图 5 - 12)[3]。

锛的使用见于晚期的建筑图像,至今也尚能寻访到使用这类工具的传统木匠,可做参考。在敦煌莫高窟第 454 窟西壁还绘有一幅"木工缔构精舍"图

[1] 孙机《我国古代的平木工具》,《文物》1987 年 10 期,70—76 页;孙机《关于平木用的刨子》,《文物》1996 年 10 期,84—85 页。
[2] 李浈《中国传统建筑木作工具》,同济大学出版社,2004 年。
[3] 靳柳、杨金娣、任丛丛《五台山佛光寺东大殿木构件加工痕迹调查》,《古建园林技术》2022 年 1 期,29—35 页。

图 5‑12　五台佛光寺东大殿草栿加工痕迹

（靳柳、杨金娣、任丛丛《五台山佛光寺东大殿木构件加工痕迹调查》）

图 5‑11　应县木塔第一层平坐内柱表面的加工痕迹

（图 5‑13）[1]，在图片下方可见一工匠脚跨大木，两手举锛，仰过头顶，正在加工木料表面，后方还可见工匠上梁施工的场景。

大木作露明部分一般都会进行精细加工，但有些不易看到的部位也会采取粗加工的方式。如善化寺普贤阁，其每层普拍枋，看似加工为规整的枋材，但其上皮还保留有一定的原木轮廓，并没有进行加工。普拍枋上对应设置栌斗的位置，用减法挖槽设斗，每个位置根据枋断面厚度的不同，挖凿的深浅均不同，整体保证了各斗底横向水平（图 5‑14）。这种加工方式，在建筑下方不容易注意，偷省了部分功限，但从外观看，仍是较为规整方直的枋形，同时还适当增加了普拍枋的厚度，强化了檐下结构承重能力，是一种较为经济实用的加工方式。在善化寺，这种做法不仅在普贤阁可见，也见于金代的三圣殿。

早年柴泽俊先生在修缮晋祠圣母殿时，也发现该殿很多大梁上皮多是斜面[2]。近年周淼指出这类大梁主要采用偏心材的加工方式，顺应原材断面走势，上皮略微加工，才形成现在所见的斜面（图 5‑15）。相应的，设于梁栿之上的构

[1]　敦煌研究院主编《敦煌石窟全集——建筑画卷》，商务印书馆，2001 年，269 页。
[2]　柴泽俊等《太原晋祠圣母殿修缮工程报告》，文物出版社，2000 年，67 页。

图 5-14　大同善化寺普贤阁平坐层普拍枋与栌斗设置

图 5-13　莫高窟第 454 窟"木构缔构精舍"壁画

（敦煌研究院主编《敦煌石窟全集——建筑画卷》）

件，或顺斜面斜削底面，或在栿上挖平槽设置。这种现象不仅见于圣母殿，也见于晋中多处早期建筑[1]。这也提醒我们，在对建筑中框架构件的调查中，需要特别重视梁栿、额枋的上皮，其很可能采用了顺应原材断面、随宜增减的加工方式；若有条件，或可对这种加工方式的时空分布做更系统的调查。

　　周淼的文章，也涉及了大木解裁这一重要问题。宋《营造法式》"锯作制度"即明确规定"务在就材充用，勿令将可以充长大用者截割为细小名件"[2]，但法式料例中的原材基本为加工成长方形断面的熟料，尚非采伐下的原木，因此未明确记载材料解割的具体内容。而民间大多数营造活动，更可能直接从原木中裁解出不同的构件。

　　20 世纪 70 年代，曹汛先生在考察叶茂台辽墓中的棺床小帐时，即注意到各构件断面存在不同的木材纹理，指出木纹距木年轮中心的位置能够反映出木材解割

［1］周淼等《晋中地区宋金时期木构建筑中斜面梁栿成因解析》，《建筑学报》2018 年 2 期，32—37 页。

［2］梁思成《营造法式注释》，《梁思成全集》第七卷，中国建筑工业出版社，2001 年，251 页。

原木直径580 mm，解得带钝棱的副阶四橡栿与两根翼形栱用材

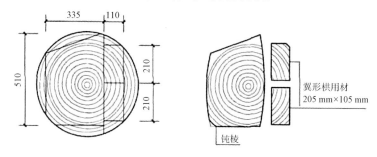

原木直径690 mm，解得五橡栿、两根栱枋用材、两根翼形栱用材，两根屋内额用材

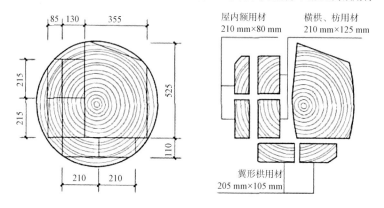

图5-15　太原晋祠圣母殿梁栿用材解木方式推测

（周淼等《晋中地区宋金时期木构建筑中斜面梁栿成因解析》）

的区域(图5-16)[1]。曹先生不仅绘制了断面图,还敏锐地提出:"根据一些构件彼此纹理的连贯,可以判断是当时在现场用原材解割盘截成板方材的。"这实则提出了一条考察木材解割的路径,即对一座单体建筑所有木构件的断面纹理进行全面记录,通过其间纹理的拼对,可以反推当时如何将一根原木解割并分别用于不同的木结构中。然而,一般考察没有条件观察到绝大多数构件的断面,需结合修缮落架对建筑构件进行详细考察,但当前修缮过程尚未有意识记录木纹现象。因此,曹

[1] 曹汛《叶茂台辽墓中的棺床小帐》,《文物》1975年12期,49—62页。文中还注意到构件选材树种,主体构件使用柏木,窗心板使用梨木,兽头和望柱头使用椴木。

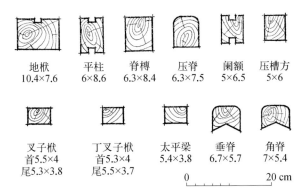

图 5 - 16　叶茂台辽墓小帐主要构件断面与尺寸

（曹汛《叶茂台辽墓中的棺床小帐》）

先生所开拓的研究视角,在后来研究中很少见。

近年周淼借助晋祠圣母殿的精细测绘工程,对部分木构件断面木纹进行了细致考察,区分出了 9 种木纹形式,并初步进行了年轮的拼对,推测其梁栿裁解于原木的偏心区域,剩下的余材用于栱、枋,较为充分地利用了木材,并造成了建筑材分不太统一的现象[1]。他的考察反映出这种方法的独特意义,是值得结合修缮工程扩展、深化的研究方向。

二、原木配置

金元时期梁、额多使用原木,去皮即用,在加工上较为简单,但对大材的配置却有非常周到的考虑。

首先,开间方向的额,尤其是檐下的大额,其上多设置斗栱,为保证铺作次序一致,不能有太大的起伏,会挑选较为长直的材料,并对大额的上表面进行一定的平整。有的选材实在难以达到要求,上皮高差太大,则会在额上再设置一道普拍枋,之间垫承木料使其平整,再设置檐下斗栱,如大阳汤帝庙前檐(图 5 - 17)。

[1]　周淼、胡石《晋祠圣母殿栱、枋构件用材规律与解木方式研究》,《文物》2020 年 8 期,70—79 页。

图 5 - 17　阳城大阳汤帝庙檐额上置普拍枋找平

　　而殿内进深方向设置的圆梁，选材相对自由，梁身起伏较大，仅将端头直截，梁额两端头连线，其梁身主要的弯曲方向均朝上，整体呈栱形；未见有整体向下弯曲的大梁或大额。这一方面有助于受力，另一方面也尽可能地增加了空间的可用高度，并适当减少了上部构材。梁的放置，一般小头冲檐、大头冲内，这既能减少对檐下斗栱上部空间的影响，也有助于架高屋内梁架结构，减少上部构材的使用。

　　无论梁还是额，其与柱的交接均较为简练。额底在接柱的位置会削做平面，形成一咬合口，搭于柱头上。若至角部，额一般会出头设置；若在中间，两额端对接于柱中缝附近。为保证梁、额的受力，柱与之交接点下方，往往设绰幕枋、楂头加固节点。

　　梁、额上部与之交接的结构，照顾到其下自然弯材，也有随宜的处理。其中，檐额上的斗栱，大多以额身高处所设铺作的斗底为基线，而在凹陷处垫承木块找平。

图 5 - 18 高平府底玉皇庙大殿栿上襻间斗栱

图 5 - 19 高平显圣观山门栿上垫木隐刻驼峰

这种加法施工逻辑，与前文所述宋辽时期在直材上皮挖槽、做减法找平的逻辑不同，总体上还是考虑到了当时主要用材为杨木，尽量避免挖凿木料影响大额受力，这与金元时期原木表面不做任何加工的原则是一致的。

而梁上的隔架，若设置蜀柱，则保证柱头高度一致，柱脚对应梁身起伏加长、缩短即可；若设置襻间斗栱等较为复杂的结构，所采取的主要方法是随形就势。空间不够的地方，就不设斗以降低隔架高度，如府底玉皇庙，后檐下平槫与凸起的梁背距离很近，就只设置襻间栱，其下坐斗仅留上半身（图5-18）；空间较大的地方，就垫承方木或驼峰，如米山显圣观山门，后檐下平槫正对梁背的凹陷处，即设置一块方木垫承，其上隐刻驼峰（图5-19）。这反映出襻间斗栱以上部槫位为基准，下方随宜增减。这与檐下斗栱以栌斗底为基准找平的处理明显不同，一方面说明营造活动仍将檐部斗栱视为独立单元，不仅作为建筑核心的结构，也是反映建筑等级的标志，其结构的完整性尚不能破坏；另一方面说明殿内隔架斗栱已无严格的制度要求，随形就势，可增可减，是其后期逐渐弱化乃至消失的前兆。

以上原木作为柱、额、梁的配置及其上下构造的随宜加工，结合当时建筑营建过程中输材、化材等较为随机的现象，反映出当时建筑施工只可能做大框架的规划，而不可能预先计划细部构造并批量预制构件。工匠更可能在施工过程中，伴随着建筑主体结构的搭设，在当时所备的木料中选择体量较为合适的原材，加工为适合建筑结构和空间要求的构件。这一"边搭设边加工"的施工方式，一改我国建筑的预制施工体系，随机应变，灵活机动，对工匠提出了更高的要求，也自然会带动梁架间复杂结构的简化处理。

4
以石易木及其匠系参考

一、以石易木现象

我国的日常功能性建筑，一般使用木材；而为亡者修建的陵寝建筑，才见有石堂、石墓、石椁等建置。但日常堪任大材的树木不断减少，梁额尚可选取原木弯材，而柱纵向受力，非直材不可。因此，受材料的影响，除使用杨、榆、槐等大圆木作檐柱外，宋金还逐渐开始流行以石柱易木柱的做法，一直延续到明清。从这一角度出发，若一地区木构建筑中使用石材越多，在一定程度上说明这一地区堪任直材的林

图 5-20　正定开元寺唐代山门石柱

木资源越少。因此,石材在木构中使用的时代、范围和普遍程度,也可以成为我们反观区域林木取材环境变迁的一个视角。

现知较早使用石柱的个案,见于河北省正定开元寺山门楼,其上木构现已不存,但留有底层的 12 根石柱(图 5-20)。这些石柱用材硕大,有明显的上下收分,四角抹斜,其上多有施柱题记,局部见有线刻的供养人。石柱中还设石门边框,尚保留有门额、立颊残段,其上线刻缠枝花卉图案[1]。据柱上刊刻的大历十二年(777)《解慧寺三门楼赞并序》,知高僧日宝创建门楼始末,其中有“乃亲自仗锡诣乎山林,寻高松,求巨石。良工庶木,刻之为栋;山神指石,石化为柱”字句,可见当时营建工程主要取材于周边山林,寻求的是堪任大材的高松,而以石化柱,虽托山神之名,但也隐含着松材渐少、不得不以石材替代的现实。这与正定地处华北平原、森林资源较少直接相关,其取材只能循滹沱河向上至太行山中。同在正定的隆兴寺,北宋初兴建大悲阁,也有“后至开宝四年六月内,天降云雨,于五台山北冲澍下枋榑约及千余条,于颓龙河内一条大木前面拦住,见在河内,未敢搬取。真定府具表文奏,直诣天庭。皇帝览表,龙颜大悦,五台山文殊菩萨送下木植,来与镇府大悲菩萨盖阁也”的记载[2],虽有传说色彩,也在一定程度上说明了该地大木取材不易,反映了平原大木的稀缺是制约建筑营造活动的主要因素,并且是开元寺山门楼以石易木的重要原因。

山西南部地区虽较华北平原林木资源丰富,但随着人类营造行为的影响,松林渐少,在柱上以石易木的总趋势还是难以改变,只是相较于平原地区有所延缓。石柱带动了石作工艺在建筑中的广泛使用,连带兴起了石门框、石基的雕镌造作。以晋东南为例,我们初步统计了这一区域早期建筑使用石柱、石门、石基的相关材料(图 5-21),可见石材的运用和加工可分为四个阶段:

第一阶段为宋中期以前。这一时期森林资源尚较为丰富,建筑主体结构均使

---

[1] 樊瑞平、刘友恒《正定开元寺唐三门楼石柱初步整理与探析》,《文物春秋》2014 年 6 期,58—74 页;又 2015 年 1 期,67—73 页。

[2] 曾枣庄、刘琳主编《全宋文》第二十一册·卷四三六《真定府龙兴寺铸金铜像菩萨并盖大悲阁序》,上海辞书出版社、安徽教育出版社,2006 年,99—100 页。

用木材,罕见石柱、石门,石基也只简单加工,少有雕饰。

第二阶段是宋中期至金初。盆地中部地区的建筑檐下用柱普遍以石易木,奠定了晋东南后世使用石柱的传统,这与前文所见选材的变化、劲直的松木渐少、人们开始选用日常杂木建造殿宇的节点是相应的。周边山林如沁县、武乡等地,金元时期仍常见木柱,反映出这些地带林木资源相对保存较好。这一时期,大殿石柱多选用青石,表面多磨光,但少有雕饰,配合石柱也开始使用石材制作石门框,其上开始出现雕饰,多减地平钑缠枝花卉图案。

第三阶段是金中期至金末元初。石作雕刻普遍流行,除石门外,台基、石柱也开始雕饰,部分寺庙建筑的各部分石作均同时加工。石雕内容繁复,采用线刻、减地平钑和压地隐起、剔地起突等不同雕法处理砂石、青石等不同石材,精细程度大为提高。

第四阶段是元代。这一时期一改金末的繁华富丽,精雕细琢的石构件极为少见,这当与元朝务实的统治政策及相关工匠的管控有关。

宋代中后期石作工艺技术的成熟是金代石作兴盛的重要基础。这一方面可见于该地区宋代石门框,其上石作雕饰已完全成熟;另一方面也见于同时期其他地域的建筑,已在台基、石柱上出现丰富的雕饰,如正定隆兴寺佛香阁像座[1]、嵩山少林寺初祖庵石柱和槛墙[2]、巩义宋陵神道望柱石雕[3]等,都体现了建筑石作的基本形式、题材和技法在宋代的确立。而宋《营造法式》"石作制度",亦明确记有石作造作次序、雕镌等级和各类花纹[4]。

金代,特别是金中后期,是晋东南石作发展的高峰,其继承了法式传统,并将石作雕饰普遍用于建筑不同结构,可见法式的颁布和推广在晋东南地区有一定的滞后性。这不仅见于石作,晋东南木作也是在金代才明显表现出所受宋代法式的影响,出现了与之前地方风格不同的规范化建筑结构[5]。

[1] 梁思成《正定古建筑调查纪略》,《中国营造学社汇刊》第四卷第二期,1933年。
[2] 祁英涛《对少林寺初祖庵大殿的初步分析》,《科技史文集》第2辑,上海科学技术出版社,1979年。
[3] 郭湖生、戚德耀、李容淦《河南巩县宋陵调查》,《考古》1964年11期,564—577页。
[4] 梁思成《〈营造法式〉注释》,《梁思成全集》第七卷,中国建筑工业出版社,2001年,48页。
[5] 徐怡涛《长治晋城地区的五代宋金寺庙建筑》,北京大学博士研究生学位论文,2003年。

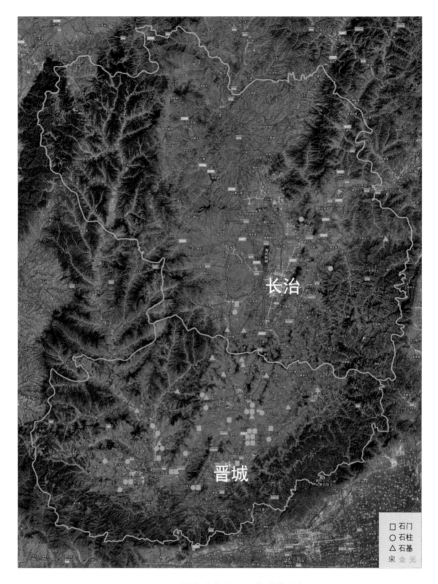

图 5 - 21　晋东南宋金元石作雕镌分布

　　相较于北宋,晋东南金代石作显示出更多的地域特色,其由简入繁,精细的程度大为提高,针对青石、砂石,相应地采取减地平钑和压地隐起的方式进行雕凿,且多在门墩、台基的隔身版柱上剔地起突地雕凿立体的走兽和力士。其雕刻题材,对比宋、金石门(图5-22),可见宋代多为程式化的缠枝花卉图案,金代不仅花卉更为多样,花瓣的翻卷、叶脉的纹理表现得更为生动,还多在花间穿插雕凿鱼、鸟、龙、走兽、化生童子,形成富有生活情趣和美好寓意的画面[1]。

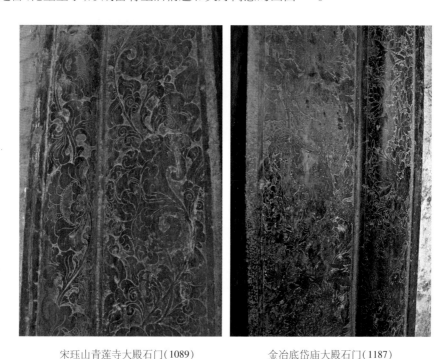

宋珏山青莲寺大殿石门(1089)　　　　金冶底岱庙大殿石门(1187)

图5-22　晋东南宋金石门框雕刻对比

二、区域匠系参考

古建筑匠作体系的研究,受材料的限制,多聚焦于明清以后,以建筑实物、文字图档史料和匠人家系访谈为主。而元代以前的早期建筑保存较少,又以地方寺庙建筑居多,民间匠作史料记载基本空白,也难通过家谱和口述史追溯早期匠人传

---

[1] 这种样式已见于河南地区宋宣和七年(1125)初祖庵大殿石柱上,但在晋东南却普遍见于金中期以后,这也是前文所述地区滞后性的表现之一。

承。木作工匠题铭本就较少，且多为墨书，往往隐藏于梁栿之中，非落架大修不易发现，因此，要一窥区域木作匠系的身影极其困难。但建筑石基、石柱、石门等石作雕刻，由于坚固历久，又能体现当时工匠的工艺技术水平，往往在显露的位置刻凿匠人题记，容易保留下来，为深入了解建筑营造活动背后的工匠和施工组织提供了条件，一定程度上，可作为我们反观木作匠系的参考。

从宏观的空间地域层面观察，晋东南建筑石雕多集中于晋城地区，长治地区很少，呈现出明显的分区。这种分布的不均衡并非建筑保存状况所致，因为现长治保存的宋金元早期建筑与晋城相当。且长治地区仅有的几处石雕多用砂石，受石质的影响，均以大瓣的花卉图案为主，工艺简单粗放，与晋城地区的精雕细琢明显有别。这当与不同区域石作匠系的活跃程度和技法特征直接相关。

而聚焦于晋城区域，还能通过石作题铭看到不同的匠系组织。难得的是，少数同村同族匠人的名字还出现在该区域不同建筑之上，不仅反映了石匠的活动范围，也揭示了看似独立的建筑间的隐形联系（图 5 - 23、表 5 - 2）[1]。其分布于高平、阳城、泽州、陵川等地，代表了一定的县域甚至局部小区域的划分，时代集中于金代末期，不同匠系在材料选择、雕饰题材、工艺技术层面都有细化差别。而同时，各匠系作品所呈现的时代共性也非常明显，这当与寺庙功德主来源于较广的区域类似，反映了相距较远的匠系之间也有普遍的交流。

从现有材料来看，这一区域最为活跃的是高平北赵庄赵氏工匠，其题铭主要集中于金代中晚期，分布于高平西部及阳城东北部，范围较广。

其中重要的一例是阳城润城镇屯城东岳庙。该庙大殿及两侧挟殿为金末遗构，殿石柱、台基与其同期（图 5 - 24）。大殿三间，前檐四根方形抹角青石柱，柱顶均有施柱题记，其中之一有承安四年（1199）匠人潘济明题铭。柱身各面均以减地平钑的方式雕饰图案（图 5 - 25）。

---

[1] 除上述主要匠系外，也还有个别出现的匠姓，这不一定是他们的势力范围较少，很可能还是保存下来的有限，如西李门二仙庙石门匠人郑氏，芦家峪二仙庙台基匠人袁兴等等。

表5-2　晋东南主要石作匠系

匠系	建筑	石作	题铭
高平北赵庄赵氏工匠	高平良户玉虚观大殿	青石基	大定十八年(1178)四月十六日记石匠北赵庄赵琮赵进。
	高平王报村二郎庙戏台	青石基	时大定二十三年(1183)岁次癸卯秋十有三日石匠赵显、赵志刊。 博士李皋[1]。
	阳城屯城东岳庙大殿及两侧挟屋	青石柱 砂石柱 青石基	大殿四根立柱,从东至西分别题有：1. 承安四年(1199)四月十二日立柱,匠人潘济明,张敏、张格、柴椿、赵显四人同施石柱四条;2. 赵显、张敏、柴椿、张格;3. 柴椿、赵显、张敏、张格;4. 张格、柴椿、张敏、赵显四人同施。 大殿台基题有：时泰和岁次戊辰(1208)己未月功毕。匠人高平县北赵庄赵瓒同弟赵琚、赵珣。 东挟殿四根立柱,自东向西依次题有：1. 大安二年(1210)同施人赵佐、张格、赵佑;2. 本村同施人张格、赵佑、赵佐;3. 本村张赵施,匠人高平赵瓒;4. 赵佑、赵佐、张格三人同施。
	高平古寨村花石柱庙大殿	青石柱	大殿四根立柱,自东向西分别题有：1. 古寨西社冯聚愿心施石柱一条,泰和七年(1207)五月十日功毕;2. 李珪施,晋城县做柱人李皋,阳城县做柱人潘济明,泰和七年九月二十四日立柱;3. 施主本村牛彦同男牛铎,匠人丹源赵瓒同弟赵琚;4. 本村众社人施。
	高平朗公山金碑[2]	青石碑	石匠赵志同弟赵壁刊[3]。
高平靳寨石匠	高平丁壁玉皇庙大殿	砂石柱	泰和三年(1203)六月十四日靳寨村[4]石匠 □□ 靳荣。
	陵川礼义镇崔府君庙金碑	青石碑	《礼义寺庙四至碑》：金兴定六年(1222)靳寨石匠李顺。

[1]"博士"在古时指技艺专精者,则李皋当与赵氏兄弟合作雕凿。此题记未明确记北赵庄,但"李皋"一名,见于花石柱庙泰和七年(1207)题记赵氏工匠的合伙人"晋城县做柱人李皋",且"赵显"一名,也见于屯城东岳庙承安四年(1199)立柱的四功德主之一,该庙营建同样也有北赵庄工匠参与。以上同名匠人时代相近,且均与北赵庄有关联,则二郎庙石刻为北赵庄工匠所造的可能性极高。

[2]金泰和三年(1203)《泽州高平县长平乡上扶村新修祈雨文记》碑,碑首及边框均减地平钑刻龙凤牡丹、莲花童子等图案,碑拓片及录文见王树新主编《高平金石志》,中华书局,2004年,165页。

[3]赵氏兄弟合作施工,且"赵志"一名,也见于邻近的王报二郎庙大定二十三年(1183)题名"石匠赵显、赵志刊",则极有可能是北赵庄赵氏工匠所为。

[4]靳寨之名现仍存,分东西靳寨,距丁壁村仅6里。

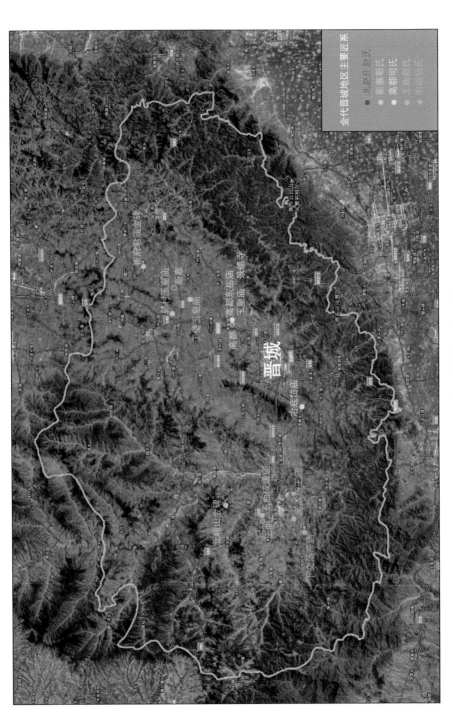

图 5 - 23　晋城区域金代石作匠系分布

图 5 - 24　屯城东岳庙大殿及两侧挟殿

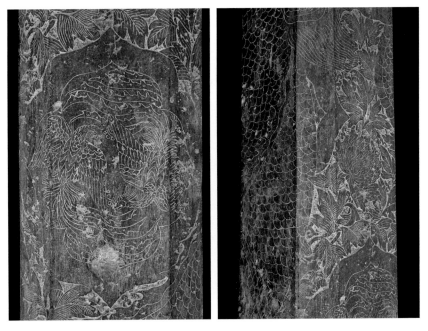

图 5 - 25　屯城东岳庙大殿前檐石柱

续　表

匠　系	建　　筑	石　作	题　　铭
泽州高都司氏石匠	泽州高都镇东岳庙天齐殿	青石门	金大定十八年(1178)石匠司隽、金大定二十五年(1185)石匠司隽同弟司宝。
	泽州冶底岱庙大殿	青石门[1]	阳城县石源社郭润门工施钱贰拾贯，时大定岁次丁未年(1187)己丑月癸未日本州石匠司贵同弟窦小二。
	高都镇玉皇庙东配殿	青石柱	高都南社续坚施柱一条，下社司俊施柱一条，男石匠司理[2]，时承安四年(1199)仲秋日记。
	高都镇景德寺大殿	青石柱	宋：元祐二年(1087)石匠人司寿。 金：泰和五年(1205)石匠司理男司琪[3]。
阳城王曲石匠	阳城王曲成汤庙大殿	青石门 青石柱	金承安、太和年间本村石匠赵亨、赵敦、赵温、赵湘、赵浩、赵洵、赵讷等多人姓名。
	阳城北崦山白龙庙金碑[4]	青石碑	金泰和二年(1202)石匠本邑人赵敦。
阳城杨氏石匠	下交成汤庙拜殿	青石柱	大安二年(1210)石匠请到本县杨璨，同男杨渊、杨海。
	南底村汤王庙大殿	青石门	金大安元年(1209)杨璨，同男杨渊、杨海。

　　正殿台基作须弥座，台基隔身板柱剔地起突雕凿侏儒力士，中间束腰处六块石雕，中间四块砂石质，风化较为严重，边框均阴刻缠枝，其间团窠内以压地隐起的方式雕凿龙、凤、花卉和人物故事；东西端的两块束腰青石质，西侧一块残损严重，东侧局部保存，可见缠枝边框内作团窠图案，偏左刻有工匠题记："时泰和岁次戊辰(1208)己未月功毕。匠人高平县北赵庄赵璨同弟赵琚、赵珣。"（图 5 - 26）

---

[1] 冶底岱庙大殿内砖雕神台须弥座，其雕饰内容和风格也呈金代风格，与中坪二仙宫大定十二年(1172)神台相似，可能与大殿建筑和石门同时营造，砖作和石作当有共通性。

[2] 该题记除见金末石匠司理之名外，还提到了其父司俊捐柱，为高都下社人，则可知泽州司氏石匠出自高都，这也是高都多处金代建筑石作均出自司氏之手的原因。题记反映了营造工程中存在父亲施柱，儿子雕柱的情况，说明了施工组织的特殊一面，尤为珍贵。另石匠施柱的例子，也见于前述冶底岱庙大殿，其前檐四柱分别由四人捐助，其中之一题有："五岳殿石匠段高施石柱一条，元丰三年二月初三日。"

[3] 该柱上所刻宋金司氏匠人题铭，反映了司氏匠系可明确追溯至宋，反映了宋金石作匠系的传承关系。

[4] 韩士倩《复建显圣王灵应碑》，参见冯俊杰《山西戏曲碑刻辑考》，中华书局，2002 年，48—50 页。

东挟殿三间，前檐四根方形讹角石柱上亦刻铭。挟殿大安二年(1210)立柱，施工晚于大殿，东数第三柱亦刻石匠赵瑓姓名，其余各柱分别以不同功德主打头。各柱砂石质，正面以压地隐起的形式雕花，当心间两柱通柱雕缠枝牡丹，东西两侧柱分三段雕荷花与花鸟图案(图5-27)。西挟殿与东挟殿同时，结构对称，但石柱上无雕饰。

由上可见，屯城东岳庙先营建大殿，从立柱建屋至台基包边完工，历时约十年。之后再营建东西挟殿。其大殿石柱为阳城本地匠人潘济明雕刻，而后大殿台基和挟殿石柱则请高平县北赵庄赵瑓兄弟雕刻，雕凿的内容和技法也与大殿石柱有所不同。远在阳城的屯城，与高平隔山阻水，直线距离近百里，却留有赵氏工匠身影，历时八百余年还保存了下来，让人震惊。这不仅反映了区域间工匠的交流合作，也说明了北赵庄匠人在当时的活跃程度。

另一有意思的案例见于高平马村镇古寨村花石柱庙，其前檐四根石柱均满饰雕凿，并有泰和七年(1207)捐柱人、石匠人多处题记。其中，当心间东、西两柱最为华丽(图5-29)，东柱匠人为"晋城县做柱人李皋，阳城县做柱人潘济明"，西柱匠人为"丹源赵瑓同弟赵琚"。此赵氏兄弟和阳城匠人"潘济明"也同样见于前例屯城东岳庙，反映了不同匠系工匠已组成了团体，在高平、阳城等地合作施工，花石柱庙还有晋城县"李皋"参与。两柱雕饰布局也不一样，东柱正面和两侧面均压地隐起，仅背面减地平钑，而西柱仅正面压地隐起雕刻，其他三面均减地平钑。其雕饰内容，两柱均有常见的龙凤牡丹图案。但赵氏所雕西柱两侧面较特别，不仅雕有数尊立于双莲之上的菩萨，还在团窠中雕刻了人物故事，其中之一为两人立于碑前，身后两人牵马，碑上题有"黄娟幼妇外孙齑臼"，为曹操杨修过曹娥碑之典故，当属孝子题材；而东柱在背面柱中团窠中也刻有道教帝君，则两柱似分别表达了儒释道等主题(图5-28)。由此可见，不同工匠所雕内容有一定程度的分工，但具体内容和雕饰手法却各有不同，有竞争"斗艺"的成分，这也可能是该庙石柱为晋东南目前所见最为繁复华丽的原因之一，反映出工匠技艺的娴熟，其展现自身技能、提高个人声誉并扩大影响的意愿也在增强，这也是金代石作上更多见石匠人名的原因。

图 5 - 26　屯城东岳庙大殿台基束腰

图 5 - 27　屯城东岳庙东挟殿前檐石柱

图 5 - 28　高平古寨花石柱庙大殿前檐心间东西柱雕刻

三、小结

由上，通过石作工艺，我们试图探索建筑营造背后的社会人群。其中，工匠作为建筑工艺技术的提供者，在建筑营造中起到了重要作用。通过案例研究，可见早期建筑石匠技术多为家族传承，有一定的时段性，以兄弟合伙经营为主，并与其他区域的工匠有广泛的交流，显示出不同建筑并非单一独立的工程，而处于一个具有关联的匠作组织网络之中，这使我们对区域工匠的复杂性有了直观的认识。也有必要以此为线索，在全面搜集相关材料的基础上，尽可能完整地展现山西南部石作匠系及其雕刻作品的历史面貌，这也是我们进一步工作的整体构想。

但毋庸讳言，以木构架为主、历时近千年保存下来的我国早期建筑，各建筑本身及其之间的关系多经岁月的磨砺，只有极少且微的残留，若要挖掘早期匠系，其深度和广度，即使在材料丰富的山西地区，也难及晚期建筑匠系研究。因此，对于早期匠系的探索，不仅是追寻历史事实，更是寻求探讨历史问题的角度，尝试在相对较早的时期，从区系类型层面考察匠作对物质遗存的表达有多大程度的影响，以触及区系形成的内生动力，人对物质演变的作用，或可以石作为线索，反过来思考建筑主体，特别是大木作分区分期的内涵，尝试细化区系分析的可能性。如晋东南在石作匠系上有明显的晋城、长治之分，而在木构层面，晋东南是否是铁板一块？而更进一步，晋城地区有不同的石作匠系，它

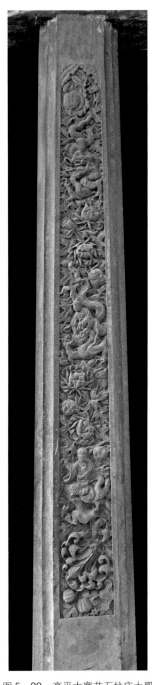

图 5-29　高平古寨花石柱庙大殿前檐心间西柱

们之间有差别也有联系，那么木作是否也有类似情况，能否进行更为细化的分区？匠系的影响和交流，在地理空间上能够扩及多大的范围？如此，可以山西南部早期建筑为实例，探讨不同材料与其对应匠作的整合研究。

斗、栱、昂的加工

1

斗、栱常规加工方式

一、斗的常规加工

树木形态为长杠体,故建筑中木构件基本也依木材形势,顺纹加工为纵长构件。而斗较为特殊,其作为节点受力构件,在木构中最为方正,且体量较小,可由长柱体分割为小方形再加工而成。从解材到成品,理论上可能出现如图 6-1 所示的三种情况:第一种情况斗面垂直于木纹,尚未见到实例;第二种情况顺纹开斗口(以下简称顺纹);第三种情况垂纹开斗口(以下简称垂纹)。第二种顺纹加工较第三种垂纹加工方便,且针对一整根方木,可顺纹统一开斗口,再分割为各小斗继续加工斗欹等结构,易于批量生产。但第二种加工方式生成的斗,容易顺纹劈裂,我们现在最常见到的斗的损坏即是这样造成的,而第三种垂纹加工实际上可以较好地预防这种损坏。

通过区域调查,我们发现晋东南早期建筑的斗,基本为第二种顺纹加工的形式,仅少数建筑的局部散斗使用垂纹加工,且分布极为随机。以长子西上坊成汤庙为例,该殿数百个散斗中,仅发现 30 处木纹方向与殿身方向垂直的散斗(图 6-2)。这些散斗材质均为杨木,做法也跟其他散斗一致,故排除其后期更换的可能,当是原始情况。它们的位置均较为隐蔽,除 1 处在瓜子栱上,其他均在正心最上层枋或慢栱之上,一般较难发现(附录 8)。这种零散随机分布的情况,可能与其使用杨木相关:杨木并没有很明显的纹理,且质软易于加工,顺纹、垂纹影响不大,工匠在制作部分散斗时可能没太注意其纹路,这种随意性与金元时期建筑的总体特征是一致的。由此可见,在斗的加工中,顺纹加工仍是普遍原则,这反映了当时工匠更在意顺纹施工的方便,而并未刻意追求结构的相对稳固。

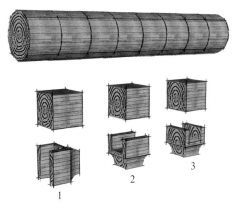

图 6-1　斗的三种可能加工方式

但对于核心节点的斗，如栌斗、交互斗，为弥补顺纹加工的不足，普遍采用了"隔口包耳"的措施。如图 6-3 所示，通过制作隔口包耳，斗耳部顺身处被其上华栱下方开口卡住，防止开裂。实际上，"隔口包耳"按其字面意思当为"隔斗口包斗耳"，"包"反映了这种制作方法的功能性。

近年，张十庆先生发表论文，指出南方建筑散斗普遍采用垂纹（张文称为"截纹"）加工（图 6-4）[1]；通过《营造法式》对应文字的释读，了解到法式中散斗亦采用垂纹加工，同时考察日韩早期建筑，发现散斗亦为垂纹加工。他认为北方顺纹和南方垂纹加工的差异，"除了受到材料与加工技术等因素影响外，推测应包含有制作和施工上的工匠设计思维和意识"，更反映出南北方建筑匠系的不同，是南方建筑做法与《营造法式》关联的一个具体表现，也是南方建筑影响东亚其他地区的缩影。

图 6-2　长子西上坊成汤庙大殿西山南平柱头铺作斗的加工方式

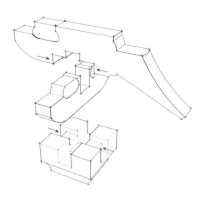

图 6-3　栌斗隔口包耳及其与泥道栱、一跳昂的交构

［1］张十庆《斗栱的斗纹形式与意义——保国寺大殿截纹斗现象分析》，《文物》2012 年 9 期，74—80 页。

图6-4　宁波保国寺大殿截纹斗

（张十庆《斗栱的斗纹形式与意义——保国寺大殿截纹斗现象分析》）

　　张文视野广阔，提供了与山西早期建筑的对比案例，反映出南北方木材加工在散斗这一具体构件上体现出的根本差异。对于这种差异，张文所提的区域传统和匠系是其核心立场，但也同时指出"根据南杉北松的地域用材特点，不同材质与构件加工方式之间，应有密切的关系"，即此现象与材料选择也有关联。

　　而由本书的调查可知，山西早期建筑在斗栱的选材上，普遍区分斗、栱用材，栱使用大木的常规用材——松木；而斗作为节点受力构件，为增加其强度，普遍采用榆木和槐木这类硬杂木。相较于松木，榆、槐木纹理较乱，虽顺纹加工，但斗耳仍依赖着弯曲的纹理与斗平紧密相连，较难劈裂；且榆、槐木较硬，若垂纹开槽，加工难度陡增。即便到了金元时期，大木主要用材转为乡土树种，斗除常使用的榆、槐等硬杂木外，还普遍使用杨木，其仍习惯性地顺纹加工。但相较于北方建筑，南方建筑在斗、栱的选材上，至少从保国寺案例可见，尚没有明显区分，其斗栱普遍使用杉木（占比78.57%），辅以松木（占比13.39%），均为纹理顺直的木材[1]，若顺纹加工，散斗两耳极易脱落，且杉木、松木性软，选择垂纹加工也不会太困难。由此可见，北方斗、栱分别配材，而南方斗、栱统一配材，或是造成南北散斗加工方式分化的原因之一。

---

[1] 东南大学建筑研究所《宁波保国寺大殿：勘测分析与基础研究》，东南大学出版社，2012年，24页。

二、栱的常规加工

栱设置的基本原则,是进深方向的出跳华栱压开间方向的横栱(图6-3),相应的,在栱身开榫加工方面,出跳华栱中部均向下开口,横栱中部均向上开口。《营造法式》即载:"凡开栱口之法：华栱于底面开口……余栱,谓泥道栱、瓜子栱、令栱、慢栱也,上开口。"[1]从木材的受力来看,向上开口更有损栱身受力,容易折断,这也是现状所见横栱的常见问题。而出跳华栱选择相对更稳固的开槽方式,说明在当时的木构营造活动中更强调承受出跳方向的荷载,反映出建筑进深方向的挑檐结构是早期木构建筑的核心内容。当然,开间方向的加工隐患也会有一定的弥补措施,后文分析扶壁方向斗、栱留耳以及设置暗栔等做法,即是很重要的早期手段。而在宋金以后,则普遍采用增设补间铺作来进行弥补。

栱端卷杀以及栱身做栱眼等常规加工方式,无疑也会减弱栱身受力,不太符合建筑的结构受力要求。但这种做法,至少在东汉时期即已定型,甚至发展出曲栱的形态,在四川汉阙和石墓中多有表现(图6-5)[2]。这可能与斗栱的艺术化表现相关,南朝梁王训《奉和同泰寺浮图》云"重栌出汉表,层栱冒云心"[3],则斗栱有穿云拨雾之势,与之相应的云栱表达,在汉代陶楼和日本法隆寺五重塔、金堂(图6-6)及玉虫厨子中也有反映。

栱端卷杀、栱眼及更为夸张的曲栱、云栱做法,不仅削弱了栱的受力,也极大地提升了加工难度。但这种倾向,在秦汉以后一直存在,至于北朝时期流行在卷杀中做入瓣,化直为曲,更是对加工提出了极高要求(图6-7)[4]。反而是唐代以后,栱的形式逐渐简化,卷杀入瓣不再明显;至宋代,入瓣即极为少见,北宋晚期颁布的《营造法式》,卷杀均"以真尺对斜画定,然后斫造"(图6-8)[5]。法式虽还载有

---

[1] 梁思成《营造法式注释》,《梁思成全集》第七卷,中国建筑工业出版社,2001年,82页。
[2] 刘敦桢主编《中国古代建筑史》(第二版),中国建筑工业出版社,1984年,75页。
[3] 丁福保编《全汉三国晋南北朝诗》,《全梁诗》卷十,中华书局,1959年,1180页。
[4] 王克林《北齐库狄迴洛墓》,《考古学报》1979年3期,377—402页。
[5] 梁思成《营造法式注释》,《梁思成全集》第七卷,中国建筑工业出版社,2001年,82、379页。

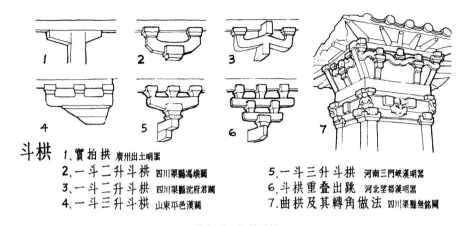

斗栱
1、**實拍栱** 廣州出土明器
2、**一斗二升斗栱** 四川渠縣馮煥闕
3、**一斗二升斗栱** 四川渠縣沈府君闕
4、**一斗三升斗栱** 山東平邑漢闕
5、**一斗三升斗栱** 河南三門峽漢明器
6、**斗栱重疊出跳** 河北望都漢明器
7、**曲栱及其轉角做法** 四川渠縣無銘闕

图 6-5　汉代斗栱

（刘敦桢主编《中国古代建筑史》）

"云栱"一词,但已不见其对应的木作样式,而只在石作中用雕刻的方式体现[1]。因此,从栱的出现到其后期发展,反映出构件加工并不是简单的由结构性到装饰性的线性演化。实际上,汉代建筑斗栱的装饰化,与这一时期栱主要用于扶壁、配合着土木墙体构筑紧密相关,其悬挑的结构作用并不突出。反倒在隋唐以后,伴随着建筑斗栱铺作层逐渐形成[2],斗栱挑檐出跳的结构性增强,对栱身受力提出了更高要求,栱端加工才逐渐简化。由此亦可见,建筑是一有机整体,单纯从材料、工艺的进化角度分析构件形制做法并不全面,构件在建筑中的位置、结构功能以及人的主观审美和构材意向,也是很重要的影响因素。

　　金元以后,斗、栱的加工又渐有复杂化、装饰化趋势,建筑中常使用讹角斗、海棠斗、翼形栱、龙形耍头等。考虑到这一时期大木作中开始普遍使用杨木,而前述这类装饰构件一般都使用杨木[3],大量小木作装修也使用杨木[4],则杨木的广泛使用可能也带动了构件加工技术的更新,针对杨木质软、纹细,易于加工、塑形的特

[1] 石作制度下"重台勾栏"条中有"云栱"做法,其上雕刻纹饰图案,见梁思成《营造法式注释》,《梁思成全集》第七卷,中国建筑工业出版社,2001 年,62 页。
[2] 钟晓青《斗栱、铺作与铺作层》,《中国建筑史论刊》第一辑,清华大学出版社,2009 年,3—26 页。
[3] 如冶底岱庙大殿、舞楼讹角斗、异形栱、山门龙头,下交汤帝庙后尾异形栱等均普遍使用杨木。
[4] 晋城二仙庙大殿内天宫楼阁即使用小叶杨制作。

性,匠人尝试了更多的装饰纹样。当然,如前所论,材料的选择、变化只是构件形制演变的影响因素之一,对这一趋势的分析尚待更多元的视角。

图6-6 奈良法隆寺金堂云栱

图6-7 北齐栱端卷杀入瓣(左图出自库狄迴洛墓,右图为天龙山第16窟)

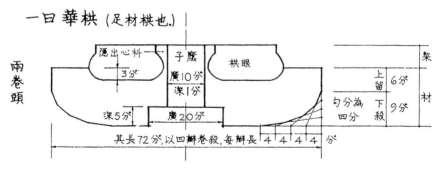

图6-8 《营造法式》华栱端头卷杀做法

(《梁思成全集》第七卷)

2

斗、栱留耳加工

1936年，刘敦桢先生调查河北新城开善寺，注意到其柱头铺作栌斗做法异常，"据剥落处所示，栌斗隐于栱眼壁之部分，仍系方木，而并非敬"[1]。20世纪末，开善寺落架大修，人们始更为直观地观察到这一做法（图6-9）[2]。其做出斗敬曲线，但栱眼壁部分留有直边的加工方式，形似耳朵，本书称为"留耳"做法。

图6-9　新城开善寺大殿斗栱修缮图

（刘智敏编著《新城开善寺》，图版15-2）

图6-10　五台佛光寺东大殿檐下斗栱

图6-11　五台佛光寺东大殿栌斗留耳做法细部

[1] 刘敦桢《河北、河南、山东古建筑调查日记》，《刘敦桢文集》第三卷，中国建筑工业出版社，1987年，94页。

[2] 刘智敏编著《新城开善寺》，文物出版社，2013年，27页。

这种加工方法不仅见于栌斗，也见于部分建筑扶壁位置的泥道栱与驼峰，自刘敦桢先生发现以来，陆续有学者注意到这一现象，但尚未综合考察扶壁斗、栱、驼峰构件上的这一加工现象。本书对此略作简单的梳理和分析，可为留心此问题的学者参考。

一、扶壁构件"留耳"加工现象

留耳做法多见于扶壁斗、栱中。由于栱眼壁的遮覆，我们只能根据局部剥露出的痕迹来判断这种做法是否存在。因此，以下实例，只就现状所见而言，部分结构可能隐藏于栱眼壁中，需待以后进一步的考察。

唐代南禅寺大殿斗、栱中未见留耳做法，但其泥道素枋之上设置驼峰，驼峰两侧见有方木痕迹，实为方木上的隐刻，与留耳做法类似。

唐代佛光寺东大殿柱头斗栱七铺作双杪双下昂，栌斗立面均呈方形，斗欹两侧均留耳，其上扶壁单栱素枋，泥道栱两侧未见明确的留耳现象，但不排除栱眼壁遮覆的可能（图6-10、6-11）。值得注意的是，其内槽柱头栌斗与外檐一样，两侧亦有留耳做法。

芮城五龙庙大殿柱头斗栱五铺作双杪偷心，扶壁单栱素枋，其上再施一层单栱承枋。上下两层泥道栱栱端均有留耳做法（图6-12）。贺大龙称这种做法为"矩形栱式样"，认为这是汉代直头矩形栱的遗痕，在现存木构实例中较少见[1]。五龙庙大殿的斗，大多在维修中已更换，因此其原始栌斗中是否有留耳做法尚存疑。

五代建筑中，平顺天台庵大殿和龙门寺西配殿，栌斗内设枋隐刻泥道栱，斗两侧未见留耳做法；平顺大云院大殿斗、栱中亦不见留耳做法，而枋上驼峰为方形隐刻。

平遥镇国寺铺作次序与佛光寺东大殿基本一致，其栌斗与泥道栱两侧均有留耳现象，但大多被栱眼壁遮覆（图6-13）。镇国寺大殿补间减跳，在泥道枋上出栱，相交处设小斗，斗下结构亦被栱眼壁遮覆，但据辽代类似做法，其下或有蜀柱支撑。

[1] 贺大龙《山西芮城广仁王庙唐代木构大殿》，《文物》2014年8期，79—80页。

　　辽代建筑中，留耳加工方式较为常见。但辽初独乐寺的山门与观音阁，根据20世纪90年代修缮报告所披露的施工照片和斗栱分件图，可基本确认扶壁斗、栱没有留耳做法[1]。

　　义县奉国寺大殿，斗栱七铺作双杪双下昂，栱眼壁虽遮覆了扶壁结构，但部分栌斗及泥道栱两侧，均可见留耳做法或者隐起的方形轮廓，特别是殿内栱眼壁墙体脱离，能看到墙后大多数隐藏结构。大殿于1984—1989年落架大修，发现"泥道栱和栌斗顺栱壁方向的斗歉正中不向内斜杀，而是保留与栱眼壁等厚的方形，角栌斗更是四面皆如此，可能是方便砌筑栱眼壁，是大雄殿比较特别之处"（图6-14）[2]。其后，天津大学报告亦特别强调了这一点：

　　　　需要特别指出的是柱头铺作和转角铺作的栌斗做法，斗歉并不是全部加工成曲线内凹的形状，而是在两侧与栱眼壁相接的位置留下与斗耳和斗平宽度相同的完整木料，就像栌斗两侧伸出的两只小耳朵。不过，由于这两只"耳朵"的厚度恰与栱眼壁一样，所以外观上它们被粉饰得与栱眼壁浑然一体很难察觉，仅在有些交接的位置才能隐约分辨。（图6-15）

并指出这种做法"还有五台山佛光寺大殿、大同善化寺大殿及普贤阁、大同华严寺大殿、新城开善寺大殿、应县佛宫寺释迦塔、涞源阁院寺文殊殿等"[3]。大殿补间铺作栌斗较小，其下以驼峰垫高，驼峰在方木上隐刻出轮廓，类似留耳做法。栌斗之上横出翼形栱，其外亦有方形轮廓，也可归入留耳做法。大殿内檐后槽柱头斗栱，栌斗两侧常规加工，但泥道栱身两侧仍保持留耳做法（图6-16）。

　　新城开善寺大殿较为明确，其柱头铺作五铺作双杪，落架大修时剥除栱眼壁，可见栌斗两侧有留耳做法，而泥道栱两侧明确无（图6-9）。其补间隐刻，小斗下

［1］杨新编著《蓟县独乐寺》，文物出版社，2007年，264—271页。
［2］辽宁省文物保护中心、义县文物保管所编著《义县奉国寺》，文物出版社，2011年，39页。
［3］建筑文化考察组编著《义县奉国寺》，天津大学出版社，2008年，35页。

图 6-12　芮城五龙庙大殿泥道栱留耳做法　　　图 6-13　平遥镇国寺大殿栌斗、泥道栱留耳做法

图 6-14　义县奉国寺大殿修缮落架所见柱头、补间铺作留耳做法

（辽宁省文物保护中心、义县文物保管所编著《义县奉国寺》）

图 6-15　义县奉国寺大殿栌斗留耳做法

（建筑文化考察组编著《义县奉国寺》）

图 6-16　义县奉国寺大殿内檐泥道栱留耳现象　　图 6-17　涞源阁院寺文殊殿角铺作栌斗留耳做法

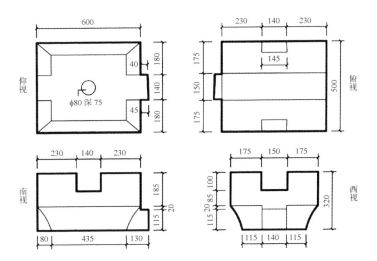

图 6-18　新城开善寺大殿栌斗分件图

（刘智敏编著《新城开善寺》，图 42）

图 6-19　应县木塔内槽栌斗两侧垫木

图 6-20　大同善化寺大雄宝殿柱头与补间铺作中斗、栱、驼峰的留耳做法

设有斗子蜀柱。刘智敏先生认为斗欹两侧留出"上下平砍,增加了斗底面积"[1]。在报告的斗栱测图及分件图中,均明确反映了这种做法。其中编号 3‑1 的栌斗,一侧留耳还突出约 4 厘米,极为特别(图 6‑18)[2]。

涞源阁院寺文殊殿,斗栱五铺作双杪,其栱眼壁较厚,仅隐约可见部分栌斗有留耳现象,泥道栱尚无法确认。其转角铺作的栌斗两外露边也都留耳,与奉国寺大殿一致(图 6‑17)。

应县木塔斗栱复杂,我们借勘探病害的机会,曾对每层内外檐斗栱均进行了详细勘察,通过内外栱眼壁脱落部分,可确认木塔斗、栱无留耳加工现象。但值得注意的是,木塔除顶层外,其下每层的内槽斗栱中,柱头铺作的栌斗两侧均垫有方木,起一定的支承作用,或可与留耳做法对照考虑(图 6‑19)。

大同善化寺保存了四座辽金建筑。大殿为辽构,柱头斗栱五铺作双杪计心,栱眼壁虽遮覆了扶壁结构,但栌斗及泥道栱两侧均隐出方形轮廓,特别是泥道栱下方还垫承一块方木。其补间铺作次序与柱头铺作类似,但栌斗较小,其下以驼峰垫承,与奉国寺大殿一致,其驼峰与泥道栱仍然有留耳做法。上述这些现象,在斗栱里转表现得更为明显(图 6‑20)。大殿转角与义县奉国寺、涞源阁院寺一致,栌斗两侧不仅有外露的留耳做法,还于留耳之外设置一块方木,托上方泥道栱出头(图6‑21)。殿内后槽斗栱中,栌斗两侧不仅留耳,也设置方木辅助垫承,其上直接设枋,层层叠垒(图 6‑22)。

普贤阁虽有金代题记,但保留了较多辽式建筑做法,其上下层栌斗两侧均有留耳做法。山门、三圣殿为金代建筑,其扶壁与大殿、普贤阁不同,为重栱素枋的形式。栱眼壁较厚,柱头、补间铺作斗栱未见留耳做法,仅转角位置的附角栌斗见有留耳做法,较为特殊(6‑23),而三圣殿未见。若从留耳做法的有无和普遍程度看,善化寺大殿、普贤阁、山门、三圣殿呈现出由多到少的序列,或可作为建筑重建次第的分析的参考。

---

[1] 刘智敏编著《新城开善寺》,文物出版社,2013 年,27 页。

[2] 刘智敏编著《新城开善寺》,文物出版社,2013 年,250 页。

　　华严下寺辽代薄伽教藏殿，柱头斗栱五铺作双杪计心重栱，从栱眼壁内外与斗栱的交接看，并无留耳做法，殿内槽斗栱中也未见此做法。上寺大雄宝殿虽金代重修，但保留有大量辽代遗构，其铺作次序与善化寺大雄宝殿类似，柱头斗栱五铺作双杪计心，栱眼壁遮覆了扶壁结构，现可见栌斗两侧留耳做法，而泥道栱尚不明确（图6-24）。其补间铺作次序与柱头铺作类似，但栌斗较小，其下以驼峰垫承，驼峰与泥道栱是否有留耳做法也不清楚。殿内后槽斗栱中，栌斗两侧亦有留耳，其上直接设枋，层层叠垒。

　　北宋建筑中，留耳做法较为少见。就笔者所知材料，仅有以下几例：

　　正定隆兴寺现存宋构中，均未见明确的留耳做法。但20世纪90年代大悲阁重建、拆除殿内早期墙体时，发现内槽斗栱中尚保留宋初建阁的遗构。根据老照片，可见其泥道栱两端有明确的留耳做法（图6-25），推测其原始外檐斗栱中当也有留耳做法。这批被拆除的构件，后保存在隆兴寺东院。我们曾对部分构件进行了调查，不仅发现了有留耳做法的泥道栱遗构，还见部分栌斗存在留耳做法（图6-26）。由此可知，大悲阁原构中留耳做法当较为普遍。

　　山西万荣稷王庙大殿，为天圣元年（1023）的建筑，其柱头与补间铺作均五铺作双昂偷心，泥道单栱重枋，其上再以单栱承枋。由于栱眼壁未封闭，上下两层泥道栱两侧均可见明确的留耳做法（图6-27）。

　　晋东南地区保存有大量北宋遗构。从现存遗迹现象看，这些建筑早期如南赵庄二仙庙、崇明寺、南吉祥寺等，晚期如开化寺、龙门寺、小南村二仙庙等，大殿栌斗、泥道栱均无留耳做法。但值得注意的是，这一地区的斗底，宋代多作斗畝外撒出锋，其来源于斗下皿板，有加强斗底面积、增强受力的作用。从这一角度出发，这种斗的做法或与留耳做法增加斗底面积有类似作用。

　　金代建筑中，除前文善化寺、华严寺的金代建筑外，还见有以下几例：

　　朔州崇福寺弥陀殿，柱头铺作七铺作双杪双昂，补间全出栱，扶壁单栱素枋，柱头、补间铺作的栌斗两侧均见有留耳做法（图6-28）。其后观音殿柱头、补间铺作栌斗亦见留耳做法。

　　定襄洪福寺大殿，悬山屋顶，前檐柱头斗栱五铺作单杪单下昂，补间出斜栱，扶

图 6－21　大同善化寺大雄宝殿转角铺作

图 6－22　大同善化寺大雄宝殿内槽栌斗留耳做法

图 6－23　大同善化寺山门附角栌斗留耳做法

图 6－24　大同华严寺大雄宝殿栌斗留耳做法

图 6－25　正定隆兴寺大悲阁重修照片

（摄于隆兴寺展览室）

图 6-26　正定隆兴寺大悲阁原构残件所见留耳做法

图 6-27　万荣稷王庙大殿泥道栱留耳做法　　　　图 6-28　朔州崇福寺弥陀殿栌斗留耳做法

图 6-29　定襄洪福寺大殿栌斗留耳做法　　　　图 6-30　太原晋祠献殿山面补间铺作栌斗留耳做法

壁单栱素枋,其柱头、补间铺作栌斗均见有留耳做法。后檐减跳为把头绞项造,栌斗亦见留耳做法(图6-29)。

山西晋祠北宋圣母殿,虽未见斗、栱的留耳做法,但其前金代献殿,山面补间铺作的栌斗两侧尚可见留耳做法,但柱头铺作无,较为特别(图6-30)。考虑到前述金代善化寺山门似也只在附角斗中使用留耳做法,反映出这种做法已走向尾声。

二、留耳加工的结构意义

前辈学者已指出,留耳加工保留了斗、栱构件的方形轮廓,是斗、栱原始形态的遗留,而驼峰源自方形的墩木,留耳表现的也是其自然原始形态。因此,这种做法反映了构件的原始加工。现存木构中草架内的构件,也多采用直材加工,如唐佛光寺东大殿、辽华严寺薄伽教藏殿草架的襻间栱均用直木,辽独乐寺观音阁、应县木塔平坐斗栱暗层里转,都显示出满足最原初结构作用的方斗、直栱构件形态。

但从制作加工层面看,留耳做法只是看上去原始。相对于完全剔除斗欹,留耳需在凹曲位置刻意留出凸出材坯,并把两侧表面加工平整,更加费时费工。且现存这种做法仅在扶壁方向,跳外均无,反映出其位置的特殊性。因此,其刻意留耳,却在栱眼壁中隐含,并不外显,若非特别的要求,难以解释这种矛盾。

大同善化寺大雄宝殿在栌斗两侧设置方形墩木支撑上方泥道栱的现象,提示我们要重视古人对扶壁结构的加固处理。应县木塔虽然没有留耳做法,但内槽一圈斗栱的栌斗两侧均设置方木承托,也说明了扶壁加固的意图。从受力角度看,栌斗两侧留耳,也确如刘智敏先生所说,增大了斗底面积,并支撑了上部斗平。泥道栱两侧留耳,也有弥补栱端做栱瓣造成受力缺失的结构作用。因此,留耳做法当有一定的加强扶壁结构承载力的功能。

而从建筑结构演变的大背景看,早期建筑补间设置普遍较简:唐辽时期或不设补间,或设置一朵补间铺作,且常采用较柱头铺作减跳的形式;至宋金时期,尤其是伴随着《营造法式》的推行,才逐渐流行与柱头铺作同等次序的补间铺作,补间设置的斗栱也开始增多,并产生强调补间铺作的倾向。这反映了我国建筑逐渐通

表 6 - 1　建筑中所见留耳做法分布表

建　　筑	时　代	栌　斗	泥道栱	驼　峰	备　　注
五台南禅寺大殿	唐			√	
五台佛光寺东大殿	唐	√			外檐、槽内栌斗均有
芮城五龙庙大殿	唐		√		
平顺大云院大殿	五代			√	
平遥镇国寺大殿	五代	√	√		
义县奉国寺大殿	辽	√	√	√	槽内栌斗亦有
新城开善寺大殿	辽	√			
涞源阁院寺大殿	辽	√			
大同善化寺大殿	辽	√	√	√	栌斗两侧设置方木垫承,槽内栌斗亦有
正定隆兴寺大悲阁	北宋	√	√		斗栱残件
万荣稷王庙大殿	北宋		√		
大同善化寺普贤阁	金	√			
大同善化寺山门	金	√			仅附角栌斗有
大同华严上寺大殿	金	√			槽内栌斗亦有
太原晋祠献殿	金	√			仅山面补间有
朔州崇福寺弥陀殿	金	√			
朔州崇福寺观音殿	金	√			
定襄洪福寺大殿	金	√			

过补间铺作的设置,完成了柱间的均衡承重,而在此之前,扶壁方向的受力存在欠缺,这与我们现阶段所见留耳加工的存在时段重合。考虑到其加强扶壁受力的作用,或可将其视作早期在补间结构较弱的背景下,隐藏于栱眼壁中的加固手段。

由此扩展考察,实际上早期建筑中还有类似的扶壁结构,且多被隐藏,它们的存在时间也集中在宋辽以前,可与留耳做法相互说明:

一是叉手与驼峰。早期叉手较为多见,至北朝后期、隋唐时期更为复杂,开始出现两叉手间的雕刻及其外缘装饰,已形成后期的驼峰。唐辽时期的木构遗存中,原始的人字叉手已不见,但起垫承作用的驼峰延续了下来,如南禅寺大殿泥道枋上的小型驼峰、辽代殿阁补间栌斗下所设的驼峰(图6-14、6-20)等,这也是本书把泥道驼峰也纳入扶壁结构体系考察的原因。

图6-31　应县木塔底层副阶补间铺作
蜀柱与驼峰组合

二是斗子蜀柱。其在五代宋辽时期逐渐替代补间驼峰设置,成为流行做法。除五代镇国寺大殿蜀柱可能隐藏于栱眼壁中,暂无法判明外,辽代蓟县独乐寺山门与观音阁、大同华严寺薄伽教藏殿、应县木塔、新城开善寺大殿、涞源阁院寺大殿,均可见明确的斗子蜀柱做法。其中应县木塔蜀柱坐于驼峰之上,更反映出扶壁结构的组合关系(图6-31)。

三是暗栔。《营造法式》载暗栔"施之栱眼内,两斗之间者",功限中亦载殿阁外檐补间铺作自八铺作至四铺作各通用暗栔两条,一条长46分,一条长76分[1]。结合栱的材分可知,暗栔是泥道重栱间填补栱间空隙的构件。实例中,除泥道两栱间的做法外,还有在泥道枋间施栔木的做法:独乐寺修缮时即发现"观音阁铺作层单材柱头枋上下层用'栔木'间隔,并将部分用小斗间隔的部位也用'栔木'间隔,把斗耳做成贴耳"(图6-32)[2],后来义县奉国寺修缮时也有发现(图6-14)。这种"栔木",可视为暗栔的扩展,亦见于善化寺内槽斗栱枋间,其下栌斗两侧有留耳做法,并垫承方木,可看出对扶壁结构的系统加固(图6-33)。此外,宋初万荣稷王庙大殿修缮落架时,也见其扶壁上下两层枋间设暗栔填塞,并有枋间的插栓稳固,与泥道栱留耳做法共存(图6-34)。

[1]　梁思成《营造法式注释》,《梁思成全集》第七卷,中国建筑工业出版社,2001年,80、292页。
[2]　杨新编著《蓟县独乐寺》,文物出版社,2007年,51—52页。

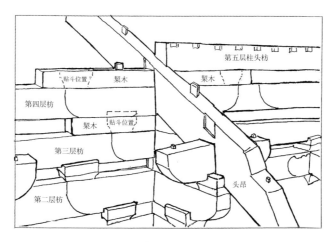

图 6-32　蓟县独乐寺观音阁柱头枋樑木与贴耳做法

（杨新编著《蓟县独乐寺》）

图 6-33　大同善化寺大雄宝殿内槽斗栱暗樑与栌斗留耳做法

图 6-34　万荣稷王庙大殿暗樑与泥道栱留耳做法

综上可见，留耳加工当具有加固扶壁结构的作用，将其与人字栱、驼峰、斗子蜀柱、暗樑等结构一并考虑，并纳入早期建筑补间设置的背景中观察，或有助于扶壁结构和构件做法的整合分析。

三、留耳加工的匠系意义

从现存实例的时代及以上所分析的结构意义判断，留耳做法是早期做法的反映，具有一定的断代意义，这种做法主要见于宋金以前的建筑。

唐五代实例虽少，但近半数的木构都有留耳做法，反映出这种做法在早期较为流行。特别是平遥镇国寺大殿，在泥道栱和栌斗上均有留耳做法，形成了组合构造，更说明早期对扶壁加固的整体考虑。

辽宋时期，辽地留耳做法极为普遍，而同时期的宋地，留耳做法却仅见于少数几座建筑。但现存木构中，宋构远多于辽构，因此可以说，辽构中留耳做法远较宋构普遍。且北宋的留耳做法，仅见于正定隆兴寺大悲阁、万荣稷王庙大殿两座宋初建筑中，而宋代中晚期的建筑却基本不见；南方五代两宋的早期建筑中也未见有一例。由此，若将留耳做法视作早期匠作传统，则说明在北宋疆域内，这种做法伴随着建筑结构和工艺的进步逐渐消失，反映出宋地技术传统更新较快。而同时期的辽地，工匠主要劫掠自燕云一带，文献载："辽起松漠，太祖以兵经略方内，礼文之事固所未遑。及太宗入汴，取晋图书、礼器而北，然后制度渐以修举"[1]，"（大同元年，947）壬寅，晋诸司僚史、嫔御、宦寺、方技、百工、图籍、历象、石经、铜人、明堂刻漏、太常乐谱、诸宫县、卤簿、法物及铠仗，悉送上京"[2]。其匠系传统延续较久，变化较缓，即便到辽末，甚至延续至这一地区的金代建筑仍见有这一做法。由此可见辽宋建筑存在明显分野，辽地受唐五代匠作传统影响深远，技术更新相对缓慢，这是辽承唐制的侧面反映。

但也可以看到，即便留耳做法在唐辽流行，其在同一地域也不具有完全的一致性。同在五台，南禅寺和佛光寺的做法即不同；同在大同，善化寺建筑中留耳做法普遍，但华严寺仅见于大殿，薄伽教藏殿却不采用。因此，这种做法的背后，

---

[1]［元］脱脱等撰《辽史·文学传上》，中华书局点校本，1974年，1445页。
[2]［元］脱脱等撰《辽史·太宗纪下》，中华书局点校本，1974年，59—60页。

更反映出同一地域存在不同的匠系选择,而秉持留耳做法的工匠当在辽地占有绝对优势。

金代以后,留耳做法仅见于山西太原晋祠以北的几座建筑,且这一时期仅有栌斗留耳做法。分析这几座建筑的时代,大同善化寺普贤阁、华严上寺大雄宝殿原多存在年代争议[1],从建筑形制看,它们与大同地区的辽代建筑无明显差异,只是因后期题记的发现,才断为金初重建[2]。即便如此,仍有学者认为其保留了大量的辽代遗构[3]。晋祠献殿与此类似,其与北宋圣母殿做法基本相同,只因脊部"金大定八年岁次戊子良月创建"题记断为金代,但仍有学者怀疑此题记非创修而是重修,其更可能是与圣母殿同时的北宋遗构[4]。定襄洪福寺大殿,同样也有宋末、金初的年代疑问[5]。除此之外,大同善化寺山门、朔州崇福寺弥陀殿与观音殿,均可据形制、碑文和题记,断为金代中前期建筑。由此可知,留耳做法的时代下限在金代中期,以晋北为中心,反映出这一地区金初仍主要延续此地辽代匠系传统,受宋代建筑做法影响较晚,这与《金史》所载金初"朝廷议制度礼乐,往往因仍辽旧"[6]是对应的。

---

[1] 营造学社调查前,日本学者普遍认为它们均为辽构,参见常盘大定、关野贞《支那佛教史迹评解(二)》,东京:佛教史迹研究会,1926年,58—64页。竹岛卓一《辽金时代的建筑及其佛像(解说词)》,东京:龙文书局,1944年,74—124页。营造学社通过详细的现状调查和碑文梳理,结合形制比较及《营造法式》的对读,认为华严寺大雄宝殿为金代重修,善化寺大殿与普贤阁为辽代建筑,参见梁思成、刘敦桢《大同古建筑调查报告》,《梁思成全集》第二卷,中国建筑工业出版社,2001年,49—176页。

[2] 普贤阁维修中,发现了金贞元二年(1154)题记,参见柴泽俊《山西几处重要古建筑实例》,《柴泽俊古建筑文集》,文物出版社,1999年,169。华严寺大雄宝殿维修中,发现了金代天眷三年(1140)题记,证实了梁思成先生对该殿年代的推断,参见文物参考资料编辑委员会《山西大同上华严寺大雄宝殿的建筑年代已得到有力证据》,《文物参考资料》1954年1期,90页。

[3] 柴泽俊《大同华严寺大雄宝殿结构形制研究》:"根据实物现状分析,金天眷三年重建,实为原件重构。基于此种情况,对于该殿的时代判定,与其说是金建,不如说基本上还是辽构更为符合实际。"《柴泽俊古建筑文集》,文物出版社,1999年,118页。

[4] 周淼《唐宋建筑转型与法式化:五代宋金时期晋中地区木构建筑研究》,东南大学出版社,2020年,40—41页。

[5] 李有成《山西定襄洪福寺》,《文物季刊》1993年1期,22—26页。

[6] [元] 脱脱等撰《金史·完颜宗宪传》,中华书局点校本,1975年,1615页。

四、留耳加工与建筑彩画

如果考虑留耳做法与栱眼壁设置的关系，栌斗与泥道栱边缘留直，不容易留下斗欹和栱卷杀位置的夹角空隙，似有助于栱眼壁敷泥，也有助于扶壁设窗。但这并不绝对，现存早期建筑中，北宋隆兴寺摩尼殿和转轮藏殿栱眼壁位置均设有同期的直棂窗，而这两殿斗、栱均不见留耳做法。

因此，从现有材料出发，尚未见留耳加工与栱眼壁设置的直接关系。但泥道构件竖直，自然形成了较为方正的边框，加之早期建筑中补间设置较少，容易形成较为宽幅的栱眼壁范围，有助于壁面绘饰的发挥。从佛光寺东大殿保留的唐代壁画看，其前内槽柱上栌斗有留耳做法，其间栱眼壁上绘制阿弥陀佛说法图像，与佛坛上的造像有对应关系[1]，可见这一时期的栱眼壁画还相对自由，题材也较为丰富，是殿内壁画与像塑的有机组成部分（图 6-35）。但伴随着补间设置的增多，栱眼壁面被分割为小幅的多块画面，加之留耳做法渐少，其轮廓自然较为曲折狭小，不便绘制题材故事壁画，而渐形成了图案装饰，亦即从栱眼建筑壁画转变为了建筑彩画。从《营造法式》彩画图样看，其边框即随栌斗与泥道栱走向呈多道曲线，其间图案也渐趋定式。

另一方面，近年唐聪注意到日本奈良时期法隆寺金堂（图 6-6）、五重塔及药师寺东塔的栱端，雕出条状凸起，可称为"舌"。他结合中国汉代仿木构材料和两晋南北朝的墓葬材料，认为这种做法来源于早期栱下的垫板，其与栱逐渐一体化为栱身上的"舌"，进一步演化为《营造法式》所载的栱端"燕尾"彩画（图 6-36）[2]。

唐文注意到的现象给笔者很多启发。如果单从栱下垫板这一原型出发，以上

---

[1] 张荣等《佛光寺东大殿建置沿革研究》，《建筑史》第 41 辑，中国建筑工业出版社，2018 年，31—52 页。

[2] 唐聪《法隆寺金堂的"舌"与〈营造法式〉的燕尾——东亚视野下一种栱端装饰源流与意义探微》，《建筑学报》2019 年 12 期，60—67 页。

图 6-35　五台佛光寺大殿前槽柱上栌斗留耳做法与栱眼壁壁画

所述是一种合理的推断，而联系到现存早期木构较为普遍的留耳加工，或可能提供另一种解释。

　　首先，若从汉代的仿木构材料看，栱下确实存在垫板，也有进一步将垫板与栱整合为一体的做法。但如朝鲜安岳冬寿墓和大同北魏宋绍祖墓，以及隋唐时期日本法隆寺五重塔、奈良药师寺东塔所见材料，"舌"均在栱的侧面，而不在栱的下方，与垫板设置的位置不符。《营造法式》燕尾彩画位置也在栱的卷杀面。而栱留耳的位置即在卷杀位置，与此更为类似。因此，将上述几则留"舌"案例视为留"耳"做法的早期表现，可能更为合适，也能更好地联系其后燕尾彩画的基本形式。

　　其次，《营造法式》明确记载，燕尾彩画不仅施于栱头，还施于替木、绰幕、仰楂、角梁、飞子等[1]，这些长直构件挑出深远，与垫板的结构关系不大。而从加工角度看，替木、绰幕等上述一系列构件，与栱有一共同点，均在端部作卷杀处理。若说

---

［1］《营造法式》卷十四"彩画作制度·丹粉刷饰屋舍"："栱头及替木之类。绰幕、仰楂、角梁等同。头下面刷丹，于近上棱处刷白燕尾，长五寸至七寸，其广随材之厚，分为四分，两边各以一分为尾。中心空二分。上刷横白、广一分半。"彩画图样中，飞子端头也绘有燕尾彩画。参见梁思成《营造法式注释》，《梁思成全集》第七卷，271 页。

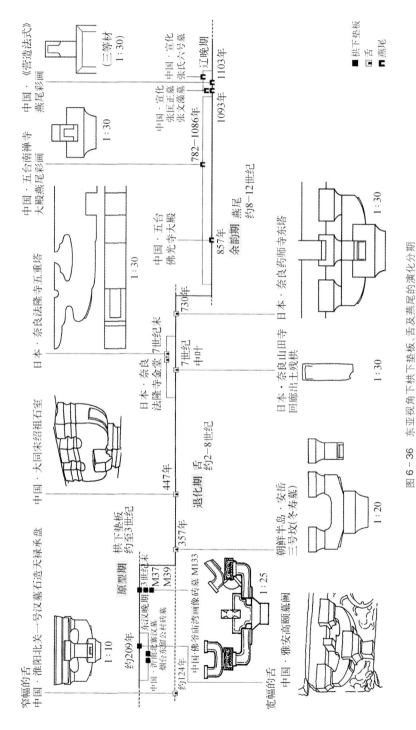

图 6-36　东亚视角下栱下垫板、舌及燕尾的演化分期
（唐聪《法隆寺金堂的"舌"与〈营造法式〉的燕尾》，图 9）

栱端卷杀会伴有留耳加工,同理可推想替木、绰幕、飞子等在其初始阶段,或也伴随卷杀有留耳加工,进而逐渐演化为燕尾彩画,这能较合理地解释上述各构件施用燕尾彩画的统一性。

最后,留耳做法明确存在于我国现存早期建筑中。而留舌做法,唐文列举了我国仿木构实例和日本木构,尚未考虑我国木构的情况。实际上,栱下设置垫承构件,在木构中尚有类似实例,即下节将重点讨论的"替木式短栱"做法。新发现的宋初南赵庄二仙庙大殿,也有在栱身后端刻出垫木留"舌"的做法[1](图6-37)。从现有材料看,栱下设置替木在木构中有较为明确的演化方向,并一直延续到明清时期,若将其视为留舌做法的表现,其在唐五代宋辽金时期与栱侧留耳做法并行,呈现出不同的结构特征(图6-38)。

综上,本书认为留舌做法与留耳做法存在差异:前者为上下构件的整合表达,后者为独立构件的端头加工方法,两者在我国现存遗构中有不同表现。与燕尾彩画比较,留耳做法在栱身位置、关联构件和构造表现层面,均有更强的关联性,更可能是燕尾彩画的源头,或可与唐文参考,聊备一说。

---

[1] 北京大学考古文博学院等《山西高平南赵庄二仙庙大殿调查简报》,《文物》2019年11期,59—77页。

图 6 - 37　高平南赵庄二仙庙大殿斗栱里转刻出垫木做法

图 6 - 38　辽代栱下替木与栱端留耳做法比较图

（左为应县木塔，右为善化寺大雄宝殿）

3

替木式短栱

古建筑斗栱组合中,有一种做法较为特殊,其于栌斗上,先施一层十字相交的替木,再承栱,替木长度较栱短,高度只及栌斗口,被称为"替木式短栱"[1]。梁思成、刘敦桢先生最早在调查大同下华严寺海会殿时记录并分析了这种做法(图6-39):

> (海会殿)外檐柱头铺作,于栌斗口内,横直双方,各施替木

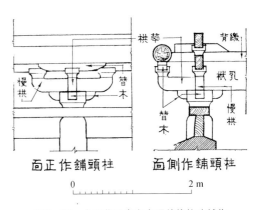

图6-39 大同华严寺海会殿外檐柱头铺作

(梁思成、刘敦桢《大同古建筑调查报告》)

图6-40 易县开元寺观音殿斗栱外檐与里跳

(刘敦桢《河北省西部古建筑调查纪略》)

---

[1] 后被称为"半栱式替木""实拍替木""实拍栱""小栱头""支替"等,本书延续梁、刘二先生的叫法称为"替木式短栱"。

一层,其高度等于栌斗之口深,外端未施交互斗,非真实之华栱与泥道栱,极为特别。此法除本例外,又见于辽道宗清宁二年所建应县佛宫寺塔之上层,故由此点,可证海会殿亦为辽构。替木之比例,自栌斗心至外皮,长三八.五公分,合材高二十四分半,较普通华栱之出跳,约减五分之一。高十四公分,合材高十五分之九,较单材栱之高,约减五分之二。就形体言,其两端仍具卷杀,极似普通单材栱,截去其上部。就结构意义言,其出跳与高度,均较华栱及泥道栱稍小,殆可目为"简单化之栱"。故疑替木进展之过程,系截去单材栱之上部,置于栌斗口内,供简单建筑,斗栱出跳小者之用;或置于令栱与祥间之上,承托橑风槫,及下平槫上平槫等。[1]

此后,刘敦桢先生在调查易县开元寺观音阁时,又发现了这种做法(图6-40):

此殿斗栱,仅明间用补间铺作一朵,它的结构是在栌斗上施替木一层,其上再施华栱,同时跳头上不用令栱,而代以替木。转角铺作,在转角栌斗上,也仅出替木和华栱三缝,异常简洁。此种手法,不但与大同华严寺海会殿相同,就是辽代砖塔中,如热河宁城县大名城小塔、辽宁省朝阳县凤凰山小塔、塔子山塔等,都在栌斗上,浮雕替木一层,所以我很怀疑此种方式,系当时简单建筑惯用的方法。[2]

营造学社在调查中一直关注这种做法,在后来的晋汾古建筑预查中,对汾阳大相村崇圣寺东西配殿"替木式的短栱"也进行了特别记录[3]。在梁、刘、林几位先生看来,这种做法不仅反映了建筑的地域、时代和等级,还有可能说明替木和栱之间的衍化关系。但遗憾的是,上述几座建筑后来均被拆除,几位先生当时的意见也

[1] 梁思成、刘敦桢《大同古建筑调查报告》,《中国营造学社汇刊》第四卷第三、四期合刊,1933年。
[2] 刘敦桢《河北省西部古建筑调查纪略》,《中国营造学社汇刊》第五卷第四期,1935年。
[3] 汾阳大相村崇圣寺前殿东西配殿"斗栱布置亦疏朗,每间用补间铺作一朵。出跳虽只一跳,在昂下及泥道栱下,却用替木式的短栱实拍承托,如大同华严寺海会殿及应县木塔顶层所见;但在此短栱栱头,又以极薄小之翼形栱相交,都是他处所未见",参见林徽因、梁思成《晋汾古建筑预查纪略》,《中国营造学社汇刊》第五卷第三期,1935年;关于这种做法的记录还见于近年刊出的梁思成先生手稿,梁思成《山西应县佛宫寺辽释迦木塔》,《建筑创作》2006年4期。

同这几座建筑一样,没有引起后人更多的关注。

鉴于先生们意见的重要性和这种做法的独特性,加之新中国成立后陆续发现和发布的新材料,本书试图延续先生们的研究视角,尽可能全面地梳理这一特殊做法的分布情况,在分区分类型研究的基础上,试讨论其做法来源和结构功能等问题。

一、分布与形式

"替木式短栱"在元代以前的木构建筑和仿木构建筑中的分布情况见文后附表。根据笔者掌握的材料,这种做法最早见于五代建筑平顺龙门寺西配殿,替木两端卷杀,呈栱瓣式样;替木之上分别承泥道栱和梁栿出跳华栱,形成栌斗上"替木+斗口跳"的组合形式(图6-41)。

宋、辽时期,"替木式短栱"不仅在辽地出现,在宋地晋中南地区也存在(图6-42)。这一时期,少部分建筑仍延续龙门寺西配殿的"替木+斗口跳"的组合形式,如大同下华严寺海会殿、潞城原起寺大殿、河津台头庙大殿;而绝大部分建筑,"替木式短栱"上承托泥道栱和华栱,具有独立于梁架之下的铺作层,这最早见于应县佛宫寺释迦塔最上层(图6-43),在辽代砖塔中也普遍使用。替木的形式,在辽地仍延续栱瓣式的做法;在宋地晋东南地区,宋末流行卷叶式样,如潞城原起寺大殿、长子文庙大殿、武乡应感庙大殿等(图6-44)。金代建筑仍延续宋辽时期做法,相关实例不多,只有朔州崇福寺弥陀殿和辽中京小塔较为典型(图6-45)。

至元代,"替木式短栱"做法集中流行于晋中汾州(今汾阳)区域,现存于汾阳、孝义、介休、灵石等县的绝大部分元代建筑均使用这种做法(图6-46),甚至在仿木构砖室墓中也有使用[1](图6-47)。替木的两端通常刻成蝉肚式样,上施翼形栱,与华栱(一般做假昂头)交构,成为一种固定的组合形式(图6-48)。

[1] 汾阳杏花村酒厂厂区附近、杏花村遗址东侧,2011年以来陆续发现多座金元墓葬,未经考古发掘,也没有相关报告,破坏极为严重。樊振先生曾亲历现场调查,拍摄了部分暴露毁弃的仿木构砖石墓,极为难得,本书所引照片即取自他的报道,http://blog.sina.com.cn/s/blog_4afb1f5f0100xj1z.html。汾阳地区宋、金、元墓葬的发现情况可参看山西省考古研究所等编著《汾阳东龙观宋金壁画墓》第七章第一节,文物出版社,2012年。

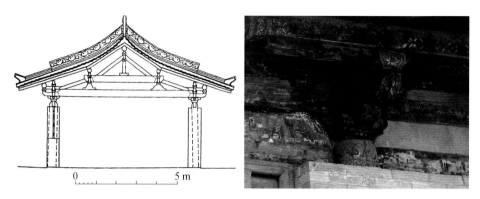

图 6-41　平顺龙门寺西配殿剖面及前檐斗栱(五代)

(测图引自北京大学考古文博学院古建 99 级 2001 年平顺古建筑测绘)

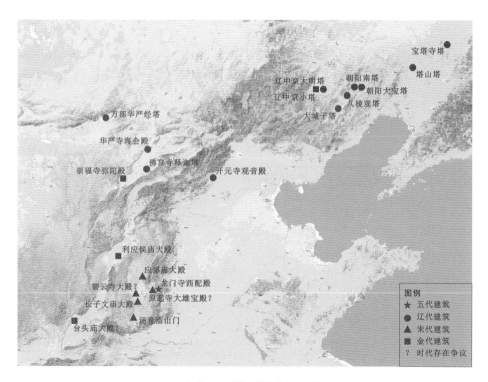

图 6-42　五代宋辽金时期"替木式短栱"做法分布图

图 6-43　应县木塔最上层斗栱(辽)

图 6-44　潞城原起寺大殿斗栱与长子文庙大殿斗栱(宋)

图 6-45　朔州崇福寺弥陀殿内内柱斗栱与辽中京小塔斗栱(金)

明清时期,该做法遍及晋西南、晋中吕梁山以西和陕北绥德地区、晋北和河北张家口地区,且在建筑群中成组成片出现,相当流行[1](图6-49)。比较有代表性的建筑群有太原永祚寺,介休旧城袄神庙、后土庙、五岳庙等建筑群,天镇慈云寺,蔚县灵岩寺天齐庙,怀安昭化寺等,建筑类型也扩展至民居门楼、牌坊、照壁,如灵石静升镇王家大院、王氏牌坊、文庙照壁等。可以说,从大型寺院殿阁高塔到寻常百姓宅邸门楼,这种做法在晋中及其周边区域非常普遍。替木的形式在明中前期有复古倾向,多为栱瓣式,如洪武年间建造的交城永福寺大雄宝殿,正统年间建造的怀安昭化寺大雄宝殿等(图6-50)。明晚期至清,替木形式流行卷云式,其与栱身、昂嘴等部位雕饰的三幅云相映衬,共同构成了晚期斗栱的装饰风格。

二、做法来源与等级

"替木式短栱"做法没有相关文献记载,但在《营造法式》中可以找到一些线索。法式由高至低大略将建筑分为殿堂、厅堂和余屋三个等级,其中余屋一般不使用斗栱,或使用单斗只替、把头绞项造和斗口跳三种简单的斗栱,从法式功限中相关规定可以看出,单斗只替是其中最简单的做法[2],其于栌斗上支承替木,再上承托榑缝,起到了增加梁架节点受力面的作用(图6-51)。

《营造法式》卷五"栿"条载:

造替木之制,其厚十分,高一十二分,单斗上用者,其长九十六分。

这种做法可见于云冈石窟北魏9、10窟前室壁面佛殿,天龙山隋代8号洞窟窟檐,日本奈良时期法隆寺东院传法堂,太原北宋晋祠鱼沼飞梁等,且应当广泛应用于居

---

[1]　就笔者所见,义县奉国寺清代牌楼也采用该做法,但在辽宁地区分布零星。

[2]　《营造法式》卷十九"拆修、挑、拔舍屋功限":"榑檩衮转、脱落,全拆重修,一功二分。斗口跳之类,八分功;单斗只替以下,六分功。揭箔翻修,挑拔柱木,修整檐宇,八分功。斗口跳之类,六分功;单斗只替以下,五分功。"可见单斗只替较斗口跳做法简单。

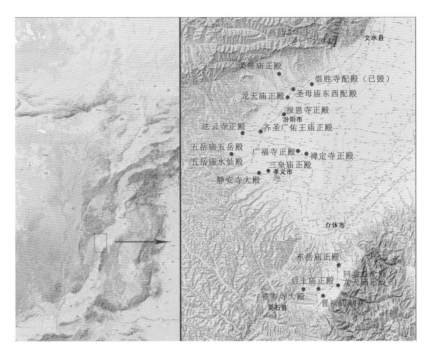

图 6-46　元代"替木式短栱"做法晋中分布图

图 6-47　汾阳杏花村元墓

图 6-48　汾阳五岳庙水仙殿斗栱与孝义三皇庙大殿斗栱(元)

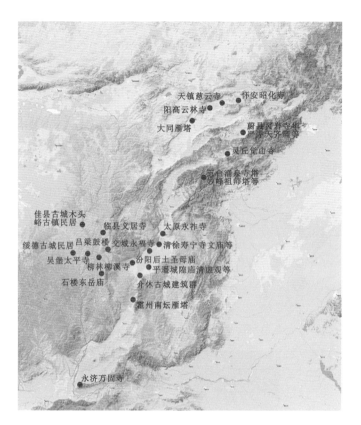

图6-49   明清时期"替木式短栱"做法主要分布图

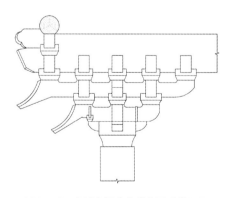

图6-50   交城永福寺大雄宝殿斗栱(明)

(田芳《山西交城阳渠永福寺建筑布局及大雄宝殿遗构分析》)

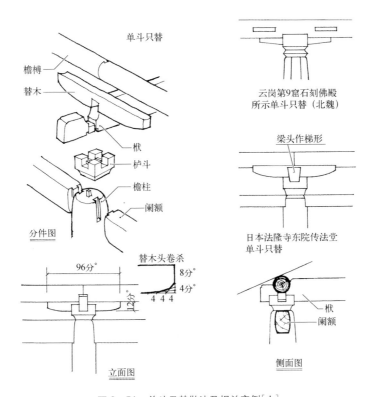

图 6-51　单斗只替做法及相关实例[1]

图 6-52　《女孝经图》局部[2]

[1] 潘谷西、何建中《〈营造法式〉解读》,东南大学出版社,2005 年,85 页。

[2] 金维诺主编《中国美术全集》,黄山书社,2010 年,494 页。

住建筑中,只是没有实例留存,在宋画《女孝经图》中尚能管窥一二(图6-52)。

如果将"单斗只替"与"替木式短栱"最早出现的"替木+斗口跳"组合形式对比,可以发现,后者是前者的发展,是低等建筑中,单斗只替和斗口跳这两种斗栱形式的组合。在这一组合中,斗口跳实为梁栿出头,其下用单斗只替承托,仍未脱离直接在斗上施替木承接梁架节点的结构逻辑。

因此,我们推测"替木式短栱"做法可能源于"单斗只替",其最初当仅在低等建筑中使用。在宋辽金元建筑实例中也多用于民间建筑,或置于高等级建筑的配殿或副阶。随着"替木式短栱"做法的发展,其逐渐与"斗口跳"脱离,替木之上承托多层斗栱,因此也开始出现在重要建筑之上,如佛宫寺释迦塔和辽中京大明塔。元代晋中地区大量使用这种做法后,至明清时期,其不仅广泛地应用于民间建筑,在大型官式建筑中也普遍使用。如太原永祚寺,由晋王朱敏淳请五台山显通寺住持福登和尚奉敕扩建,其双塔、大雄宝殿、三圣殿、方丈殿等均使用此做法;而明英宗敕赐重建的蔚县灵岩寺中,最重要的大殿才使用这种做法,其他附属建筑却并不使用。可见,明清时期,"替木式短栱"已完全没有了等级界限,成了区域内建筑的一个流行元素。

三、结构功能分析

从结构功能考虑,"替木式短栱"一则增大了栌斗上栱(替木之上)的支承面;一则增加了栱的高度和出跳长度。而另一方面,这种做法的弊端也是显见的,原来置于栌斗口内的栱被抬升起来,失掉了斗耳的包合,容易错位偏移。

从表面看,这只是个有利有弊的构件调整,但实际上,如果追问这层替木对其上栱的意义——它是否增加了一层出跳? 是否应该多算一铺作? 则触及到了梁思成、刘敦桢先生所提出的栱与替木之间关系的问题。

从现有材料看,"替木式短栱"被梁、刘二位先生这样命名,且称为"简单化之栱",具有相当的学术远见。当时二位先生所见的辽代实例尚不能说明如此命名的合理性,而现在,通过元代以后的实例,可完全印证二位先生的意见。元代,替木前后端头上均施翼形栱。翼形栱作为一艺术化处理的横栱,在斗栱组合中均置于跳头位置,这就已经暗示了其下替木作为栱使用的意图(图6-48)。更直接的例子是明代部分"替木式短栱"做法中,翼形栱下的替木即做成栱形,其上还施一小斗,明确地说明其不仅在功能上具有栱的作用,在形式上也追求与栱的一致(图6-53),如蔚县灵岩寺正殿、华严寺前殿、天齐庙正殿,涞源阁院寺山门,清徐寿宁寺正殿,温李青戏台等。因此,不论是从理论还是从实例,都说明"替木式短栱"在斗栱组合中发挥了栱的作用,其应该算作一层出跳。相应的,在描述斗栱铺作次序时,应该增加一铺作。本书继续沿用"替木式短栱"这一名称,也正是因为它说明了这种做法中替木作栱使用的功能。

图6-53　蔚县灵岩寺正殿斗栱与天齐庙正殿斗栱(明)

但在此基础上,梁、刘二位先生推论替木是"截去单材栱之上部",即由栱衍化而来,则可能存在问题。从现有材料看,梁、刘二位先生注意到的栱瓣式替木在当时只是一种在辽地流行的形式,在宋地晋东南地区流行的卷叶式替木并不具有栱的基本形制,后来出现的蝉肚式和卷云式替木也是如此。替木形式的灵活性说明它不受栱的影响,而由前文分析,"替木式短栱"源于"单斗只替",在这一做法中,替木作为一衔接构件支承于斗与槫缝之间,是一种最简单的结构形式,也是斗栱最初的形态,由一块方木托于一段横木下方,最早实例见于河北平山战国时期中山王墓铜方案,在战国铜壶铜鉴和汉代陶楼中普遍存在。因此,替木不论从形式(平直易加工)还是从功能(承托槫缝,增大受力面)来说,都比栱要原始。另根据词源学的研究[1],"替木"一词,《营造法式》称为"柎",古称作"枅",《说文解字》言:"屋栌也。"注曰:"柱上横木承栋者,横之似筓也。"《广雅·释宫》又言:"曲枅谓之栾。"《营造法式》即载"栱"一名"曲枅",一名"栾",亦可说明栱是由替木发展而来的(图6-54)。

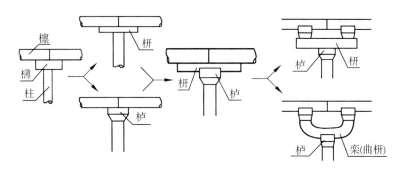

图6-54　斗栱发展示意图

(杨鸿勋《斗栱起源考察》,《杨鸿勋建筑考古论文集》[增订版])

　　由前文所示替木与栱的衍化关系来看,"替木式短栱"做法较为原始,可视为替木衍化为栱这一历史过程的形制残留,而这种做法后来的演变,则直观地反证了以上历史过程,说明了替木与栱结构功能的一致性。"替木式短栱"不应简单地视为替木,它应是一层出跳栱,只是材高较小而已。

四、匠系问题

　　"替木式短栱"做法一度被认为是辽代建筑特有,而由以上分析可以看出,这种做法是在我国传统古建筑内在结构逻辑之下的自然形式衍化,分布范围当很广,从实例上看,不仅限于辽地,宋地也有分布,平顺龙门寺西配殿还是目前所见最早

---

[1] 杨鸿勋《斗栱起源考察》,《杨鸿勋建筑考古论文集》(增订版),清华大学出版社,2008年,611—623页。

使用这种做法的建筑,因此,可以认为部分辽代建筑使用这种做法应当源于中原北方地区,而非新的发明。这当与五代至辽大量燕云地区人口迁入辽中京、东京辖域的历史背景有关[1]。

元代,晋中汾州地区大量出现此种做法,其流行原因值得关注。关于这一问题,还需要确认这并非古建筑保存现状造成的假象。实际上,在相邻的晋西南、晋东南地区,元代建筑保存数量相当多,然而除了蒙古统治时期洪洞泰云寺大雄宝殿后檐斗栱外[2],此种做法极为少见。晋中偏北至晋北地区,元代建筑保存数量虽较少,但在平遥、祁县、太原等邻近汾州的地区的十余处元代建筑中也未见此种做法。因此,可基本认为"替木式短栱"做法至元代主要在晋中汾州地区流行,其从一种较大范围使用的简单做法转为了一种地方做法。

如果扩展来看,元代晋中汾州地区不仅特有"替木式短栱"做法,其三间四椽的悬山小殿布局、角部斗栱做成转角样式以象征歇山建筑、前檐大额和绰幕枋的架构、后檐大梁直接搭于柱头或栌斗之上、梁下满布功德主题名等现象(图6-55),都与"替木式短栱"做法一样,反映了当地民间建筑运用简单结构和材料尽可能追求最大表现的设计思想,可以说是元代地方建筑的代表之一。从这一角度来看"替

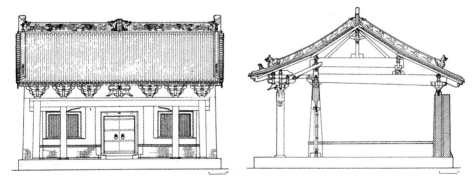

图6-55　汾阳北榆院五岳庙五岳殿立面剖面图

(刘永生、商彤流《汾阳北榆苑五岳庙调查简报》)

─────────────

[1] 此背景问题相关研究较多,本书不再赘述。

[2] 可参看徐新云《临汾、运城地区的宋金元寺庙建筑》,北京大学硕士学位论文,2009年。

木式式短栱"流行的原因,则恐怕不能仅限于从建筑做法的继承和交流层面来考虑,当时汾州特殊的地理位置、民间营造活动的条件以及地方匠师系统等方面产生的影响,可能是建筑史学研究给区域历史研究带来的新问题。

表6-2　元代以前所见"替木式短栱"做法列表

地　　区	名　称	建　筑　概　括	做法位置	式　样	年　代
山西平顺石城乡	龙门寺西配殿	悬山 三间四椽 替木上斗口跳	外檐铺作	栱瓣式	五代(925)
山西大同	下华严寺海会殿(已毁)	配殿 悬山 五间八椽 替木上斗口跳	外檐柱头铺作	栱瓣式	辽(1038)
山西应县	佛宫寺释迦塔	五层八角楼阁塔 每面三间 替木上单杪	最上层外檐铺作	栱瓣式	辽(1056)
河北易县	开元寺观音殿	配殿 歇山 三间四椽 替木上单杪	外檐铺作	栱瓣式	辽(1105)
辽宁喀左	大城子塔	九层八角楼阁密檐组合塔 替木上双杪	二层檐下补间铺作	栱瓣式	辽
辽宁朝阳大平房	八棱观塔	十三层八角密檐塔 替木上双杪	一层檐下铺作	栱瓣式	辽
辽宁朝阳	朝阳南塔	十三层方形密檐塔 替木上双杪	一层檐下铺作	栱瓣式	辽
辽宁朝阳凤凰山	大宝塔	十三层方形密檐塔 替木上单杪	一层檐下铺作	栱瓣式	辽
辽宁阜新十家子镇	塔山塔	九层八角密檐塔 替木上单杪	一层平座铺作	栱瓣式	辽
辽宁康平县郝官屯	宝塔寺塔	十三层方形密檐塔 替木上单杪	一层平座铺作	栱瓣式	辽
内蒙古宁城县	辽东京大明塔	十三层八角密檐塔 替木上单杪	一层檐下铺作	栱瓣式	辽
内蒙古呼和浩特	万部华严经塔	七层八角楼阁塔 替木上单杪	四、五、六层平座铺作	栱瓣式	辽
山西长子县	文庙大殿	歇山 五间六椽 替木上单杪	外檐铺作	卷叶式	宋末

续　表

地　区	名　称	建　筑　概　括	做法位置	式　样	年　代
山西泽州县大东沟镇	汤帝庙山门	悬山 三间 替木上单杪	前檐铺作	卷叶式	宋(1107)[1]
武乡监漳镇	应感庙正殿	悬山 五间六椽 替木上单昂	外檐铺作	卷叶式	宋(1123)
山西长子丹朱镇	碧云寺正殿	歇山 三间四椽 替木上单杪	殿内内柱铺作	栱瓣式	宋?[2]
山西潞城黄牛蹄乡	原起寺大雄宝殿	歇山 三间四椽 替木上单杪	外檐铺作	卷叶式	宋?[3]
山西榆次	宣承院正殿	悬山 三间六椽 替木上斗口跳	殿内内柱上	栱瓣式	宋?[4]
山西朔州	崇福寺弥陀殿	歇山 七间八椽 替木上双杪	殿内内柱铺作	栱瓣式	金(1143)
内蒙古宁城县	辽中京小塔	十三层八角密檐塔 替木上单杪	一层檐下铺作	栱瓣式	金(1163)
山西平遥郝洞村	利应侯庙正殿	悬山 三间四椽 替木上单杪	外檐铺作	栱瓣式	金(1206)
山西河津市	台头庙正殿	歇山 三间四椽 替木上斗口跳	外檐铺作	栱瓣式	金?[5]

[1] 汤帝庙正殿有大观元年(1107)明确纪年,山门后期修改较多,现只存前檐,从其材料和斗加工方式可初步判断其主体结构与大殿同期,昂等构件可能后期更换。

[2] 碧云寺大殿年代存有争议,本书依据徐怡涛《长治、晋城地区的五代、宋、金寺庙建筑》结论及其相关意见认为大殿为宋代晚期建筑。

[3] 原起寺大雄宝殿年代存有争议,其替木样式和斗栱做法与长子文庙基本相同,而长子文庙根据县志记载是宋建中靖国元年(1101)迁建的,且有明确纪年建于宋末的武乡应感庙正殿替木样式亦与之相同,结合其他形制断代,本书认为原起寺大雄宝殿年代为宋代晚期。

[4] 宣承院后期改动很大,原前檐位置的栌斗可能被挪至殿内。因而图示中不将此点计入,只在表中予以说明。

[5] 台头庙大殿被断为元,而其斗栱和梁架形制明显具有早期建筑特征,本书暂将其列为宋金建筑。

地　区	名　称	建　筑　概　括	做法位置	式　样	年　代
山西洪洞广胜寺镇	泰云寺正殿	悬山 三间六椽 替木上单杪	后檐铺作	栱瓣式	蒙古统治（1261）
山西汾阳北榆院	五岳庙水仙殿[1]	悬山 三间四椽 替木上单杪	外檐铺作	蝉肚式	元（1300）
山西汾阳北榆院	五岳庙五岳殿[2]	悬山 三间四椽 替木上单杪	外檐铺作	蝉肚式	元（1306）
山西汾阳平陆村	法云寺正殿	悬山 三间四椽 替木上单杪	前檐铺作	蝉肚式	元（1308）
山西介休兴地村	龙天庙正殿	悬山 三间六椽 替木上双杪	前檐铺作	蝉肚式	元（1316）
山西介休小靳村	东岳庙正殿	重檐歇山 替木上单杪	上层外檐铺作	蝉肚式	元
山西汾阳堡城寺村	龙天庙正殿	悬山 三间四椽 替木上单杪	前檐铺作、殿内内柱栌斗上	蝉肚式	元
山西汾阳大相村	崇胜寺东西配殿（已毁）	悬山 面阔三间 替木上单杪	外檐铺作	不清，似栱瓣式	元
山西汾阳义丰北村	齐圣广佑王庙正殿	悬山 三间四椽 替木上单杪	前檐铺作	蝉肚式	元
山西汾阳市区	报恩寺正殿	悬山 三间四椽 替木上双杪	后檐铺作	蝉肚式	元
山西汾阳虞城村	广福寺正殿	悬山 三间四椽　替木上单杪	前檐铺作	蝉肚式	元
山西汾阳峪口村	圣母庙东西配殿[3]	悬山 三间四椽　替木上单杪	前檐铺作	蝉肚式	元
山西汾阳赵庄	关帝庙正殿	悬山 三间四椽 替木上单杪	前檐铺作	蝉肚式	元

---

[1] 参看刘永生、商彤流《汾阳北榆苑五岳庙调查简报》，《文物》1991年12期。

[2] 参看刘永生、商彤流《汾阳北榆苑五岳庙调查简报》，《文物》1991年12期。

[3] 圣母庙主殿后檐两稍间补间铺作亦存"替木式短栱"做法。

续　表

地　区	名　称	建 筑 概 括	做法位置	式　样	年　代
山西汾阳平陆村	二郎庙中殿[1]	悬山 三间四椽 替木上单杪	外檐铺作	蝉肚式	元
山西孝义白壁关	静安寺大殿[2]	悬山 三间四椽 替木上单杪	前檐铺作	蝉肚式	元
山西孝义贾家庄	三皇庙正殿[3]	悬山 三间四椽 替木上单杪	前檐铺作	蝉肚式	元
山西介休兴地村	回銮寺配殿	悬山 三间四椽 替木上单杪	外檐铺作	蝉肚式	元
山西灵石马和村	晋祠庙献亭	歇山 三间四椽 替木上双杪	外檐铺作	蝉肚式+卷叶式	元
山西灵石苏溪村	资寿寺大雄宝殿	悬山 三间六椽 替木上双杪	外檐铺作	蝉肚式+卷叶式	元
山西灵石静升村	后土庙正殿	悬山 三间六椽 替木上单杪	外檐铺作	卷云式[4]	元
备　注	山西汾阳见喜村龙天庙戏台、孝义东董屯村龙天庙正殿等元代建筑虽有"替木式短栱"做法，但经现场调查，其断代可能偏早，故此表不录入，注于此处以备查考。				

---

[1] 二郎庙中殿于20世纪80年代初迁入太原晋祠旁的奉圣寺，本表按其原来位置记录。

[2] 参看赵心艳、田惠民《孝义市白壁关静安寺现状及正殿结构考》，《文物世界》2007年4期。

[3] 参看杭侃、彭明浩《三皇庙铜祭器及其相关问题》，《古代文明》第8卷，文物出版社，2010年。

[4] 静升村后土庙正殿有元大德八年(1304)重修的明确纪年，但斗栱梁架在后代均经过较大更改，现替木已非原构，可能为清代更换。因此严格意义上不应将其列入此表，但由于其替木位置仍然未变，仍可说明元时大殿具有"半栱式替木"做法，故列于表后，以供查考。

4

假昂加工

昂是古建筑斗栱中起斜向杠杆承重作用的结构构件,其早期实例见于佛光寺东大殿柱头斗栱——七铺作双杪双下昂,这也标志了建筑的等级。随着木构架技术的演进,昂的结构作用逐渐消失,但其外观形象却一直延续,成为斗栱中常见的表现元素,部分建筑栱端也开始做出昂的形式,这种昂已不具备真昂的结构作用,学界通称为"假昂"。现存木构实例可追溯至北宋初年[1],以敦煌慈氏塔、万荣稷王庙大殿和晋祠圣母殿最早,其昂头不同于一般的下昂走势,而向前平出,可称为"平出假昂"。约至宋末金初,在初祖庵大殿、善化寺山门与三圣殿,才普遍见有模拟一般下昂走势、昂尖向下的假昂做法,可称为"下出假昂"。

下出假昂虽在现存实例中较平出假昂出现为晚,但却是后世假昂的普遍形式。其昂头向下,昂尖低于栱身下皮,是木构建筑中极少见的弯折构件,而一般构件加工,多顺应木材纹理纵向延展的特点,做长直构件。那么,匠人在制作下出假昂这类弯折构件时,如何利用与加工木材,就成为观察建筑材料与形制做法相互关系的一个有趣角度。

一、下出假昂

现存下出假昂的早期实例之一为北宋宣和七年(1125)河南登封少林寺初祖庵大殿[2]。大殿平面近方,面阔、进深均为三间,单檐歇山顶,其斗栱五铺作单杪单

---

[1] 冯继仁《中国古代木构建筑的考古学断代》,《文物》1995年10期,43—68页;贾洪波《关于宋式建筑几个大木构件问题的探讨》,《故宫博物院院刊》2010年3期,91—109页。

[2] 祁英涛《对少林寺初祖庵大殿的初步分析》,《科技史文集》第2辑,上海科学技术出版社,1979年,61—70页。

下昂,柱头铺作使用插昂,补间铺作使用真昂,仅角铺作正侧方向与 45 度斜向使用假昂。这些假昂向下探出的昂头做法特别,其与栱身并非同一木料一体加工,均另外单独制作,平接于栱身前端下方,栱身内侧隐刻双瓣华头子和部分昂身,与下方探出的假昂头共同表现出斜下出昂的形象(图 6-56)。需要说明的是,这种另接昂头的做法,并非现代修缮所致:首先,在初祖庵早期照片中,即能明确看到这种做法[1],并可看出昂头与栱身的连接方式,其下方昂头在昂面上端中部作榫头,插入栱身前端的卯口之中(图 6-57)。其次,大殿角铺作所见假昂无一例外均另接昂头,而柱头铺作和补间铺作分别采用插昂和真昂,昂头和昂身一体制作。若角部假昂昂头为后期脱落而做的加补,那么补间、柱头铺作不可能都保存完好,而仅角铺作所有昂头全部脱落。由此可见,初祖庵大殿角铺作假昂的做法是原始处理方式的体现,其特别使用普通栱材和昂头小料拼合假昂,一体加工,而不浪费大料,是当时工匠明确的技术选择。

图 6-56　登封少林寺初祖庵大殿角铺作假昂　　　图 6-57　登封少林寺初祖庵大殿角铺作老照片

上述另接昂头的加工方式并非局部地区的特例,也见于山西大同善化寺金初天会六年至熙宗皇统三年间(1128—1143)重建的山门、三圣殿[2]。善化寺为辽金大寺,等级较高,其山门面阔五间,进深两间,单檐庑殿顶,斗栱五铺作单杪单下昂,

[1] 常盘大定、关野贞《中国文化史迹》第二辑,法藏馆刊行,1939 年,89—90 页。
[2] 梁思成、刘敦桢《大同古建筑调查报告》,《梁思成全集》第二卷,中国建筑工业出版社,2001 年,49—176 页。

补间铺作使用插昂，柱头铺作与转角铺作附角斗栱均下出假昂。这些假昂的昂头也都另外制作，平接于栱身前端下方，昂后栱身内隐刻双瓣华头子（图6-58）。现昂头颜色、新旧程度与栱身不同，多为现代修缮更换，昂头两侧用铁锔与栱身连接。在老照片中可确认山门另接昂头的做法，部分昂头还有掉落迹象（图6-59）。山门假昂加工方式和拼接做法均与初祖庵大殿类似，唯假昂分布并不限于角铺作，遍

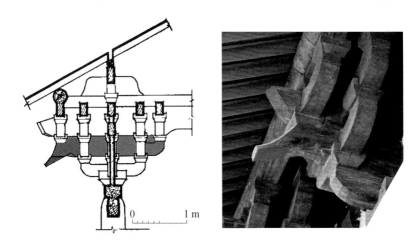

图6-58　大同善化寺山门柱头铺作假昂

（左图据梁思成、刘敦桢《大同古建筑调查报告》测图改绘）

图6-59　大同善化寺山门老照片[1]

[1] 竹岛卓一《辽金时代的建筑及其佛像》，东方文化学院东京研究所，1934年，图版65页。

及檐下,可见这种保证栱身直材加工、另接假昂头的做法,已较普遍。

三圣殿亦见这种假昂加工方法,且更为灵活多变。大殿面阔五间,进深四间,单檐庑殿顶,斗栱六铺作单杪双下昂,其补间铺作均使用真昂,前端挑檐,后端抵于槫下,有明确的结构作用。但柱头铺作与殿内梁栿绞构,由于前后檐和山面梁栿结构各异,其昂的结构也不相同,可分为以下 4 类:1. 前檐当心间东侧柱头铺作[1]:双插昂,衬于殿内六椽栿出头前端上方(图 6 – 60 – 1);2. 前檐其余三个柱头铺作:均在梁头前方使用上插昂下假昂的形式,下方假昂昂头均单独制作,接于梁头前端下方(图 6 – 60 – 2);3. 后檐柱头铺作:殿内上下相叠的乳栿出头,栿前端下方均另接假昂头(图 6 – 60 – 3);4. 山面柱头铺作:双昂里转均为足材栱,上承丁栿,栱前端均下接假昂头(图 6 – 60 – 4)。总的来看,三圣殿柱头铺作普遍使用假昂,昂头另接,以保证身后梁材或栱材的充分利用。其前檐或下接假昂头,或斜接插昂,分布没有规律,反映出当时工匠对二者并没有明确区分,且下接假昂与插昂都不具有真昂的原始结构功能,因此,插昂或可认为是一种特殊的假昂,只是其昂头斜插于栱头或梁头上方,而常规意义的假昂昂头平接于栱、梁前端下方[2]。

三圣殿前后檐梁头下接假昂的特殊做法,还见于山西文水则天圣母庙后殿,其面阔三间,进深三间,单檐歇山顶,柱头铺作均五铺作单杪单下昂,两山使用插昂,但前后檐柱头铺作做法却很特殊,华栱之上均挑承殿内梁栿(前五椽栿后劄牵)出头,其前端下方下出的昂头均单独制作,接于梁头之下,后方还在梁身上隐刻出斜向上的昂身,模拟出下昂的形式(图 6 – 61)。这是在保证充分使用梁栿直材的条件下,通过另接昂头、隐刻昂身的处理,"将假昂制成真昂形制"[3]。

---

[1] 整体来看,此为前檐特例,梁思成、刘敦桢《大同古建筑调查报告》所测绘制图的即为此朵斗栱,很可能是有意的挑选。

[2] 插昂为假昂的先声这一认识,贾洪波先生早已提出,参见贾洪波《关于宋式建筑几个大木构件问题的探讨》,《故宫博物院院刊》2010 年 3 期,91—109 页。若以此为基础,可进而认为插昂是下出假昂的最初形态,而插昂出现较早,至少可推至宋初,与平出假昂大略同时,则可见假昂初创时,可能就根据加工方式的不同,产生了下出插昂和平出假昂两种不同的做法。但插昂与栱身毕竟斜接,与下平接假昂还是有所差异,且学界对插昂与假昂的基本概念已明确区分,为避免概念混乱,本书暂不将插昂纳入假昂考察。

[3] 李会智《文水则天圣母庙后殿结构分析》,《古建园林技术》2000 年 2 期,7—11 页。

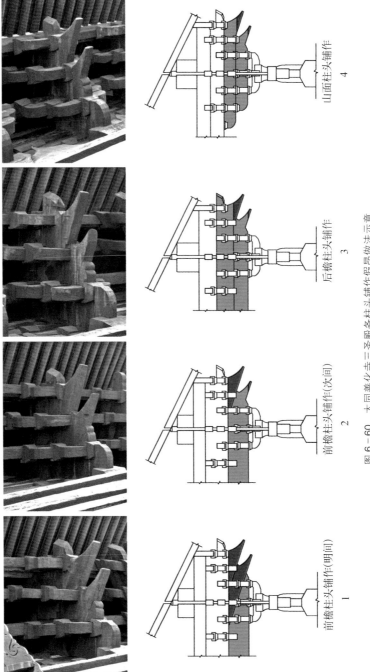

图6-60　大同善化寺三圣殿各柱头铺作假昂做法示意

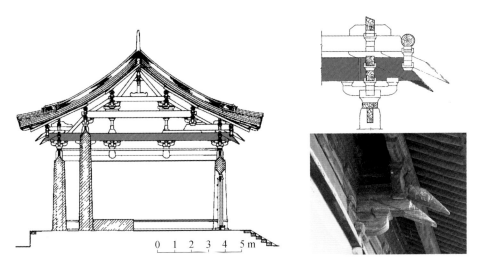

图 6-61　文水则天圣母庙大殿剖面与前檐柱头铺作假昂

（测图据李会智《文水则天圣母庙后殿结构分析》改绘）

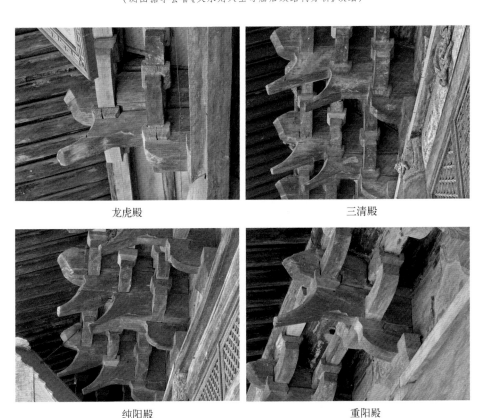

龙虎殿　　　　　　　　　　　　三清殿

纯阳殿　　　　　　　　　　　　重阳殿

图 6-62　芮城永乐宫各殿另接假昂头做法

金代以后的重要实例,可举蒙古统治时期官方敕建的永乐宫[1],其几座大殿斗栱假昂均见有另接昂头的加工方法(图6-62),昂面作榫口连接昂头与栱身,并在昂底打入铁钉向上锚固。但除龙虎殿山门普遍见有下接假昂做法外,其他三座大殿均以一体加工的假昂居多(表6-3),反映出另接假昂头的加工方法渐向一体加工转变。

表6-3　芮城永乐宫各殿假昂分布与加工

殿　名	时　代	面阔进深	铺作次序及假昂分布	另接假昂头做法
龙虎殿	元至元三十一年 (1294)	面阔五间,进深两间,单檐庑殿顶	五铺作单杪单昂 柱头铺作假昂,补间铺作真昂	普遍
三清殿	元中统三年 (1262)	面阔七间,进深四间,单檐庑殿顶	六铺作单杪双昂 柱头、补间铺作均为假昂	部分
纯阳殿	元中统三年 (1262)	面阔五间,进深三间,单檐歇山顶	六铺作单杪双昂 柱头、补间铺作均为假昂	部分
重阳殿	元中统三年 (1262)	面阔五间,进深四间,单檐歇山顶	五铺作单杪单昂 柱头、补间铺作均为假昂	较少

二、平出假昂

从下出假昂的早期加工方式,可看出工匠不浪费大材加工斜向探出构件,而采取另接昂头的做法,以保证栱、梁直材的充分使用为要务,以此视角来看实例中相对出现更早的平出假昂,其特别的形制实际上也有同样的目的。

平出的昂头,按其下皮的走向,还可细分为下平和下卷两型[2]。

下平型假昂似出现较早,其最早木构实例见于甘肃敦煌慈氏塔。该塔原在三危山上,后迁于莫高窟前,建造时代推测为宋初。塔八角攒尖顶,柱头斗栱"五铺作

[1] 杜仙洲《永乐宫的建筑》,《文物》1963年8期,3—18页。
[2] 徐怡涛《宋金时期"下卷昂"的形制演变与时空流布研究》,《文物》2017年2期,89—96页。

偷心出双杪……各华栱头都砍作批竹昂形,昂底略向下斜,昂侧隐出华栱"[1](图6-64)。这样加工的假昂,与单纯作栱所使用木料的截面大体一致,不需要准备特别的方材,但昂底微斜,也反映出当时工匠对下昂形式的执念。

山西忻州金洞寺转角殿也可见这种下平型假昂[2]。大殿面阔三间,进深三间,单檐歇山顶,其前檐与山面柱头铺作均五铺作单杪单昂,昂头与栱身之间做出凹槽表现华头子,并隐刻出昂身,以表现平出的昂头(图6-65)。昂头上方的令栱中还斜出昂形耍头,其下斜走势与平出假昂上皮斜度一致,虽有一定的呼应关系,但两者向前聚拢,较为抵牾,反映出平出假昂较难表现下昂的势态,还是一种顾及材料加工的权宜之策。

南方建筑也有类似做法。南宋苏州玄妙观三清殿,面阔九间,进深六间,重檐歇山顶,其上檐柱头与补间铺作均用双杪双昂,双昂均假昂,"虽前端下垂甚平,但其下缘则用直线"[3],在昂头与栱身间表现华头子(图6-63),与金洞寺转角殿相似。

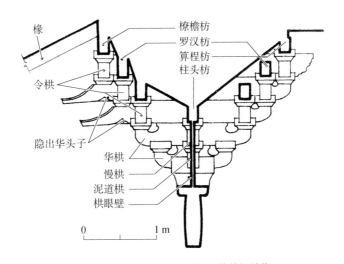

图6-63 苏州玄妙观三清殿上檐补间铺作

(刘敦桢《苏州古建筑调查记》)

[1] 萧默《敦煌建筑研究》,机械工业出版社,2003年,387—391页。
[2] 李艳蓉、张福贵《忻州金洞寺转角殿勘察简报》,《文物世界》2004年6期,38—41页。
[3] 刘敦桢《苏州古建筑调查记》,《刘敦桢文集》第二卷,中国建筑工业出版社,1984年,257—317页。

图 6-64　敦煌慈氏塔斗栱　　　　　图 6-65　忻州金洞寺转角殿前檐柱头铺作

　　下卷型假昂最早见于北宋天圣元年(1023)山西万荣稷王庙大殿[1]，该殿面阔五间，进深三间，单檐庑殿顶，斗栱五铺作双昂，柱头铺作均使用假昂，补间铺作第一跳假昂、第二跳真昂。不论柱头还是补间铺作的假昂，其昂头均平出，昂底皮上卷，昂尖上翘，在昂头与栱身间隐刻单瓣华头子和斜上的昂身。假昂昂底最下方与栱身下皮在同一水平线上，昂尖也没有上挑太高，整个昂头均在栱身方材的范围内，保证了使用栱身规格的直材一体加工(图 6-66)。大殿补间斗栱上出真昂，与下方假昂交错，很容易出现金洞寺转角殿上下真假昂相互抵牾的情况。但稷王庙大殿补间上方真昂前端，也采用与下方假昂类似的卷昂造型，昂尖均上翘，弱化了

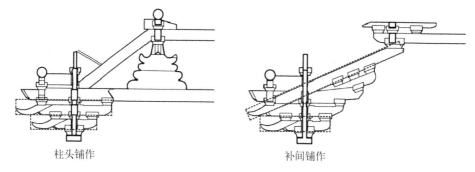

柱头铺作　　　　　　　　　　　　　补间铺作

图 6-66　万荣稷王庙柱头铺作与补间铺作材料加工

(据徐怡涛等《山西万荣稷王庙建筑考古研究》改绘)

[1] 徐怡涛等《山西万荣稷王庙建筑考古研究》，东南大学出版社，2016 年。

两者的矛盾(图6-67)。可见这种下卷型假昂的特殊处理,是在直材的加工要求之下,尽可能通过灵活的形制变化,达到出昂的效果,并通过昂尖的卷曲调整昂头斜出的方向以统一真假昂走势,实现整体的和谐,反映了当时工匠在材料与形制的权衡中两不偏废的高超技巧。

图6-67　万荣稷王庙大殿补间铺作真假昂做法

　　下卷型假昂另一重要实例在山西太原晋祠[1]。祠内除北宋圣母殿使用这种做法外,后代增建的金代献殿、元代唐叔虞祠正殿均沿用平出的假昂。大殿面阔七间,进深六间,重檐歇山顶,其下檐柱头斗栱五铺作双昂,均使用平出假昂,昂尖向前,昂底皮接近平直,略微上卷,昂底与栱身底皮水平,保证了方材的统一加工。下檐补间铺作五铺作单杪单下昂,使用真昂,上出下昂状要头,表现出双下昂的外观形象,与柱头平出的双昂相间设置,一高一矮,一斜一直,富有节奏韵律(图6-68)。金代增建献殿也模仿这种铺作次序,可见其为特意的安排。

　　北宋假昂案例,绝大多数采用或下平或下卷的平出假昂。从现存资料看,这种

图6-68　太原晋祠圣母殿前檐斗栱

图6-69　高平崇明寺中佛殿东山补间铺作

做法的地域分布较广，时代也延续较长[1]，在甘肃、河南、山西、陕西、四川、江苏等地皆有所见，"足证其在历史上曾一度具有较为重要的地位，是不可忽视的非主流形制"[2]。这种平出的假昂，造型虽较为复杂，看似追求形制的艺术效果，实则保证了身后梁、栱直材的充分利用，是受木材限制对形制所做的调整，与材料加工关系更为密切。在现存实例中，其出现较下出假昂更早，也就在情理之中。从加工角度看，山西高平崇明寺北宋开宝初创建的中佛殿补间二跳做法，似乎也有相同的意趣(图6-69)，其年代确切，形制又介于栱、昂之间，可视为平出假昂的先声。

三、《营造法式》"就材充用"原则

由上可见，下出假昂和平出假昂的加工，都保证了昂后栱身或梁身方材的充分使用，不浪费大材来加工小构件，且无论是下出假昂的善化寺、永乐宫，还是平出假昂的晋祠圣母殿、稷王庙大殿，均为等级较高的建筑，可见这并非地方做法，而是官方认可的材料加工原则。

北宋官修的《营造法式》卷十二"锯作制度"即规定：

> 用材植之制：凡材值，须先将大方木可以入长大料者，盘截解割；次将不可以充极长极广用者，量度合用名件，亦先从名件就长或就广解割。
>
> 抨绳墨之制：凡大材值，须合大面在下，然后垂绳取正抨墨。其材植广而薄者，先自侧面抨墨。务在就材充用，勿令将可以充长大用者截割为细小名件。[3]

《营造法式》卷二十六《诸作料例·大木作》将木料分为用于加工梁柱的方木、

———————————

[1] 徐怡涛《宋金时期"下卷昂"的形制演变与时空流布研究》，《文物》2017年2期，89—96页；喻梦哲《晋东南五代、宋、金建筑与〈营造法式〉》，中国建筑工业出版社，2017年，173—176页。
[2] 徐怡涛《宋金时期"下卷昂"的形制演变与时空流布研究》，《文物》2017年2期，89—96页。
[3] 梁思成《营造法式注释》，《梁思成全集》第七卷，中国建筑工业出版社，2001年，251页。

柱材,以及用于加工其他构件的各类方木,均为规整直材,并特别提到各类方木需"就全条料又剪截解割"[1]。

以上"就材充用"与"就全条料剪截解割",均说明当时的营造工程以材料为准绳,就材植的基本尺寸加工构件,充分利用原材料,"勿令将可以充长大用者截割为细小名件"。在材料和形制的权衡中,法式明确了材料为第一要务,就材充用,节制功料,这也是李诫编纂《营造法式》的要旨:"系营造制度、工限等,关防功料,最为要切,内外皆合通行。"[2]这种拟推及官方和民间的功料制度,在前述不同等级的建筑实例中有充分反映。以此视角反观《营造法式》卷四《大木作制度》,其"飞昂"条只提及下昂、上昂两种制度,另附有插昂[3],均为单纯的直材构件。当时假昂在建筑实例中虽已出现,但未载于法式,可见当时官方规定仍以简单、直接的结构构件为主流,力求原材料的充分使用。

四、与后期建筑假昂加工方式的对比

宋末金初,下出假昂做法逐渐流行。有意思的是,从现存早期建筑最为丰富的山西南部地区看,金中期以后,这类假昂的加工,适应于当时建筑材料的改变,还出现了选用弯材的现象。

这一时期部分建筑所用假昂的表面,还能看清木纹走势:栱身木纹较顺直,但在下出假昂的部分多逐渐下斜,与假昂的斜度基本一致。这一现象说明当时工匠有意选用自然弯材加工下出假昂,而非宋代以前常见的直材加工(图6-70)。这与金元时期建筑广泛采用自然弯材制作大梁、丁栿、大额类似,是一种普遍的材料选择[4],其背后,与自然选材的变化有一定关联:宋代以前,山西南部地区建筑多使用松材,松木劲直,少有弯材,这也是早期假昂就直材加工的原因;而随着自然松

[1] 梁思成《营造法式注释》,《梁思成全集》第七卷,中国建筑工业出版社,2001年,349—350页。

[2] 梁思成《营造法式注释》,《梁思成全集》第七卷,中国建筑工业出版社,2001年,5页。

[3] 梁思成《营造法式注释》,《梁思成全集》第七卷,中国建筑工业出版社,2001年,90—100页。

[4] 张驭寰《山西元代殿堂的大木结构》,《科技史文集》第2辑,上海科学技术出版社,1979年,71—106页。

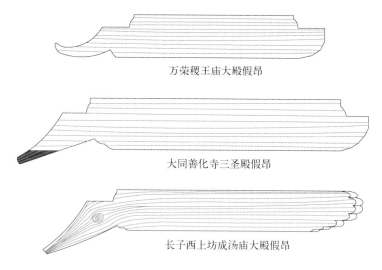

万荣稷王庙大殿假昂

大同善化寺三圣殿假昂

长子西上坊成汤庙大殿假昂

图 6-70　直材加工的木纹与弯材加工木纹对比示意图

图 6-71　使用弯材一体加工的假昂木纹

林的砍伐，堪用大材的松木减少，人们开始使用周边的榆、槐、杨木等乡土树种建造房屋，这类树木树干多绕曲，可依就自然弯材加工构件（图 6-71）。

　　这种一体加工下出假昂的做法，在明清官式建筑中渐成一种制度。即便可以远距离运输松、杉、楠木等劲直的木材营建房屋，工匠也倾向于一体制作下出假昂，由此自然会带来材料的浪费，反映出明清官式建筑斗栱以追求形制为主，并未充分利用原材料。这也是后期斗栱结构功能弱化，偏重造型装饰的反映。

但明清官式建筑假昂加工浪费材料的程度,也不宜过度放大。一方面,此时建筑斗栱的用材已经很小,即使下出假昂整体加工,其原材料也并非大料,备料难度不大;另一方面,清代建筑假昂下斜程度已明显减小,按清工部《工程做法则例》卷二十八《斗栱作法》规定"头昂每斗口一寸,应前高三寸,中高二寸,宽一寸……二昂高厚与头昂尺寸同"[1],则其原料较一般栱身高约 1/2,昂下皮斜度按常规做法,约为 13 度(图 6-72)[2],已接近平出,这也在一定程度上减少了假昂加工时所浪费的材料。

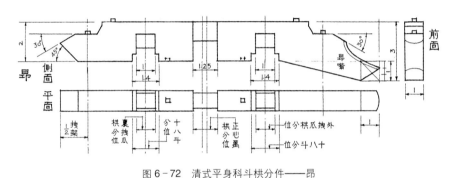

图 6-72　清式平身科斗栱分件——昂

(梁思成《清式营造则例》)

同时,无论南北方,大量建筑仍常见另接昂头和平出卷昂的做法,如朔州崇福寺千佛阁、登封少林寺鼓楼[3]、常熟赵用贤宅大门等。另外,部分一体加工的下出昂头也多有上卷的倾向,如江南地区建筑常见的"凤头昂"做法[4],一定程度上防止了加工时的材料浪费。同时,下出的假昂头也普遍延续了拼料做昂的做法,并见有将一较大的整材锯解为首尾错开的两道昂[5]的加工方式(图 6-73),这些都反映出民间建筑中材料对形制做法仍有很强的制约,与官式建筑有明显分化。

[1] 清工部允礼编《工程做法则例》,雍正十二年(1734),刊本,卷 28。

[2] 梁思成《清式营造则例》,清华大学出版社,2006 年,97 页。

[3] 现鼓楼已重建,老照片中可见其为另接假昂头的加工方法。常盘大定、关野贞《中国文化史迹》第二辑,法藏馆刊行,1939 年,87 页。

[4] 祝纪楠编著《〈营造法原〉诠释》,中国建筑工业出版社,2012 年,47 页。

[5] 过汉泉《江南古建筑木作工艺》,中国建筑工业出版社,2015 年,311 页。

在现代修缮或者复建中,也能看到这种倾向,如大同华严寺近年复建的钟鼓二楼,其下出假昂也另接昂头,不知是有意仿照早期做法,还是确为材料限制所做的处理。

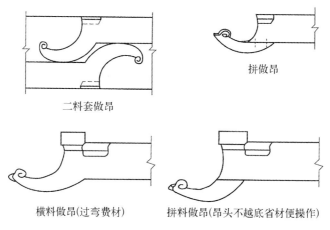

拼做昂

二料套做昂

横料做昂(过弯费材)　　　拼料做昂(昂头不越底省材便操作)

图6-73　江南地区凤头昂加工

(过汉泉《江南古建筑木作工艺》)

五、小结

假昂模拟昂的外观,但不具有真昂的结构功能,可以说,它的出现,标志着我国建筑的营造理念开始脱离纯粹的结构逻辑而逐渐侧重于外观形象装饰。但早期假昂的制作仍适应于木材特点,宋金即出现了下接昂头和平出假昂两种做法,而金元时期还出现了选用自然弯材、一体加工下出假昂的做法,这些都体现了《营造法式》所谓"就材充用"的基本原则。而随着时代的发展,假昂做法逐渐脱离材料的束缚,晚期官式建筑普遍采用直材一体加工下出假昂的做法,反映出建筑装饰化的进一步深入。但民间建筑,受材料的限制,虽具体形制有所改变,但本质上仍延续了另接昂头或平出卷昂的加工方式,反映出材料对建筑形制的广泛约束。

综上可见，材料是建筑的基础，也是工匠加工改造的对象，构件最终形成的形制做法，是匠人根据材料条件所做的适应性改造。不同时期、不同区域、不同等级的建筑中所反映的材料应用倾向，与自然环境、施工条件、匠人观念息息相关，也是反观区域匠作传统的有效途径。

古建筑修缮工程中「材料真实性」的再讨论

柒

真实性是古建筑修缮中的核心问题。一般来说,真实性包括设计的真实性、材料的真实性、工艺的真实性和环境的真实性。其中,材料的真实性要求在修缮过程中尽量使用原构件,必须更换的构件需使用与原构件相同的材料。按照《中华人民共和国国家标准——古建筑木结构维护与加固技术规范》[1](GB50165—92,以下简称《规范》)第7.2.1条:

> 古建筑木结构承重构件的修复或更换,应采用与原构件相同的树种木材;当确有困难时,也可按表7.2.1-1和表7.2.1-2选取强度等级不低于原构件且性能相近的木材代替。[2]

然而在更换木构件的实际操作中,普遍达不到《规范》要求。这主要有两方面原因:一是修缮勘察设计并没有专门针对构件树种材质展开调查,施工时更换构件的选材无据可依;二是古建筑各构件所用木材并不一致,若严格按照规范要求,则极大地增加了工程备料的难度,将影响工程进度。因此,在一个地域,古建筑修缮工程所用木材料的种类基本固定。在山西地区,普遍使用松木更换柱额、梁架,榆木更换斗栱。

统一使用哪种或哪几种材料,实际上基于人们对于该地域古建筑选材基本规律的总结。按照《规范》编制组20世纪90年代的调查:"山西地区,如应县、大同、五台、介休等多用华北落叶松和油松。"据笔者访问,本地工匠和技术工程师也普遍

---

[1] 2020年,中华人民共和国住房和城乡建设部发布新版国家标准《古建筑木结构维护与加固技术标准》(GB/T50165—2020),自2020年7月1日起实施,原1992年发布的国家标准《古建筑木结构维护与加固技术规范》(GB50165—92)同时废止。

[2] 原规范为6.3.1条,比较新旧两版,新版在"强度等级不低于原构件"后增加了"性能相近",反映了对材料性能的进一步重视。

认同松木制作梁、柱，榆木制作斗栱的基本原则。这种选材模式在修缮工程设计和施工中已成为地域标准。

而从实际情况看，山西南部地区的早期建筑中，并没有一座建筑完全符合这种选材规律。其原因在于山西南部地区存在地域性差别，元代以前建筑选材与明清时期亦不同。因此，按照山西其他地区调查所得出的结论或者根据本地域明清以后形成的传统制定的基本规范，实际上并不适合山西南部早期建筑的修缮。

材质的"不适合"并非简单的与历史情况不合的问题，它也会造成与原构件结构不合的情况。如现在修缮中普遍采用墩接、榫接的修补方式，若新旧材料不同，很可能随着新材的自然干燥发生开裂，导致脱榫。同时，材质的"不适合"也会影响建筑形制和设计的真实性。金元时期，山西南部大量使用自然弯材制作大型构件，而现在这些构件通常使用松木进行更换。松木顺直，形制上就与原构不一致。更为重要的是，原来与自然弯材相交构的其他构件均顺应材身，灵活处理，反映了工匠高超的营造才能；而若换为直材，各相交结点位置均需调整，或削或垫，在破坏原来诸多构件形制的同时，也与原始设计理念相抵触，实为一种得不偿失的修缮方式。

而从古建筑修缮中的可识别性原则出发，更换材质的不符能够反映出材料的"打破关系"，似乎能在一定程度上反映现代修缮中构件更换的情况，但仅以此认为材质的"不适合"符合现代修缮理念，忽视保护修缮中真实性这一根本原则，就是舍本逐末的行为。且更换构件的可识别性也不宜简单地理解为肉眼观察下的辨识度，更应让后人全面、准确地了解修缮构件的更换情况，因此若能达到这种目的，一些其他方法也是被认可的，如在隐蔽部位订牌、做标签，或者制作更换构件表、建立档案等。实际上，不同材质的差别也不是显见的，在更换构件经历风吹日晒甚至做旧处理后，"可识别"的效果就更无从谈起。

因此，从以上各角度看，改变更换构件的材质，并不是合理的修缮方式，需要改进。从长期发展角度考虑，在对一个地区选材树种进行充分调查的基础上，可基于其特定的自然环境，建设相适应的养护林，定期采伐木材并风干储存，形成木材库，以备营造之需。据山西古建筑保护研究所老工程师回忆，即便到 20 世纪 90 年代，古建筑保护研究所里也有储备木材的仓库,只是后来修缮工程大规模展开,相应的工程招标和管理制度兴起,仓库才逐渐废弃。近年学者基于国际古迹遗址理事会(ICOMOS)通过的《木质建成遗产保护准则》,也提出要建立为修缮工程服务的森林保护区和木材库[1]。

　　而基于现实情况的紧迫性,也有改进的短期对策。山西南部早期古建筑主要使用本地常见的乡土树种,这些树种也大量用于较晚的民居,随着时代的发展,许多旧民居废弃、倒塌,但仍保存了许多可续用的结构用材。若在区域内注意收购、积累这类材料,建立旧材库,挑选后用于修缮工程,不仅可以达到基本保证材料真实性的目的,也能满足经济、实用的要求,还维持了建筑的旧貌。有些意见认为,使用旧材不利于构造的稳固,不符合《规范》中更换构件强度的要求。而实际上,使用与原构相同材质的旧构件,虽然强度不及同材质的新材,但由于使用时间短,至少不会比原构低,且本身已经自然干燥,不存在新材常易发生的自然干燥后开裂、脱榫的现象。同时,更换构件的强度与旧材接近,也能避免在新旧构件交接处,由于新材的强度过高,导致保存的原构被挤压破坏。

　　在实际的操作中,高平清梦观即挑选当地废旧民居的杨木弯梁更换了阎王殿内中空的杨木梁,一改杨木换松木的常规做法,进行了有益的尝试。杨木作为构材,一直不被现代修缮工程所承认,但存在近千年的古建筑尚大量使用这种材料,即是其可充用构材的最有力说明。何谓良材?并不只在材性,更有待良匠的适应性加工与改造。从文化角度看,"就地取材,兼而用之"的修缮理念与现存金元建筑的营造理念相通,这也有助于传统建筑文化的现代表达与传承。

---

[1] 陈琳、戴仕炳《基于材料真实性建立中国木质建成遗产历史森林保护区的设想》,《建筑遗产》2020年 4 期,134—141 页。

附　录

附录 1　其他古建筑用材参考资料

建筑名称	时 代	木 材 料	出 处
天津蓟县独乐寺观音阁	辽	上层望板——松木 上层椽飞——大部分椽材为本地落叶松，北坡的檐椽及南坡东西坡 20% 的檐椽以及全部翼角椽为杉木，有个别脑椽、花架椽用柏木 扶脊木——松木 脊椿——杨木 脊槫——本地落叶松 压槽枋及添墩——以本地落叶松为主，北坡当心间三根为花梨木 **四椽栿——本地油松（木材所鉴定）** 下平槫下垫木、草乳栿——本地油松	杨新编著《中国古代建筑：蓟县独乐寺》，文物出版社，2007 年
山西应县木塔	辽	主要构架为华北落叶松（当地红杆、黄花松）	陈国莹《古建筑旧木材材质变化及影响建筑形变的研究》，《古建园林技术》，2003 年 3 期 当地传说"砍尽黄花梁，建起应州塔"
北京历代帝王庙崇圣殿	明	大木构架主要构件为金丝楠木，椽子为杉木，望板近年维修改为黄花松	北京历代帝王庙图书编辑委员会《北京历代帝王庙古建筑修缮工程专辑》，北京燕山出版社，2008 年
西藏布达拉宫、罗布林卡	明清	椽有杉、松、杨、柳几种	姜怀英等编著《西藏布达拉宫修缮工程报告》，文物出版社，1994 年 赵泾峰、段新芳、冯德君、聂玉静《西藏古建筑房椽木构件树种鉴定研究》，《西北林学院学报》，2007 年 6 期
青海塔尔寺	明清	**木构架所用木材大多为西北云杉（青海松，木材所鉴定）**，部分小木构件（椽、榻木）还有用杨木的	青海塔尔寺修缮工程施工办公室、中国文物研究所　姜怀英、刘占俊，《青海塔尔寺修缮工程报告》，1996 年

建筑名称	时　代	木　材　料	出　　处
海南丘浚故居可继堂	明初	现存 12 根木柱有 9 根为明代原物——格木,**后人补配的两山中柱及东南角后金柱材质较差,白蚁蛀蚀程度更严重** 北侧山面梁架上部两层穿枋——海南小叶胭脂木 **海南木材所鉴定,取样 8 个:** 屋桷、前廊乳栿、斗栱上散斗、南侧中柱——格木 山面穿门式构架中木枋——盘毂枥(晚清更换) 后檐明间残存板门门扇——香樟	吴锐、王亦平、黄培平编著《海南丘浚故居修缮工程报告》,文物出版社,2003 年
重庆湖广会馆	清	木柱——柏木 七架梁——柏木 斗栱按柏木和楠木补配	河南省古代建筑保护研究所编《文物保护工程监理报告选编》,文物出版社,2008 年
河南民权白马寺大雄宝殿	清	柱、额枋——松木 单步梁、双步梁、三步梁——榆木 檩、随檩枋——松木 飞椽、斗栱、瓜柱——榆木 椽子——松木	同上
河南民权白马寺观音殿	清	柱——松木 单步梁——榆木 九架梁——毛白杨 檩、飞椽——榆木 檩枋、椽、瓦口木——松木	同上
河南民权白马寺五佛殿	清	柱、梁——榆木 椽望——松木	同上

附录 2　非常用树种基本特征及材性

　　山荆子　乔木,高 10—14 米;最大者高达 30 米,胸径 70 厘米。树皮紫褐或灰紫褐色,浅纵裂。产于东北、内蒙古、河北、山西、山东、陕西、甘肃等地。边材黄红褐色或暗红褐色。木材有光泽;无特殊气味和滋味。生长轮略明显;散孔材;宽度不均匀,每厘米 5—16 轮;管孔甚多;甚小或略小,在放大镜下可见,大小略一致,分布颇均匀,散生,木射线中至略密;极细至甚细,在放大镜下可见,比管孔小;射线斑纹略见。轴向创伤胞间道可见。

山桐子　落叶乔木,高达15米,胸径50厘米。树皮浅灰白或灰白色,不开裂,平滑或略粗糙。主产于湖南、湖北、福建、四川、云南、贵州、浙江、山西、陕西、广东及广西等地。木材黄褐色或黄白色,心边材区别不明显;光泽弱,无特殊气味和滋味。生长轮略明显至明显;散孔材,宽度略均匀,管孔甚多,略小,在放大镜下可见,大小颇一致;分布均匀;径列。侵填体、轴向薄壁组织未见。木射线稀至中,极细至略细,在肉眼下略见。纹理直,结构甚细,均匀;木材轻而软,干缩小,强度低。干燥容易,稍耐腐,不劈裂。

柳　树　落叶乔木或灌木,约520种,我国有257种,122变种,33个变型,各省区均有分布。主产于北半球温带地区。以旱柳为例,乔木,高15米。产华北、西北、东北、华中,及安徽、江苏、四川、陕西榆林地区用作沙区用材的主要造林树种。边材黄白或浅红褐色,与心材区别明显或略明显。心材红褐或暗红褐色。木材具光泽;无特殊气味和滋味。生长轮略明显,散孔材,管孔数多,略小,在放大镜下可见,大小略一致,分布均匀,散生,侵填体未见。轴向薄壁组织不见。波痕及胞间道无。

黄连木　落叶乔木,高20余米,胸径达1米多。树皮暗灰褐色,龟裂。产于河北、河南、陕西以南诸省,南达东南沿海及台湾,西至西南诸省,长江流域中下游平原、丘陵均极普遍。边材浅黄褐色,易感染蓝变色菌(呈灰褐色),与心材区别明显;心材橄榄黄或金黄色。木材有光泽;无特殊气味;味苦。生长轮明显,环孔材,宽度不均匀。早材管孔通常略大,在肉眼下明显,连续排列成明显早材带,通常宽2管孔;在心材中侵填体丰富,早材至晚材急变,晚材管孔甚小,在放大镜下可见,斜列或呈断续波浪形。轴向薄壁组织在放大镜下明显,傍管状。木射线稀至中,极细至中,在放大镜下明显;径切面上射线斑纹明显。波痕无。

杉　木　大乔木,高可达30米,胸径2米。分布在西南、长江中下游及南部沿海。边材浅黄褐或浅灰褐色微红,与心材区别明显;心材浅栗褐色。木材有光泽;香气浓厚;无特殊滋味。生长轮明显,轮间晚材带色深(紫黄褐);宽度不均匀或均匀;常有假年轮出现(双轮或复轮);早材带较晚材带宽 3—8 倍(间或达 10 倍以上),管胞在放大镜下略明显;晚材带深狭窄;早材至晚材渐变。轴向薄壁组织量多;星散状及弦向排列(呈褐色斑点),在边材中放大镜下易见,有时在肉眼下亦可得见;在纵切面上呈褐色纵线。木射线稀至中;极细至甚细,在放大镜下横切面上明显;在肉眼下径切面上有射线斑纹。树脂道阙如。干燥容易,速度较快,无缺陷产生,但剥皮日晒后常出现长而深的裂缝;耐腐性较强,防腐处理较难。

冷 杉 冷杉属约 50 种。以冷杉为例:乔木,高达 40 米,胸径 1 米。分布在东北、华北、西北、西南及台湾高山地区。木材黄褐色带红或浅红褐色,心边材区别不明显;光泽弱;微有松脂气味;无特殊滋味。生长轮明显,轮间晚材带色深;宽度不均匀或均匀,每厘米 7—11 轮;早材带占生长轮宽度 1/2—4/5,管胞在放大镜下略明显;早材至晚材简便。轴向薄壁组织不见。木射线稀至中;甚细至极细,在放大镜下横切面上明显;在肉眼下径切面上射线斑纹不明显。树脂道阙如。干燥容易,稍有翘曲,不耐腐或稍耐腐,防腐处理不易。

梓 树 落叶乔木,高达 15 米,直径 0.3 米以上。分布很广,中国长江流域及以北地区均有分布,日本亦有分布。边材灰黄褐和浅褐色,与心材区别略明显。心材深灰褐或深褐色。木材有光泽;无特殊气味和滋味。生长轮明显,环孔材(窄轮)至半环孔材(宽轮);宽度不均匀,每厘米 2—4 轮,生长快者不到 1 轮。早材管孔中至甚大,在肉眼下可见至略明显;连续排列成明显早材带,带宽数管孔;侵填体常见或丰富;早材至晚材急变或略急变。晚材管孔甚小至中等大小,在肉眼下略见;斜列或有时弦列。轴向薄壁组织较少;放大镜下明显,径切面上射线斑纹明显。波痕及胞间道阙如。纹理直,结构粗,不均匀,轻而软,干缩小,强度低,冲击韧性中;干燥容易,无翘曲和开裂现象,耐腐性及抗蚁性强;可作房架、柱子、门窗及其他室内装修等,古时用以制作琴背板或棺木。

野茉莉 落叶灌木或乔木,我国约 30 种,为南方常见树种,主要分布于长江以南各省区和西南、陕西、山西,河南也有分布。木材浅红至红褐色,心边材区别不明显。生长轮略明显,散孔材至半环孔材,管孔略少,中等大小,大小略一致,通常呈径列、斜列或似散生,轴向薄壁组织在放大镜下于切面上可见,离管短弦线,木射线极细至中。木材气干,干缩中等,抗弯中等,抗弯弹性模量甚低。

圆　柏　圆柏属约 50 种,我国 15 种。现以圆柏为例:乔木,高达 20 米,胸径 3.5 米,分布于我国内蒙古南部、华北各省,南达长江流域至两广北部,西至四川、云南、贵州。边材黄白色,与心材区别明显;心材紫红褐色,久则转暗;有时内含边材。木材有光泽;柏木香气浓郁;味苦。生长轮明显,轮间晚材带色深;宽度不均匀,每厘米 10 轮(间或仅 2 轮);常有断轮或假轮;早材带占全轮宽度绝大部分,管胞在放大镜下不见;晚材带甚窄;早材至晚材渐变。轴向薄壁组织在放大镜下横切面上呈褐色斑点或不易看见。木射线稀至中;极细至甚细;在放大镜下横切面上明显;在肉眼下径切面上有射线斑纹。树脂道阙如。纹理斜,结构细而匀,重量及硬度中,干缩小,强度低,冲击韧性中;干燥慢,很少产生干燥缺陷,尺寸稳定,耐腐性及抗蚁性均强;可用作建筑及室内装修,亦适合作桩木、枕木等,是易腐朽条件下的优良用材。

侧　柏　乔木,高达 20 米,胸径 1 米。树皮薄,灰褐色,浅纵裂、呈条状或鳞片状剥落,产全国各地。边材黄白至浅黄褐色,与心材区别明显,窄狭。心材草黄褐色,久露空气色转深。生长轮明显。早材至晚材渐变。轴向薄壁组织通常不见,因树脂溢出,在肉眼下呈星散状或弦列。木射线细密。

洋　槐　乔木,高 10—25 米。树皮褐色,深沟裂。原产北美洲、欧洲、非洲,日本也有。19 世纪末引种山东青岛,现广布全国,以华北地区生长最好。边材黄白或浅黄色,与心材区别明显,甚狭窄,通常宽不及 1 厘米。心材暗黄褐色或金黄褐色。木材光泽性强,无特殊气味和滋味。生长轮明显环孔材。早材管孔中至甚大,在肉眼下呈浅黄色带,连续排列成早材带,通常宽 2—4 列管孔以上;心材管孔内全部充满侵填体;早材至晚材急变或略急变。晚材管孔略小至中,在放大镜下可见,斜列,常与薄壁组织侧向相连呈弦向带或波浪形。轴向薄壁组织在肉眼下可见,傍管状。木射线稀至中,极细至中,在肉眼下颇明显,径切面上射线斑纹明显。

栾　树　落叶乔木,生长颇速。树皮硬,光泽弱,无特殊气味和滋味。生长轮明显,环孔材,早材管孔中至略大,在肉眼下可见,连续排列成明显的早材带,宽 3—4 列管孔,早材至晚材急变。晚材管孔略下,散生。轴向薄壁组织在放大镜下可见,

附录表1　树种物理力学性质表(参考)

名　称	产地	气干密度 (g /cm³)	抗弯强度 (MPa)	弹性模量 (MPa)	顺纹抗压 (MPa)	冲击韧性 (KJ /m²)	端硬度 (MPa)
山荆子	山西	0.702	80.6	10 400	50.2	—	
山桐子	福建	0.481	70.8	9 065	37.2	—	
	山西	0.448	55.4	7 100	24.2	—	
柳树	安徽	0.588	95.2	8 918	40.5	—	51.4
	陕西	0.524	52.9	8 036	31.9	—	40.6
黄连木	安徽	0.818	112.3	9 702	46.2	143.5	91.4
杉木	湖南	0.371	62.6	9 414	37.1	25.1	24.8
冷杉	四川	0.433	68.6	9 807	34.8	37.9	30.6
梓树	安徽	0.617	96.9	10 101	47.1	147.9	51.8
野茉莉	广东	0.436	83.5	8 434	40.4	43.0	56.1
圆柏	浙江	0.609	77.7	8 140	46.9	33.7	62.6
侧柏	山东	0.618	87.3	7 453	42.8	—	58.4
洋槐	北京海淀	0.792	124.3	12 749	52.9	170.5	67.2
栾树	安徽	0.778	97.8	11 376	37.6	95.3	72.9
七叶树	陕西	0.504	60.4	8 924	33.3	—	51.8
槭树	长白山	0.709	107.5	13 141	47.9	82.8	66.0
落叶松	东北	0.641	111.1	14 220	56.5	48.1	37.0

傍管状。木射线略密至密;极细至略细。纹理斜,结构细至中,不均匀,重量中至重。

七叶树　约30种之多,分布于美洲北部,欧洲东南部,亚洲东部至印度,我国有七叶树、长柄七叶树与云南七叶树等10种。属落叶大乔木,高达25米,胸径1米多,树皮浅灰褐色,具皱裂,产四川、湖北、江西、华北等地。木材黄褐色微红,心边材区别不明显,无特殊气味和滋味,生长轮明显,散孔材,管孔多至甚多,甚小至略小。轴向薄壁组织在放大镜下湿切面上可见,轮界状。木射线中至略密,甚细,在放大镜下可见,比管孔小。纹理结构甚细、均匀,较轻软,干燥容易,不产生缺陷,不耐腐,切面光滑,钉钉容易,不劈裂。

椴　树　落叶乔木,高达 20 米。树皮表面灰白色。材身上常见明显的刺状突起,产于东北长白山。木材浅黄褐色,心边材区别不明显,具光泽。生长轮略明显,散孔材,管孔略多、略小,在放大镜下略明显,大小略一致,分布均匀。轴向薄壁组织轮界状及傍管状。木射线稀至中,有窄射线和宽射线两类;在肉眼下径切面上射线斑纹极明显。纹理直,结构甚细,重量、硬度、干缩及强度中等,冲击韧性高。

落叶松　乔木,高达 35 米,胸径 90 厘米。树皮暗灰或灰褐色,纵裂成鳞块状、片状剥落,内皮紫红褐色,分布于大兴安岭。心边材区别明显,心材红褐或黄红褐色,边材黄褐色,木材有光泽,略有松脂气味。生长轮明显,早材带占全轮宽度的 2/3 至 3/4,晚材带甚窄至略宽。早材至晚材急变。木射线密度中,极细。树脂道分轴向和径向两类。纹理直,结构中至粗,不均匀,重量中,干缩大,强度中,冲击韧性中。

附录 3　区域内树种木材解剖特征

本书考察共检测样本 1 200 余个,识别出 22 个树种,以下分列之。其中前 7 个为常见树种,后面 15 个较为少见,有的仅出现在个别构件上。

硬木松木材解剖特征　早材管胞横切面为多边形及长方形;径壁具缘纹孔 1—2 列,椭圆、卵圆及圆形;纹孔口圆形及卵圆形;眉条长,数多,明显。晚材管胞横切面为长方形、方形及多边形;径壁具缘纹孔 1 列,圆形及卵圆形;纹孔口透镜形;最后数列管胞弦壁上具缘纹孔偶见。轴向薄壁组织阙如。木射线具单列和纺锤形两类:(1)单列射线高 1—20 细胞或以上,多数 5—15 细胞。(2)纺锤射线具径向树脂道,近道上下方射线细胞 3 或 2 列;上下两端逐渐尖削成单列,高 1—10 细胞或以上。射线细胞椭圆、长椭圆、长方及卵圆形;含少量树脂。射线管胞存在于上述两类木射线中,位于上下边缘 1—4(通常 2)列,在射线中部常见,低射线有时全由射线管胞组成;内壁深锯齿,外缘波浪形。射线薄壁细胞水平壁薄,纹孔数少;端壁节状加厚无或微具;凹痕少。射线薄壁细胞与早材管胞间交叉场纹孔式为窗格状,稀松木型,通常 1—2(稀 3)个,通常 1 横列。树脂道泌脂细胞壁薄,常含拟侵填体。

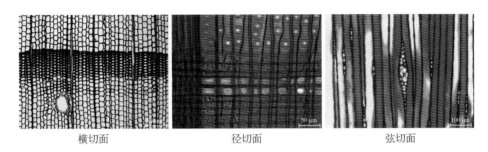

横切面　　　　　　　　径切面　　　　　　　　弦切面

附录图 1　硬木松木材解剖特征

云杉木材解剖特征　　螺纹加厚间或出现于早材及晚材管胞壁上,不明显至明显,平行排列。早材管胞横切面为方形、长方形及多边形;径壁具缘纹孔通常 1(间或 2)列,圆形及卵圆形至椭圆形;纹孔口圆形至椭圆形;眉条长,数少。晚材管胞横切面为长方形及方形;径壁具缘纹孔 1 列,圆形;纹孔口透镜形;最后数列管胞弦壁上具缘纹孔明显。轴向薄壁组织阙如。木射线具单列和纺锤形两类:(1)单列射线高 1—22 细胞或以上,多数 5—15 细胞。(2)纺锤射线具径向树脂道,近道上下方射线细胞 2—3 列;上下两端尖削而成单列,高 2—11 细胞或以上,间或高至 20 细胞。射线细胞长椭圆及椭圆形;少数细胞含深色树脂。射线管胞存在于上述两类木射线中,位于上下边缘,1—3(通常 2)列,低射线有时全由射线管胞组成;内壁有锯齿;螺纹加厚偶见。射线薄壁细胞水平壁厚,纹孔数少至多,明显;端

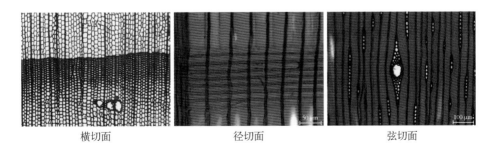

横切面　　　　　　　　径切面　　　　　　　　弦切面

附录图 2　云杉木材解剖特征

壁节状加厚明显,2—5个或以上;凹痕可见。射线薄壁细胞与早材管胞间交叉场纹孔式为云杉型,1—7(通常2—4)个,1—3(通常1—2)横列。树脂道泌脂细胞壁厚。

杨树木材解剖特征　导管横切面为卵圆及椭圆形,略具多角形轮廓;每平方毫米平均80个;短径列复管孔(2—4,稀至5个)及单管孔,少数呈管孔团;径列;壁薄;侵填体未见,无螺纹加厚。单穿孔,卵圆形。管间纹孔式互列,多角形。轴向薄壁组织量少;轮界状(宽1—2细胞),稀星散状;树胶常见;木纤维壁薄,单纹孔,或略具狭缘,圆形,纹孔口内函或外展,具胶质纤维。木射线单列,高2—25细胞或以上。射线组织同形单列,端壁节状加厚及水平壁纹孔明显或略明显。射线与导管间纹孔式为单纹孔,大小同管间纹孔,多见于边缘1—2列细胞。无胞间道。

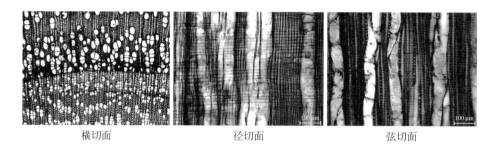

横切面　　　　　　　　径切面　　　　　　　　弦切面

附录图3　杨树木材解剖特征

槐树木材解剖特征　导管在早材带横切面上为圆形、卵圆及椭圆形;壁厚。在晚材带横切面上为圆形及卵圆形,略具多角形轮廓,径列复管孔2—4个,单管孔及管孔团;散生,或与薄壁组织相连呈斜列或弦列;壁薄。具树胶,螺纹加厚未见。单穿孔圆形及卵圆形。管间纹孔式互列,系附物纹孔,多角形。轴向薄壁组织量多;主为环管束状或翼状,聚翼状及轮界状;在早材,围绕于管孔周围及散步于木纤维间;在晚材,与管孔常连成斜线与弦线,或呈波浪形;薄壁细胞端壁节状加厚不明显或略明显。木纤维壁薄及厚;纹孔具狭缘,数少,略明显;胶质纤维及分隔木纤维普遍。木射线单列者极少,多列射线宽2—8细胞多数4—6细胞,多数高15—30细胞。射线组织同形单列及多列,偶见异形Ⅲ型。直立或方形细胞少见;端壁节状加厚及水平壁纹孔明显。射线与导管间纹孔式类似管间纹孔式。无胞间道。

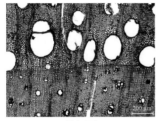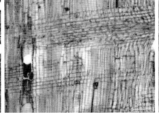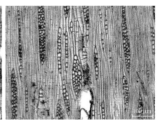

| 横切面 | 径切面 | 弦切面 |

附录图4　槐树木材解剖特征

榆树木材解剖特征　早材导管横切面为圆形、卵圆及椭圆形;壁薄;具侵填体;在晚材带横切面上为不规则多角形;多呈管孔团,稀为径列复管孔及单管孔;弦列或波浪形;壁薄;螺纹加厚仅存在于小导管管壁上,明显。单穿孔,卵圆及圆形;管间纹孔式互列,多角形;纹孔口内函,圆形或透镜形。维管管胞可见,形似小导管;螺纹加厚明显。轴向薄壁组织主为傍管型,与维管管胞相聚:(1)在早材带,与维管管胞一起,形成环管状,并连接与早材管孔之间;(2)在晚材带,位于管孔与维管管胞所形成波浪形弦向带边缘上及带内;(3)少数聚合一星散及星散状,分散于纤维组织区内;薄壁细胞端壁节状加厚明显或略明显。木纤维壁厚;具胶质纤维。木射线每毫米4—6根。单列射线高2—23细胞或以上。多列射线宽2—6细胞;多数15—40细胞,同一射线内偶见2次多列部分。射线组织同形单列及多列。射线细胞多为圆形及卵圆形,略具多角形轮廓,端壁节状加厚及水平壁纹孔明显。射线—导管间纹孔式类似管间纹孔式。胞间道阙如。

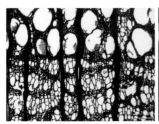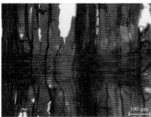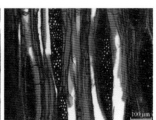

| 横切面 | 径切面 | 弦切面 |

附录图5　榆树木材解剖特征

臭椿木材解剖特征　导管在早材带横切面上为卵圆、椭圆及圆形；壁薄；在晚材带横切面上为不规则多角形，多呈管控团，少数为径列复管孔2—6个稀单管孔，散生，壁薄。树胶含量晚材比早材管孔为多；螺纹加厚存在于小导管壁上。单穿孔，卵圆及圆形，穿孔板倾斜，管间纹孔式互列，多角形。轴向薄壁组织局部叠生，略多，翼状，傍管带状及轮界状。木纤维胞壁甚薄，具缘纹孔略明显；分隔木纤维偶见。木射线单列高1—12细胞或以上，多列射线宽2—11细胞，多数4—8细胞，高多数为15—55细胞。射线组织异形 III 型为同形单列及多列。直立或方形射线细胞比横卧射线细胞高，端壁节状加厚略明显，水平壁纹孔多而明显；鞘细胞偶见。射线与导管间纹孔式类似管间纹孔式。无胞间道。

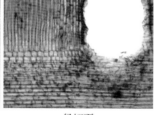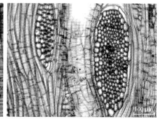

横切面　　　　　　　　　　径切面　　　　　　　　　　弦切面

附录图6　臭椿木材解剖特征

麻栎木材解剖特征　导管在横切面上早材带为圆形及卵圆形；部分具侵填体，壁薄。在晚材带为圆形及卵圆形；单管孔；径列，壁厚，螺纹加厚阙如。单穿孔，卵圆及椭圆形，穿孔板略倾斜。管间纹孔式互列，圆形及卵圆形。环管管胞量多，常与轴向薄壁组织相混杂，围绕与大导管周围及分布于晚材导管区域内，具缘纹孔略同管间纹孔。轴向薄壁组织量多，主为星散—聚合及离管带状，宽1—3细胞，排列不规则，弦向断续相连；间呈星散状及环管状偶见，端壁节状加厚不明显。木纤维壁厚；具缘纹孔形小，数多，具胶质纤维。木射线有两种，窄木射线通常单列（稀2列或成对）；宽木射线（部分似半复合射线）宽至许多细胞，被许多木射线所分隔。射线组织同形（有异形趋势）单列及多列，直立或方形细胞偶见。射线细胞常含树胶，菱形晶体数多，端壁节状加厚及水平壁纹孔多而明显。射线与导管间纹孔式通常为刻痕状，多数肾形或类似管间纹孔式。胞间道阙如。

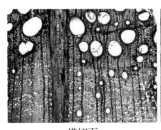
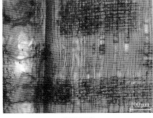
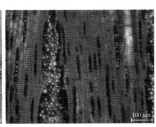

| 横切面 | 径切面 | 弦切面 |

附录图 7　麻栎木材解剖特征

杉木木材解剖特征　早材管胞横切面为不规则多边形及方形;径壁具缘纹孔 1(少数 2)列,卵圆至椭圆及圆形;纹孔口圆形及卵圆形;眉条长,数多。晚材管胞横切面为长方形及多边形;径壁具缘纹孔 1 列,圆形;纹孔口透镜形;最后数列管胞弦壁上有具缘纹孔。轴向薄壁组织量多;星散状及弦向带状,早晚材带均有分布;薄壁细胞端壁节状加厚不明显至略明显;常含深色树脂。木射线每毫米 3—6 根,通常单列,稀 2 列;高 1—21 细胞或以上,多数 5—13 细胞。射线细胞椭圆、长椭圆及方形,少数圆形;少数含深色树脂。全由薄壁细胞组成;水平壁厚,纹孔数少,不明显;端壁节状加厚未见;凹痕明显。射线薄壁细胞与早材管胞间交叉场纹孔式为杉木型,1—6(通常 2—4)个,1—2(稀 3)横列。树脂道阙如。

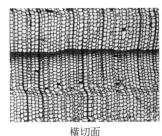
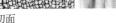
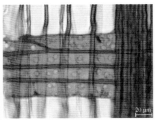
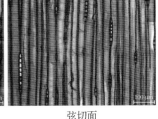

| 横切面 | 径切面 | 弦切面 |

附录图 8　杉木木材解剖特征

冷杉木材解剖特征　早材管胞横切面为方形、长方形及多边形;径壁具缘纹孔通常 1 列,圆形及卵圆形;纹孔口圆形及卵圆形;眉条长,数少。晚材管胞横切面为长方形及方形;径壁具缘纹孔 1 列,圆形;纹孔口透镜形及线形;最后数列管胞弦壁具缘纹孔明显。轴向薄壁组织极少；星散状，分布于晚材带外部；薄壁细胞端壁节状加厚明显，3—5 个；微含深色树脂。木射线每毫米 4—7 根，通常单列，极少成对或 2 列；高 1—17 细胞或以上，多数 4—12 细胞。射线细胞椭圆形，稀卵圆形；少数细胞含深色树脂；长菱形晶体偶见，细胞不增大。全由薄壁细胞组成；水平壁与早材管胞壁等厚，纹孔数多，明显；端壁节状加厚明显，2—6 个；凹痕明显。射线薄壁细胞与早材管胞交叉场纹孔式为杉木型，1—4（通常 1—2）个，通常 1—2 横列。树脂道阙如。

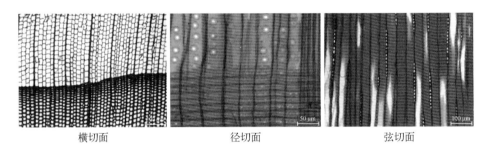

| 横切面 | 径切面 | 弦切面 |

附录图 9　冷杉木材解剖特征

柳树木材解剖特征　导管横切面为卵圆及椭圆形，略具多角形轮廓，每平方毫米平均 90 个；多为单管孔，少数为短径列复管孔 2—3 个，稀 4 个，偶见管孔团，散生，壁薄；无侵填体及螺纹加厚。单穿孔，穿孔板略倾斜至倾斜，稀甚倾斜。管间纹孔式互列，多角形，纹孔口内函，透镜形及椭圆形。轴向薄壁组织量少，通常轮界状，宽 1—2 细胞。木纤维壁薄，单纹孔，或略具狭缘，数少，略明显；具胶质纤维。木射线单列，高 1—3 细胞，多数 10—20 细胞。射线组织异形单列；直立或方形射

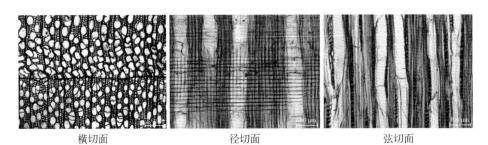

| 横切面 | 径切面 | 弦切面 |

附录图 10　柳树木材解剖特征

线细胞比横卧射线细胞高,射线细胞内部分含树胶,端壁节状加厚及水平壁纹孔多而明显。射线—导管间纹孔式为单纹孔,大小略同管间纹孔式,主要位于直立或方形射线细胞内。胞间道阙如。

山桐子木材解剖特征　导管横切面为卵圆形,具多角形轮廓,通常为短径列复管孔 2—4 个及管孔团,少数单管孔,稀长径列复管孔多至 6 个;径列,壁薄,侵填体及螺纹加厚未见。单穿孔,椭圆及长椭圆,稀圆形;穿孔板甚倾斜至倾斜。管间纹孔式互列,多角形,较大;纹孔口内函,圆形及椭圆形。轴向薄壁组织未见。木纤维壁薄,具缘纹孔数多,圆形。木射线单列者较少,高 2—9 细胞;多列射线宽 2—6 细胞;高 5—34 细胞或以上,多数 13— 20 细胞,同一射线内常出现 2 次多列部分。射线组织异形 II 型,稀 I 型,直立或方形射线细胞比横卧射线细胞高。射线—导管间纹孔式为大圆形。无胞间道。

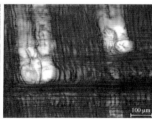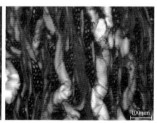

| 横切面 | 径切面 | 弦切面 |

附录图 11　山桐子木材解剖特征

山荆子木材解剖特征　导管横切面通常为圆形或卵圆形,略具多角形轮廓;单管孔甚多,甚少呈短弦列复管孔(2,稀 3 个);散生,壁薄。单穿孔通常卵圆至圆形。管间纹孔式偶见、互列、多角形,稀疏,纹孔口内函。轴向薄壁组织量少;星散状及轮界状,少数环管状,稀星散—聚合状;薄壁细胞端壁节状加厚明显,圆形。木射线单列者较少,高 1—13 细胞或以上。多列射线通常宽 2 细胞,少数 3 细胞,高 4—24 细胞。射线组织同形单列及多列,含少量树胶;端壁节状加厚及水平壁纹孔明显。射线与导管间纹孔式互列,形小。卵圆形。创伤胞间道有时可见。

| 横切面 | 径切面 | 弦切面 |

附录图 12　山荆子木材解剖特征

黄连木木材解剖特征　导管在早材带横切面上为圆形及卵圆形,壁厚。侵填体丰富,壁薄。在晚材带横切面上为卵圆形、椭圆及不规则形状;主呈管孔团,稀径列复管孔(2—4 个)及单管孔,斜列或深波浪形(人字形)。螺纹加厚在小导管壁上甚明显。单穿孔圆形及卵圆形,穿孔板略平行至甚倾斜。管间纹孔式互列,圆形及卵圆形;纹孔口内函,圆形。轴向薄壁组织量少,主为环管状。木纤维壁厚,少数薄。具胶质纤维。木射线单列者数少。多列射线宽 2—5 细胞,多数高 15—35 细胞。射线组织异形Ⅲ型,直立或方形射线细胞比横卧射线细胞高,射线细胞含少量树胶,菱形晶体常见,端壁节状加厚及水平壁纹孔不明显。射线—导管间纹孔式大圆形及横列刻痕状。胞间道正常径向者,位于射线中部。

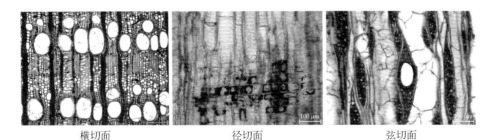

| 横切面 | 径切面 | 弦切面 |

附录图 13　黄连木木材解剖特征

梓树木材解剖特征　导管在早材带横切面上为卵圆及圆形;壁薄;侵填体丰富。在晚材带横切面上为圆形及卵圆形,呈管孔团者略具多角形;螺纹加厚有时见于小导管壁上。单穿孔,圆形及卵圆形;穿孔板略倾斜至倾斜。管间纹孔式互列,圆形及卵圆形;内函,圆形。轴向薄壁组织较少;环管束状及环管状,在晚材带外部常侧向伸展形成断续宽弦带;薄壁细胞端壁常平滑,间或节状加厚略明显;树胶及晶体未见;纺锤薄壁细胞偶见。木纤维胞壁甚薄及薄;纹孔具狭缘,数多,圆形;纹孔口内函及外展,圆形,裂隙状及 X 形;分隔木纤维偶见。木射线非叠生;每毫米 3—6 根。单列射线甚少;高 1—6 细胞或以上。多列射线宽 2—5 细胞;高 3—24 细胞或以上,多数 5—15 细胞。射线组织异形Ⅲ型与同形单列及多列。射线细胞为卵圆及圆形,具多角形轮廓,部分含树胶,晶体未见,端壁节状加厚及水平壁纹孔多而明显。射线—导管间纹孔式类似管间纹孔式,及部分大圆形与刻痕状。胞间道阙如。

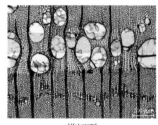 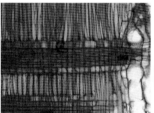 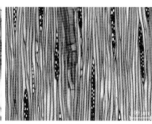

| 横切面 | 径切面 | 弦切面 |

附录图 14　梓树木材解剖特征

野茉莉木材解剖特征　导管横切面上为卵圆形,短径列复管孔 2—4 个,通常 2 个,少数单管孔,偶见成对弦列;径列,斜列或似散生,壁薄,少数含树胶,无螺纹加厚。导管复穿孔梯状,横隔窄 2—10 条以内。管间纹孔式互列,多角形。轴向薄壁组织主为离管型的星散、星散—聚合,傍管型者少,稀疏环管状,间或短弦列,含菱形晶体。木射线单列高 1—11 细胞,多列射线宽 2—5 细胞,多数高 10—63 细胞。射线组织异形Ⅱ型,稀Ⅰ型,直立或方形射线细胞比横卧射线细胞高或高得多。胞间道阙如。

 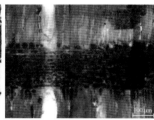 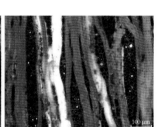

| 横切面 | 径切面 | 弦切面 |

附录图 15　野茉莉木材解剖特征

圆柏木材解剖特征　螺纹加厚阙如。早材管胞横切面为圆形、方形及多边形；径壁具缘纹孔 1 列，圆形或卵圆形；纹孔口圆形或透镜形；眉条未见，或短而不明显。晚材管胞横切面为长方形、椭圆形及多角形；颈部纹孔 1 列，圆形；纹孔口透镜形；最后数列管胞弦壁纹孔明显。轴向薄壁组织多或略多；星散状及弦向带状；薄壁细胞端壁节状加厚明显，2—4 个；常含树脂，木射线每毫米 4—8 根。单列，2 列或成对偶见；高 1—13 细胞或以上，多数 2—9 细胞。射线细胞椭圆及长椭圆形，稀圆形；常含树脂。射线管胞偶见。射线细胞水平壁厚，纹孔少；端壁节状加厚明显；凹痕明显。射线薄壁细胞与早材管胞间交叉场纹孔式为柏木型，1—5（通常 2—4）个，1—2（极少 3）横列。树脂道阙如。

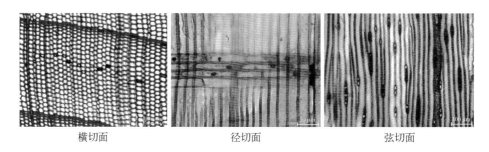

横切面　　　　　　　　　径切面　　　　　　　　　弦切面

附录图 16　圆柏木材解剖特征

侧柏木材解剖特征　早材管胞横切面上为圆形、方形及多边形，径壁具缘纹孔 1 列，极少 2 列。晚材管胞横切面为长方、椭圆及多边形，最后数列管胞弦壁纹孔多而明显。轴向薄壁组织量多或略少，星散状及弦向带状，节状加厚明显或不明显，多含深色树脂。木射线单列，高 1—28 细胞，多数 2—15 细胞，射线与管胞间交叉

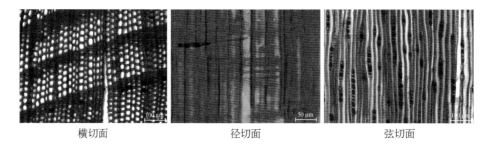

横切面　　　　　　　　　径切面　　　　　　　　　弦切面

附录图 17　侧柏木材解剖特征

场纹孔为柏木型。树脂道阙如。

洋槐木材解剖特征　导管在早材带横切面上为卵圆及圆形,壁薄,导管分子叠生,充满侵填体(心材)。在晚材带横切面上为多角形,呈管孔团,少数单管孔,斜列,常与薄壁组织呈弦列或波浪形,导管分子叠生、螺纹加厚存在于小导管壁上,明显。单穿孔,圆形及卵圆形。管间纹孔式互列,系附物纹孔,多角形。轴向薄壁组织略多,叠生;环管状,或环管束状与傍管带状,及轮界状,具菱形晶体。木纤维壁薄及厚,具胶质纤维,分隔偶见。木射线非叠生,单列者数少,多列射线宽 2—6 细胞,多数高 15—40 细胞。射线组织同形单列及多列,具菱形晶体,端壁节状加厚及水平壁纹孔多而明显。射线与导管间纹孔式类似管间纹孔式。胞间道阙如。

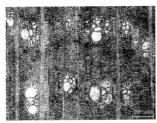  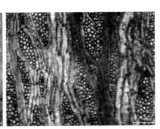

横切面　　　　　　　　　径切面　　　　　　　　　弦切面

附录图 18　洋槐木材解剖特征

栾树木材解剖特征　导管在早材带横切面上为卵圆,少数圆形,壁厚。侵填体未见,树胶常见,在晚材带横切面上呈长方形及方形,通常呈管孔团及径列复管孔,稀单管孔,散生,壁薄。螺纹加厚小导管壁上明显。单穿孔,穿孔板略倾斜至倾斜。管间纹孔式互列,卵圆形。轴向薄壁组织环管状及星散状,少数含树胶。木纤维壁

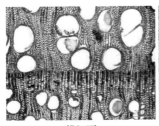 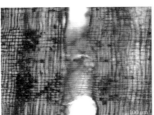 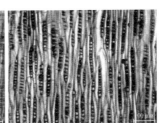

横切面　　　　　　　　　径切面　　　　　　　　　弦切面

附录图 19　栾树木材解剖特征

薄,分隔木纤维普遍。木射线单列,极少成对,高 1—28 细胞。射线组织同形单列,射线与导管间纹孔式类似管间纹孔式。胞间道阙如。

　　七叶树木材解剖特征　导管横切面上为圆形及卵圆形,略具多角形轮廓,径列复管孔 2—3 个及单管孔,稀呈管孔团。树胶可见,侵填体未见,具螺纹加厚。单穿孔,穿孔板倾斜,管间纹孔式互列,多角形。轴向薄壁组织量少,轮界状。木纤维壁薄,具缘纹孔颇多,明显。木射线局部叠生,射线单列高 1—19 细胞或以上,多数 5—13 细胞。射线组织同形单列及异形单列。射线与导管间纹孔式类似管间纹孔式,胞间道阙如。

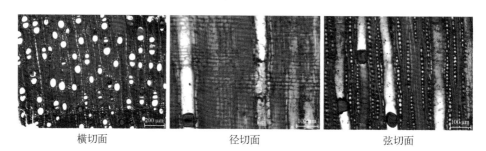

| 横切面 | 径切面 | 弦切面 |

附录图 20　七叶树木材解剖特征

　　槭树木材解剖特征　导管横切面为卵圆及椭圆形,多为单管孔,少数为短径列复管孔(2—4 个),稀管孔团,散生;导管壁上具螺纹加厚。单穿孔,卵圆形,穿孔板倾斜,管间纹孔式互列、多角形。轴向薄壁组织量少,轮界状,少数环管状、星散状,多含树胶。木纤维壁薄至厚。木射线单列者常高 1—20 细胞;多列射线宽 5—12 细胞,高 7—20 细胞,射线组织同形单列及多列。射线与导管间纹孔式类似管间纹孔式。胞间道阙如。

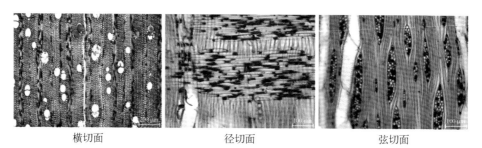

| 横切面 | 径切面 | 弦切面 |

附录图 21　槭树木材解剖特征

落叶松木材解剖特征　早材管胞横切面为长方形,少数多角形,径壁具缘纹孔1—2列(2列甚多),圆形及卵圆形;晚材管胞横切面为方形及长方形,径壁纹孔1列,圆形。轴向薄壁组织偶见。木射线具单列及纺锤形两类,单列射线高7—20细胞;纺锤射线具径向树脂道。射线管胞存在于上述二类射线中,位于上下边缘1—3列;射线薄壁细胞端壁节状加厚,凹痕明显。射线与早材管胞间交叉场纹孔式云杉型,少数杉木型。

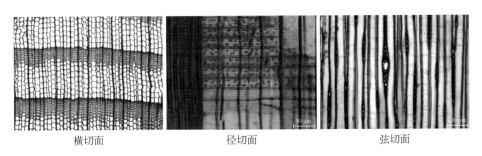

横切面　　　　　　　　径切面　　　　　　　　弦切面

附录图 22　落叶松木材解剖特征

附录 4　万荣稷王庙取样检测表

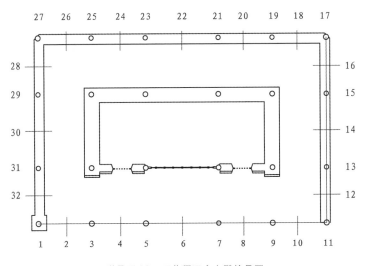

附录图 23　万荣稷王庙大殿编号图

附录表 2　万荣稷王庙大殿取样检测表

编号	名 称	位 置	粗视识别	显微检测	拉 丁 名
1	柱	1 号柱	松	云杉	*Picea* sp.
2	柱	15 号柱	松	云杉	*Picea* sp.
3	柱	17 号柱	松	云杉	*Picea* sp.
4	普拍枋	前檐西尽间	松	硬木松	*Pinus* sp.
5	普拍枋	前檐东次、尽间	松	硬木松	*Pinus* sp.
6	普拍枋	西山南次间	松	硬木松	*Pinus* sp.
7	普拍枋	后檐当心间普拍枋	松	硬木松	*Pinus* sp.
8	1 号铺作	栌斗	榆	槐树	*Sophora japonica*
9	1 号铺作	西侧一跳昂	松	硬木松	*Pinus* sp.
10	1 号铺作	角一跳昂	松	硬木松	*Pinus* sp.
11	1 号铺作	南向一跳昂	松	硬木松	*Pinus* sp.
12	1 号铺作	西侧泥道栱上散斗	槐	槐树	*Sophora japonica*
13	1 号铺作	西侧泥道慢栱上散斗	槐	槐树	*Sophora japonica*
14	1 号铺作	西侧最上层柱头枋	松	云杉	*Picea* sp.
15	1 号铺作	西侧上层泥道栱上北散斗	榆	槐树	*Sophora japonica*
16	1 号铺作	上层泥道栱上齐心斗	槐	臭椿	*Ailanthus altissima*
17	1 号铺作	南侧泥道栱上东散斗	槐	槐树	*Sophora japonica*
18	1 号铺作	南侧泥道慢栱上东散斗	槐	槐树	*Sophora japonica*
19	1 号铺作	南侧最上层柱头枋	松	硬木松	*Pinus* sp.
20	1 号铺作	南侧上层泥道栱上东散斗	榆	槐树	*Sophora japonica*
21	1 号铺作	西向一跳交互斗	槐	槐树	*Sophora japonica*
22	1 号铺作	南向一跳交互斗	槐	槐树	*Sophora japonica*
23	1 号铺作	西向二跳昂	松	硬木松	*Pinus* sp.
24	1 号铺作	角二跳昂	松	硬木松	*Pinus* sp.

编号	名　称	位　　置	粗视识别	显微检测	拉　丁　名
25	1 号铺作	南向二跳昂	松	硬木松	*Pinus* sp.
26	1 号铺作	西向二跳交互斗	榆		
27	1 号铺作	角二跳交互斗	榆	榆树	*Ulmus* sp.
28	1 号铺作	南向二跳交互斗	榆	槐树	*Sophora japonica*
29	1 号铺作	西侧令栱	松	硬木松	*Pinus* sp.
30	1 号铺作	西侧令栱上北散斗	槐	槐树	*Sophora japonica*
31	1 号铺作	西侧令栱上齐心斗	槐	槐树	*Sophora japonica*
32	1 号铺作	南侧令栱	松	硬木松	*Pinus* sp.
33	1 号铺作	南侧令栱上齐心斗	槐	槐树	*Sophora japonica*
34	1 号铺作	角由昂	松	硬木松	*Pinus* sp.
35	1 号铺作	西向耍头	松	硬木松	*Pinus* sp.
36	1 号铺作	南向耍头	松	硬木松	*Pinus* sp.
37	1 号铺作	西侧替木	松	硬木松	*Pinus* sp.
38	1 号铺作	西向衬枋	松	硬木松	*Pinus* sp.
39	1 号铺作	南向衬枋	松	硬木松	*Pinus* sp.
40	1 号铺作	里转第一跳斗		榆树	*Ulmus* sp.
41	1 号铺作	里转第三跳栱	松	云杉	*Picea* sp.
42	1 号铺作	里转鞾楔栱	松	槐树	*Sophora japonica*
43	1 号铺作	里转鞾楔栱上内侧散斗	槐	槐树	*Sophora japonica*
44	1 号铺作	角梁	松	云杉	*Picea* sp.
45	2 号铺作	泥道慢栱上东散斗	槐		
46	2 号铺作	里转鞾楔栱(垫木)	榆	榆树	*Ulmus* sp.
47	3 号铺作	栌斗	槐	槐树	*Sophora japonica*
48	3 号铺作	耍头	松	硬木松	*Pinus* sp.

编号	名　称	位　置	粗视识别	显微检测	拉　丁　名
49	3 号铺作	里转乳栿上驼峰下层	松	硬木松	*Pinus* sp.
50	4 号铺作	泥道栱上西散斗	榆	榆树	*Ulmus* sp.
51	5 号铺作	耍头	松	硬木松	*Pinus* sp.
52	6 号铺作	一跳昂	松	硬木松	*Pinus* sp.
53	6 号铺作	二跳昂	松	硬木松	*Pinus* sp.
54	6 号铺作	里转第一跳斗	槐	槐树	*Sophora japonica*
55	6 号铺作	里转第三跳	松	硬木松	*Pinus* sp.
56	6 号铺作	里转鞾楔栱	松	硬木松	*Pinus* sp.
57	7 号铺作	栌斗	槐	槐树	*Sophora japonica*
58	7 号铺作	第二跳交互斗	榆	榆树	*Ulmus* sp.
59	7 号铺作	耍头	松	硬木松	*Pinus* sp.
60	7 号铺作	替木	松	云杉	*Picea* sp.
61	8 号铺作	泥道栱上西散斗	槐	槐树	*Sophora japonica*
62	8 号铺作	上层泥道栱上西散斗	榆	槐树	*Sophora japonica*
63	9 号铺作	栌斗	槐	榆树	*Ulmus* sp.
64	9 号铺作	泥道栱	松	硬木松	*Pinus* sp.
65	9 号铺作	泥道栱上西散斗	槐	槐树	*Sophora japonica*
66	9 号铺作	泥道栱上东散斗	槐	槐树	*Sophora japonica*
67	9 号铺作	一跳昂	松	硬木松	*Pinus* sp.
68	9 号铺作	第一跳交互斗	槐	槐树	*Sophora japonica*
69	9 号铺作	里转第一跳斗	槐	槐树	*Sophora japonica*
70	9 号铺作	令栱	松	硬木松	*Pinus* sp.
71	9 号铺作	耍头	松	硬木松	*Pinus* sp.
72	9 号铺作	上层泥道栱	松	硬木松	*Pinus* sp.

编号	名　称	位　　置	粗视识别	显微检测	拉　丁　名
73	10 号铺作	里转第三跳斗	榆	榆树	*Ulmus* sp.
74	10 号铺作	里转鞾楔栱上中散斗	槐	榆树	*Ulmus* sp.
75	11 号铺作	东向耍头	松	硬木松	*Pinus* sp.
76	11 号铺作	南向二跳昂	松	硬木松	*Pinus* sp.
77	12 号铺作	栌斗	槐	槐树	*Sophora japonica*
78	12 号铺作	泥道栱	松	硬木松	*Pinus* sp.
79	12 号铺作	泥道栱上南散斗	榆	榆树	*Ulmus* sp.
80	12 号铺作	泥道慢栱上南散斗	槐	槐树	*Sophora japonica*
81	12 号铺作	泥道慢栱上北散斗	槐	槐树	*Sophora japonica*
82	12 号铺作	二跳昂	松	硬木松	*Pinus* sp.
83	12 号铺作	令栱	松	硬木松	*Pinus* sp.
84	12 号铺作	上层泥道栱	松	硬木松	*Pinus* sp.
85	12 号铺作	里转第三跳(垫木)	榆	榆树	*Ulmus* sp.
86	12 号铺作	里转鞾楔栱(垫木)	榆	榆树	*Ulmus* sp.
87	13 号铺作	令栱上北散斗(换)	松	硬木松	*Pinus* sp.
88	14 号铺作	二跳昂	松	硬木松	*Pinus* sp.
89	14 号铺作	里转第三跳(垫木)	椿	臭椿	*Ailanthus altissima*
90	14 号铺作	里转鞾楔栱(垫木)	椿	臭椿	*Ailanthus altissima*
91	15 号铺作	泥道栱上南散斗	槐	槐树	*Sophora japonica*
92	15 号铺作	里转第二跳斗	槐	槐树	*Sophora japonica*
93	15 号铺作	耍头	松	硬木松	*Pinus* sp.
94	16 号铺作	里转第三跳	松	硬木松	*Pinus* sp.
95	16 号铺作	耍头	松	硬木松	*Pinus* sp.
96	16 号铺作	衬枋头	松	硬木松	*Pinus* sp.

编号	名　称	位　置	粗视识别	显微检测	拉　丁　名
97	17 号铺作	北向二跳昂	松	硬木松	*Pinus* sp.
98	17 号铺作	东向二跳交互斗	榆	榆树	*Ulmus* sp.
99	17 号铺作	北侧令栱	松	硬木松	*Pinus* sp.
100	17 号铺作	东侧令栱	松	硬木松	*Pinus* sp.
101	18 号铺作	第二跳交互斗	榆	榆树	*Ulmus* sp.
102	18 号铺作	二跳昂	松	硬木松	*Pinus* sp.
103	18 号铺作	令栱上中散斗	槐	槐树	*Sophora japonica*
104	18 号铺作	令栱上西散斗	槐	槐树	*Sophora japonica*
105	18 号铺作	里转第一跳斗	槐	槐树	*Sophora japonica*
106	18 号铺作	里转第三跳	松	硬木松	*Pinus* sp.
107	18 号铺作	里转鞾楔栱	松	硬木松	*Pinus* sp.
108	19 号铺作	耍头	松	硬木松	*Pinus* sp.
109	19 号铺作	里转乳栿上驼峰下层	松	硬木松	*Pinus* sp.
110	22 号铺作	耍头（换）	松	臭椿	*Ailanthus altissima*
111	22 号铺作	衬枋头		硬木松	*Pinus* sp.
112	23 号铺作	栌斗	榆	榆树	*Ulmus* sp.
113	23 号铺作	令栱上西散斗	杨	榆树	*Ulmus* sp.
114	25 号铺作	泥道栱上西散斗	榆	榆树	*Ulmus* sp.
115	27 号铺作	西向一跳昂	松	硬木松	*Pinus* sp.
116	27 号铺作	北向二跳昂	松	硬木松	*Pinus* sp.
117	27 号铺作	西向第二跳交互斗	榆	榆树	*Ulmus* sp.
118	29 号铺作	里转乳栿上驼峰下层	松	硬木松	*Pinus* sp.
119	30 号铺作	衬枋头		杨树	*Populus* sp.
120	32 号铺作	里转第三跳（垫木）	榆	榆树	*Ulmus* sp.

编号	名 称	位 置	粗视识别	显微检测	拉 丁 名
121	32 号铺作	里转斡楔栿(垫木)	榆	榆树	*Ulmus* sp.
122	平榑位置	3 号柱所对前檐下平榑下西散斗	槐	槐树	*Sophora japonica*
123	平榑位置	3 号柱所对前檐下平榑下东散斗	槐	槐树	*Sophora japonica*
124	平榑位置	西南角前檐下平榑下西散斗	槐	槐树	*Sophora japonica*
125	平榑位置	西南角前檐下平榑下东散斗	槐	槐树	*Sophora japonica*
126	平榑位置	西南角西山下平榑下北散斗	槐	槐树	*Sophora japonica*
127	平榑位置	西南角西山下平榑下南散斗	槐	槐树	*Sophora japonica*
128	平榑位置	西北角下平榑下栌斗	榆	榆树	*Ulmus* sp.
129	平榑位置	23 号柱所对后檐下平榑下东散斗	榆	榆树	*Ulmus* sp.
130	平榑位置	22 号柱所对后檐下平榑下栌斗	槐	槐树	*Sophora japonica*
131	平榑位置	21 号柱所对后檐下平榑下西散斗	槐	槐树	*Sophora japonica*
132	平榑位置	15 号柱所对东山下平榑下北散斗	松	硬木松	*Pinus* sp.
133	平榑位置	14 号柱所对东山下平榑下栌斗	榆	榆树	*Ulmus* sp.
134	平榑位置	14 号柱所对东山下平榑下北散斗	槐	槐树	*Sophora japonica*
135	平榑位置	东山北次间襻间枋	松	硬木松	*Pinus* sp.
136	平榑位置	东山当心间襻间枋	椿	臭椿	*Ailanthus altissima*
137	平榑位置	8 号柱所对前檐上平榑下耍头	松	硬木松	*Pinus* sp.
138	平榑位置	前檐当心间上平榑下补间栌斗(东)	槐	榆树	*Ulmus* sp.
139	平榑位置	前檐当心间上平榑下补间栌斗(西)	槐	槐树	*Sophora japonica*

续 表

编号	名 称	位 置	粗视识别	显微检测	拉 丁 名
140	平槫位置	后檐当心间上平槫下补间栌斗（西）	槐	槐树	*Sophora japonica*
141	角梁	东南角老角梁	松	落叶松	*Larix* sp.
142	角梁	东南角仔角梁	椿	臭椿	*Ailanthus altissima*
143	角梁	西南角仔角梁	椿	臭椿	*Ailanthus altissima*
144	角梁	西北角仔角梁	松	侧柏	*Platycladus orientalis*
145	托脚	7 号铺作后	松	硬木松	*Pinus* sp.
146	托脚	15 号铺作后	松	硬木松	*Pinus* sp.
147	托脚	21 号铺作后	松	硬木松	*Pinus* sp.
148	托脚	25 号铺作后	松	硬木松	*Pinus* sp.
149	梁架	当心间东缝平梁	松	云杉	*Picea* sp.
150	梁架	当心间东缝平梁下顺梁	松	硬木松	*Pinus* sp.
151	梁架	当心间东缝前下侧叉手	松	硬木松	*Pinus* sp.
152	梁架	当心间东缝襻间栱	松	硬木松	*Pinus* sp.
153	梁架	当心间西缝平梁	松	硬木松	*Pinus* sp.
154	梁架	当心间西缝平梁下顺梁	松	硬木松	*Pinus* sp.
155	梁架	当心间西缝后下侧叉手	松	硬木松	*Pinus* sp.
156	梁架	当心间西缝襻间栱	松	硬木松	*Pinus* sp.
157	梁架	西山平梁	松	硬木松	*Pinus* sp.
158	梁架	西山平梁下顺梁	松	云杉	*Picea* sp.
159	梁架	西次间脊部驼峰上蚂蚱头	松	硬木松	*Pinus* sp.
160	槫	西山南次间檐槫	松	云杉	*Picea* sp.
161	槫	东山当心间檐槫	椿	臭椿	*Ailanthus altissima*
162	槫	前檐西尽间檐槫	松	云杉	*Picea* sp.

编号	名 称	位 置	粗视识别	显微检测	拉 丁 名
163	槫	后檐东次间檐槫	松	云杉	*Picea* sp.
164	槫	后檐东尽间檐槫	松	云杉	*Picea* sp.
165	槫	西山南次间下平槫	松	云杉	*Picea* sp.
166	槫	西山当心间下平槫	松	云杉	*Picea* sp.
167	丁栿	脊部西山丁栿	松	云杉	*Picea* sp.
168	椽	直径 90—110		云杉	*Picea* sp.
169	椽	直径 115		云杉	*Picea* sp.
170	椽	直径 150		云杉	*Picea* sp.
171	椽	直径 55		冷杉	*Abies* sp.
172	椽	直径 75		落叶松	*Larix* sp.
173	椽	直径 105		云杉	*Picea* sp.
174	附件	脊饰西楼中插柱		槐树	*Sophora japonica*

附录5 晋城二仙庙取样检测表

附录表3 晋城二仙庙大殿取样检测表

编号	名 称	位 置	粗视识别	显微检测	拉 丁 名
1	阑额	东山南次间	栎	麻栎	*Quercus* sp.
2	普拍枋	东山南次间	栎	麻栎	*Quercus* sp.
3	普拍枋	前檐东次间	栎	麻栎	*Quercus* sp.
4	普拍枋	前檐当心间	栎	槐树	*Sophora japonica*
5	普拍枋	前檐西次间	栎	麻栎	*Quercus* sp.
6	普拍枋	西山南次间	栎	麻栎	*Quercus* sp.

编号	名　称	位　置	粗视识别	显微检测	拉　丁　名
7	西南角铺作	栌斗	槐	槐树	*Sophora japonica*
8	西南角铺作	西向一跳华栱	槐	槐树	*Sophora japonica*
9	西南角铺作	西向一跳交互斗	槐	槐树	*Sophora japonica*
10	西南角铺作	西向二跳华栱	栎	麻栎	*Quercus* sp.
11	西南角铺作	西向二跳交互斗	槐	槐树	*Sophora japonica*
12	西南角铺作	西向耍头	栎	麻栎	*Quercus* sp.
13	西南角铺作	西面令栱	栎	麻栎	*Quercus* sp.
14	西南角铺作	西面令栱上北散斗	槐	臭椿	*Ailanthus altissima*
15	西南角铺作	西面令栱上中散斗	槐	臭椿	*Ailanthus altissima*
16	西南角铺作	西面令栱上南散斗	槐	槐树	*Sophora japonica*
17	西南角铺作	西面替木	栎	麻栎	*Quercus* sp.
18	西南角铺作	南向一跳华栱	槐	臭椿	*Ailanthus altissima*
19	西南角铺作	南面瓜子栱	槐	臭椿	*Ailanthus altissima*
20	西南角铺作	南向二跳华栱	栎	臭椿	*Ailanthus altissima*
21	西南角铺作	南向二跳交互斗	槐	臭椿	*Ailanthus altissima*
22	西南角铺作	南向耍头	栎	麻栎	*Quercus* sp.
23	西南角铺作	南面令栱	槐	槐树	*Sophora japonica*
24	西南角铺作	南面令栱上西散斗	槐	槐树	*Sophora japonica*
25	西南角铺作	南面令栱上中散斗	槐	槐树	*Sophora japonica*
26	西南角铺作	南面令栱上东散斗	槐	槐树	*Sophora japonica*
27	西南角铺作	南面替木	栎	麻栎	*Quercus* sp.
28	西南角铺作	角缝一跳华栱	槐	槐树	*Sophora japonica*
29	西南角铺作	角缝一跳斗	槐	槐树	*Sophora japonica*
30	西南角铺作	角缝华头子	槐		

编号	名　称	位　置	粗视识别	显微检测	拉　丁　名
31	西南角铺作	角缝二跳昂	槐	槐树	*Sophora japonica*
32	西南角铺作	角缝二跳交互斗	槐		
33	西南角铺作	角缝由昂	槐	槐树	*Sophora japonica*
34	西南角铺作	角梁	椿	臭椿	*Ailanthus altissima*
35	西南角铺作	仔角梁	杨	杨树	*Populus* sp.
36	西山当心间南柱头铺作	栌斗	槐	槐树	*Sophora japonica*
37	西山当心间南柱头铺作	一跳华栱	槐	槐树	*Sophora japonica*
38	西山当心间南柱头铺作	一跳交互斗	槐	槐树	*Sophora japonica*
39	西山当心间南柱头铺作	华头子	槐	槐树	*Sophora japonica*
40	西山当心间南柱头铺作	二跳昂	槐	槐树	*Sophora japonica*
41	西山当心间南柱头铺作	二跳交互斗	槐	山荆子	*Malus baccata*
42	西山当心间南柱头铺作	昂形耍头	槐	槐树	*Sophora japonica*
43	西山当心间南柱头铺作	令栱	槐	槐树	*Sophora japonica*
44	西山当心间南柱头铺作	替木	槐	槐树	*Sophora japonica*
45	西山当心间南柱头铺作	当心间第一层柱头枋	栎	麻栎	*Quercus* sp.
46	西山当心间南柱头铺作	当心间第二层柱头枋	栎	麻栎	*Quercus* sp.
47	西山当心间南柱头铺作	后尾插枋	栎	麻栎	*Quercus* sp.

续　表

编号	名　称	位　置	粗视识别	显微检测	拉　丁　名
48	西山当心间北柱头铺作	令栱(换)	椿	臭椿	*Ailanthus altissima*
49	西北角铺作	西面令栱	槐	槐树	*Sophora japonica*
50	西北角铺作	北面令栱	槐	槐树	*Sophora japonica*
51	西北角铺作	角缝二跳昂	杨	杨树	*Populus sp.*
52	西北角铺作	角缝由昂	槐	槐树	*Sophora japonica*
53	西北角铺作	老角梁	栎	麻栎	*Quercus sp.*
54	东北角铺作	东向二跳栱	栎	麻栎	*Quercus sp.*
55	东北角铺作	东面令栱	槐	槐树	*Sophora japonica*
56	东山当心间北柱头铺作	一跳栱	槐	槐树	*Sophora japonica*
57	东山当心间北柱头铺作	华头子	杨	山荆子	*Malus baccata*
58	东山当心间北柱头铺作	二跳昂	槐	槐树	*Sophora japonica*
59	东山当心间北柱头铺作	昂形耍头	槐	槐树	*Sophora japonica*
60	东山当心间北柱头铺作	令栱(换)	椿	臭椿	*Ailanthus altissima*
61	东山当心间南柱头铺作	栌斗	槐	臭椿	*Ailanthus altissima*
62	东山当心间南柱头铺作	泥道栱	槐	槐树	*Sophora japonica*
63	东山当心间南柱头铺作	当心间第一层柱头枋	栎	麻栎	*Quercus sp.*
64	东山当心间南柱头铺作	当心间第二层柱头枋	栎	麻栎	*Quercus sp.*

编号	名 称	位 置	粗视识别	显微检测	拉 丁 名
65	东山当心间南柱头铺作	当心间第三层柱头枋	栎	麻栎	*Quercus* sp.
66	当心间西缝梁架	西内柱		槐树	*Sophora japonica*
67	当心间西缝梁架	内柱间阑额		麻栎	*Quercus* sp.
68	当心间西缝梁架	西内柱上栌斗		槐树	*Sophora japonica*
69	当心间西缝梁架	栌斗上东西向栱		槐树	*Sophora japonica*
70	当心间西缝梁架	栌斗上南北向栱		槐树	*Sophora japonica*
71	当心间西缝梁架	梁底楷头		槐树	*Sophora japonica*
72	当心间西缝梁架	内柱上柱头枋		麻栎	*Quercus* sp.
73	当心间西缝梁架	前劄牵		麻栎	*Quercus* sp.
74	当心间西缝梁架	后三椽栿		臭椿	*Ailanthus altissima*
75	当心间西缝梁架	前驼峰		槐树	*Sophora japonica*
76	当心间西缝梁架	前驼峰处西山劄牵		麻栎	*Quercus* sp.
77	当心间西缝梁架	前驼峰上栌斗		槐树	*Sophora japonica*
78	当心间西缝梁架	平梁		麻栎	*Quercus* sp.
79	当心间西缝梁架	前叉手		麻栎	*Quercus* sp.
80	当心间西缝梁架	心间中平槫下襻间枋		麻栎	*Quercus* sp.
81	当心间东缝梁架	东内柱		槐树	*Sophora japonica*
82	当心间东缝梁架	东内柱上栌斗		麻栎	*Quercus* sp.
83	当心间东缝梁架	梁底楷头			
84	当心间东缝梁架	前劄牵			
85	当心间东缝梁架	后三椽栿		槐树	*Sophora japonica*
86	当心间东缝梁架	前托脚		槐树	*Sophora japonica*
87	当心间东缝梁架	前驼峰		槐树	*Sophora japonica*

续　表

编号	名　称	位　置	粗视识别	显微检测	拉　丁　名
88	当心间东缝梁架	前驼峰处东山剳牵		槐树	*Sophora japonica*
89	当心间东缝梁架	前驼峰上栌斗		槐树	*Sophora japonica*
90	当心间东缝梁架	平梁		麻栎	*Quercus* sp.
91	当心间东缝梁架	前叉手		麻栎	*Quercus* sp.
92	西山脊部	系头栿上蜀柱		槐树	*Sophora japonica*
93	西山脊部	蜀柱上栌斗		槐树	*Sophora japonica*
94	西山脊部	襻间栱		麻栎	*Quercus* sp.
95	西山脊部	襻间栱上西散斗		槐树	*Sophora japonica*
96	西山脊部	襻间栱上中散斗		槐树	*Sophora japonica*
97	西山脊部	替木			
98	槫	前檐西次间檐槫			
99	槫	西山南次间檐槫		麻栎	*Quercus* sp.
100	槫	西山当心间檐槫		麻栎	*Quercus* sp.
101	槫	前檐东次间中平槫		麻栎	*Quercus* sp.
102	槫	西山脊槫		臭椿	*Ailanthus altissima*

附录表4　晋城二仙庙东耳殿取样检测表

编号	名　称	位　置	粗视识别	显微检测	拉　丁　名
103	柱	前檐东南角	栎	麻栎	*Quercus* sp.
104	大额	前檐	杨	杨树	*Populus* sp.
105	大额	内柱上	栎	麻栎	*Quercus* sp.
106	前檐当心间东柱头铺作	栌斗	杨	杨树	*Populus* sp.
107	前檐当心间东柱头铺作	泥道栱	杨	杨树	*Populus* sp.
108	前檐当心间东柱头铺作	第一层柱头枋	栎	麻栎	*Quercus* sp.

编号	名　称	位　置	粗视识别	显微检测	拉 丁 名
109	前檐当心间东柱头铺作	一跳昂	杨	杨树	*Populus* sp.
110	前檐当心间东柱头铺作	令栱	杨	杨树	*Populus* sp.
111	前檐当心间东柱头铺作	耍头	栎	麻栎	*Quercus* sp.
112	当心间东缝梁架	三椽栿	杨	杨树	*Populus* sp.
113	当心间东缝梁架	三椽栿上前蜀柱	栎	麻栎	*Quercus* sp.
114	当心间东缝梁架	平梁	栎	麻栎	*Quercus* sp.
115	槫	前檐当心间檐槫	松	冷杉	*Abies* sp.
116	槫	前檐东次间檐槫	栎	麻栎	*Quercus* sp.

附录表 5　晋城二仙庙西耳殿取样检测表

编号	名　称	位　置	粗视识别	显微检测	拉 丁 名
117	大额	前檐	栎	麻栎	*Quercus* sp.

附录 6　芮城城隍庙取样检测表

编号原则：以一排构件最边上的为 1，往内逐次编号，如东南角柱为东 1 柱，则往西一间的平柱为东 2 柱，往北一间的平柱为南 2 柱，以此类推。

附录表 6　芮城城隍庙大殿取样检测表

编号	名　称	位　置	粗视识别	显微检测	拉 丁 学 名
1	柱额枋	西南角柱	椿	臭椿	*Ailanthus altissima*
2	柱额枋	前檐西 2 柱	松	云杉	*Picea* sp.
3	柱额枋	东南角柱	榆	槐树	*Sophora japonica*
4	柱额枋	东山南 2 柱	松		

编号	名　称	位　置	粗视识别	显微检测	拉丁学名
5	柱额枋	东山北2柱	杨	杨树	*Populus* sp.
6	柱额枋	东北角柱	椿	臭椿	*Ailanthus altissima*
7	柱额枋	后檐东2柱	松	云杉	*Picea* sp.
8	柱额枋	后檐东3柱	松	杉木	*Cunninghamia lanceolata*
9	柱额枋	前檐当心间西内柱	松	云杉	*Picea* sp.
10	柱额枋	后檐当心间东内柱	椿	臭椿	*Ailanthus altissima*
11	柱额枋	后檐东次间东内柱	松	云杉	*Picea* sp.
12	柱额枋	东山南次间阑额	松	云杉	*Picea* sp.
13	柱额枋	东山南次间普拍枋	松	云杉	*Picea* sp.
14	西南角铺作	南向二跳昂	松	云杉	*Picea* sp.
15	西南角铺作	南侧令栱	槐	槐树	*Sophora japonica*
16	西南角铺作	角二跳平盘斗	槐	槐树	*Sophora japonica*
17	西南角铺作	角由昂	槐	臭椿	*Ailanthus altissima*
18	西南角铺作	南面夹角衬枋头	松	冷杉	*Abies* sp.
19	东南角铺作	栌斗	槐	槐树	*Sophora japonica*
20	东南角铺作	南向一跳昂	椿	臭椿	*Ailanthus altissima*
21	东南角铺作	角一跳昂	椿	臭椿	*Ailanthus altissima*
22	东南角铺作	东侧泥道慢栱	椿	臭椿	*Ailanthus altissima*
23	东南角铺作	东侧泥道栱上散斗	杨	杨树	*Populus* sp.
24	东南角铺作	东侧泥道慢栱上散斗	椿	臭椿	*Ailanthus altissima*
25	东南角铺作	南向二跳昂	松	云杉	*Picea* sp.
26	东南角铺作	角二跳昂	槐	槐树	*Sophora japonica*

编号	名　称	位　　置	粗视识别	显微检测	拉 丁 学 名
27	东南角铺作	由昂	槐	槐树	*Sophora japonica*
28	东南角铺作	里转一跳斗	槐	槐树	*Sophora japonica*
29	东南角铺作	东侧里转异形栱	杨	杨树	*Populus* sp.
30	东南角铺作	抹角梁	杨	杨树	*Populus* sp.
31	东南角铺作	角梁	槐	槐树	*Sophora japonica*
32	东北角铺作	东侧令栱	槐	榆树	*Ulmus* sp.
33	东北角铺作	角缝由昂	槐	槐树	*Sophora japonica*
34	前檐铺作	前檐西 2 令栱	槐	槐树	*Sophora japonica*
35	前檐铺作	前檐西 5 栌斗	槐	槐树	*Sophora japonica*
36	前檐铺作	前檐西 5 二跳象鼻昂	槐	槐树	*Sophora japonica*
37	前檐铺作	前檐西 5 猪耳令栱	槐	槐树	*Sophora japonica*
38	前檐铺作	前檐西 5 令栱上西散斗	槐	槐树	*Sophora japonica*
39	前檐铺作	前檐西 5 里转瓜子栱	槐	槐树	*Sophora japonica*
40	前檐铺作	前檐西 5 里转令栱上东散斗	槐	槐树	*Sophora japonica*
41	前檐铺作	前檐西次间补间栌斗	松	云杉	*Picea* sp.
42	前檐铺作	前檐东 5 慢栱	杨	柳树	*Salix* sp.
43	前檐铺作	前檐东 5 令栱上东散斗	槐	槐树	*Sophora japonica*
44	前檐铺作	前檐东 3 花形令栱	槐	槐树	*Sophora japonica*
45	前檐铺作	前檐东 3 里转瓜子栱	槐	槐树	*Sophora japonica*
46	东山铺作	东山南 2 栌斗	槐	槐树	*Sophora japonica*
47	东山铺作	东山南 2 一跳昂	槐	槐树	*Sophora japonica*
48	东山铺作	东山南 2 泥道栱	槐	槐树	*Sophora japonica*
49	东山铺作	东山南 2 泥道栱上北散斗	槐	槐树	*Sophora japonica*

编号	名　称	位　置	粗视识别	显微检测	拉　丁　学　名
50	东山铺作	东山南 2 泥道慢栱	槐	槐树	*Sophora japonica*
51	东山铺作	东山南 2 一跳交互斗	槐	槐树	*Sophora japonica*
52	东山铺作	东山南 2 二跳插昂	榆	榆树	*Ulmus* sp.
53	东山铺作	东山南 2 令栱	槐	槐树	*Sophora japonica*
54	东山铺作	东山南 2 令栱上南散斗	榆	榆树	*Ulmus* sp.
55	东山铺作	东山南 2 里转一跳斗	槐	槐树	*Sophora japonica*
56	东山铺作	东山南 3 令栱	槐	槐树	*Sophora japonica*
57	东山铺作	东山南 3 令栱上北散斗	椿	梓树	*Catalpa ovata*
58	东山铺作	东山南 3 衬枋头下部	椿	臭椿	*Ailanthus altissima*
59	东山铺作	东山北 3 二跳昂	椿	臭椿	*Ailanthus altissima*
60	东山铺作	东山北 2 二跳交互斗	槐	槐树	*Sophora japonica*
61	后檐铺作	后檐东 2 瓜子栱	槐	槐树	*Sophora japonica*
62	后檐铺作	后檐东 4 二跳昂	榆	榆树	*Ulmus* sp.
63	后檐铺作	后檐东 4 令栱上西散斗	杨	杨树	*Populus* sp.
64	后檐铺作	后檐当心间补间一跳昂	槐	槐树	*Sophora japonica*
65	后檐铺作	后檐当心间补间二跳交互斗	榆	臭椿	*Ailanthus altissima*
66	后檐铺作	后檐当心间补间二跳插昂	杨	杨树	*Populus* sp.
67	后檐铺作	后檐西 5 一跳昂	槐	槐树	*Sophora japonica*
68	后檐铺作	后檐西 5 二跳交互斗	榆		
69	后檐铺作	后檐西 5 令栱上东散斗	杨	柳树	*Salix* sp.
70	后檐铺作	后檐西 4 慢栱	槐	槐树	*Sophora japonica*
71	后檐铺作	后檐西 4 二跳插昂	槐	槐树	*Sophora japonica*
72	西山铺作	西山北 2 二跳插昂	杨	杨树	*Populus* sp.

续　表

编号	名　称	位　置	粗视识别	显微检测	拉　丁　学　名
73	西山铺作	西山北 3 二跳昂	槐	槐树	*Sophora japonica*
74	西山铺作	西山当心间补间二跳交互斗	槐	槐树	*Sophora japonica*
75	西山铺作	西山南 3 一跳华栱	槐	槐树	*Sophora japonica*
76	西山铺作	西山南 3 瓜子栱	槐	槐树	*Sophora japonica*
77	西山铺作	西山南 3 令栱	槐	槐树	*Sophora japonica*
78	西山铺作	西山南 2 慢栱	杨	杨树	*Populus* sp.
79	梁架	西山前檐丁栿	杨	杨树	*Populus* sp.
80	梁架	西山后檐丁栿	杨	杨树	*Populus* sp.
81	梁架	当心间西缝五椽栿	杨	杨树	*Populus* sp.
82	梁架	西次间脊槫下蜀柱上栌斗	杨	杨树	*Populus* sp.

附录 7　西上坊成汤庙取样检测表

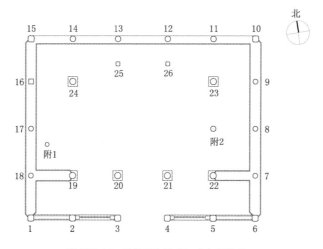

附录图 24　长子西上坊成汤庙大殿编号图

附录表7　长子西上坊成汤庙大殿取样检测表

编号	名　称	位　置	粗视识别	显微检测	拉　丁　名
1	柱	8号柱	杨树	杨树	*Populus sp.*
2	柱	14号柱	杨树	杨树	*Populus sp.*
3	柱	17号柱	杨树	杨树	*Populus sp.*
4	柱	18号柱	杨树	杨树	*Populus sp.*
5	柱	20号柱	杨树	杨树	*Populus sp.*
6	柱	22号柱	杨树	杨树	*Populus sp.*
7	柱	24号柱	杨树	杨树	*Populus sp.*
8	柱	25号柱	杨树	杨树	*Populus sp.*
9	柱	附2柱		杨树	*Populus sp.*
10	额枋	东山南次间阑额	杨树	杨树	*Populus sp.*
11	额枋	后檐东次间阑额	杨树	杨树	*Populus sp.*
12	额枋	西山南次间阑额	杨树	杨树	*Populus sp.*
13	额枋	前檐西尽间普拍枋	杨树	杨树	*Populus sp.*
14	额枋	东山南次间普拍枋	杨树	杨树	*Populus sp.*
15	额枋	后檐东次间普拍枋	杨树	杨树	*Populus sp.*
16	额枋	西山南次间普拍枋	杨树	杨树	*Populus sp.*
17	额枋	西山南尽间普拍枋	杨树	杨树	*Populus sp.*
18	西南角铺作	西向一跳华栱	杨树	杨树	*Populus sp.*
19	西南角铺作	角缝一跳华栱	杨树	杨树	*Populus sp.*
20	西南角铺作	南向一跳华栱	杨树	杨树	*Populus sp.*
21	西南角铺作	西面一跳瓜子栱	杨树	杨树	*Populus sp.*
22	西南角铺作	西面一跳慢栱	杨树	杨树	*Populus sp.*
23	西南角铺作	南面一跳瓜子栱	杨树	杨树	*Populus sp.*
24	西南角铺作	南面一跳慢栱	杨树	杨树	*Populus sp.*

编号	名　称	位　置	粗视识别	显微检测	拉　丁　名
25	西南角铺作	西向二跳昂	杨树	杨树	*Populus sp.*
26	西南角铺作	角缝二跳昂	槐树	槐树	*Sophora japonica*
27	西南角铺作	西面令栱	杨树	杨树	*Populus sp.*
28	西南角铺作	西面令栱上最南散斗	槐树	槐树	*Sophora japonica*
29	西南角铺作	南面令栱	杨树	杨树	*Populus sp.*
30	西南角铺作	西向昂形耍头		杨树	*Populus sp.*
31	西南角铺作	角缝由昂	杨树	槐树	*Sophora japonica*
32	西南角铺作	南面替木	杨树	杨树	*Populus sp.*
33	西南角铺作	角梁	杨树	杨树	*Populus sp.*
34	西南角铺作	隐角梁	杨树	杨树	*Populus sp.*
35	西南角铺作	角缝由昂上银锭榫内塞木	槐树	槐树	*Sophora japonica*
36	7号柱头铺作	栌斗	杨树	杨树	*Populus sp.*
37	7号柱头铺作	一跳华栱	杨树	杨树	*Populus sp.*
38	7号柱头铺作	泥道栱	杨树	杨树	*Populus sp.*
39	7号柱头铺作	泥道慢栱上北散斗	槐树	槐树	*Sophora japonica*
40	7号柱头铺作	一跳交互斗	杨树	杨树	*Populus sp.*
41	7号柱头铺作	一跳瓜子栱	杨树	杨树	*Populus sp.*
42	7号柱头铺作	一跳瓜子栱上北散斗	杨树	杨树	*Populus sp.*
43	7号柱头铺作	二跳昂	杨树	杨树	*Populus sp.*
44	7号柱头铺作	令栱	杨树	杨树	*Populus sp.*
45	11号柱头铺作	栌斗	杨树	杨树	*Populus sp.*
46	11号柱头铺作	一跳华栱	杨树	杨树	*Populus sp.*
47	11号柱头铺作	泥道栱	杨树	杨树	*Populus sp.*
48	11号柱头铺作	一跳交互斗	杨树	杨树	*Populus sp.*

编号	名　　称	位　　置	粗视识别	显微检测	拉　丁　名
49	11 号柱头铺作	一跳瓜子栱	杨树	杨树	*Populus sp.*
50	11 号柱头铺作	一跳慢栱	杨树	杨树	*Populus sp.*
51	11 号柱头铺作	华头子	杨树	杨树	*Populus sp.*
52	11 号柱头铺作	二跳真昂	槐树	槐树	*Sophora japonica*
53	11 号柱头铺作	二跳交互斗	杨树	杨树	*Populus sp.*
54	11 号柱头铺作	令栱	杨树	杨树	*Populus sp.*
55	11 号柱头铺作	令栱上齐心斗	杨树	杨树	*Populus sp.*
56	11 号柱头铺作	耍头	杨树	杨树	*Populus sp.*
57	11 号柱头铺作	里转第二跳	杨树	杨树	*Populus sp.*
58	11 号柱头铺作	里转第二跳斗	杨树	杨树	*Populus sp.*
59	11 号柱头铺作	里转华头子后尾（分）	杨树	杨树	*Populus sp.*
60	11 号柱头铺作	里转鞾楔	杨树	杨树	*Populus sp.*
61	斗栱抽样	2 号铺作栌斗	槐树	槐树	*Sophora japonica*
62	斗栱抽样	2 号铺作一跳昂	杨树	杨树	*Populus sp.*
63	斗栱抽样	2 号铺作泥道栱	杨树	槐树	*Sophora japonica*
64	斗栱抽样	2 号铺作令栱	槐树	杨树	*Populus sp.*
65	斗栱抽样	3 号铺作泥道栱上东散斗	槐树	臭椿	**Ailanthus altissima**
66	斗栱抽样	前檐当心间第一层柱头枋（隐刻泥道慢栱）	槐树	槐树	*Sophora japonica*
67	斗栱抽样	4 号铺作泥道栱上西散斗	槐树	槐树	*Sophora japonica*
68	斗栱抽样	4 号铺作耍头	槐树	槐树	*Sophora japonica*
69	斗栱抽样	4 号铺作上支承蜀柱	杨树	杨树	*Populus sp.*
70	斗栱抽样	5 号铺作栌斗	槐树	槐树	*Sophora japonica*
71	斗栱抽样	5 号铺作一跳昂	槐树	槐树	*Sophora japonica*

编号	名　称	位　置	粗视识别	显微检测	拉 丁 名
72	斗栱抽样	9 号铺作里转一跳斗	杨树	杨树	*Populus sp.*
73	斗栱抽样	10 号角铺作角二跳昂	槐树	槐树	*Sophora japonica*
74	斗栱抽样	后檐东次间第一层柱头枋（隐刻泥道慢栱）	杨树	杨树	*Populus sp.*
75	斗栱抽样	12 号铺作华头子后尾（分）	槐树	槐树	*Sophora japonica*
76	斗栱抽样	13 号铺作华头子后尾（分）	杨树	杨树	*Populus sp.*
77	斗栱抽样	13 号铺作里转蝉楔	杨树	山桐子	*Idesia pdycarpa*
78	斗栱抽样	15 号角铺作北向二跳昂	槐树	槐树	*Sophora japonica*
79	斗栱抽样	16 号铺作二跳交互斗	槐树	槐树	*Sophora japonica*
80	斗栱抽样	17 号铺作栌斗	杨树	杨树	*Populus sp.*
81	当心间西缝梁架	前檐内柱上栌斗	杨树	杨树	*Populus sp.*
82	当心间西缝梁架	前檐内柱上蝉肚楂头	杨树	杨树	*Populus sp.*
83	当心间西缝梁架	前檐内柱上东西向支替	杨树	杨树	*Populus sp.*
84	当心间西缝梁架	前檐内柱上泥道栱	杨树	杨树	*Populus sp.*
85	当心间西缝梁架	六椽栿	杨树	杨树	*Populus sp.*
86	当心间西缝梁架	前乳栿上蜀柱		杨树	*Populus sp.*
87	当心间西缝梁架	前下平槫位置栌斗	杨树	杨树	*Populus sp.*
88	当心间西缝梁架	前下平槫位置襻间栱	杨树	杨树	*Populus sp.*
89	当心间西缝梁架	前剳牵	杨树	杨树	*Populus sp.*
90	当心间西缝梁架	前乳栿上缴背	杨树	杨树	*Populus sp.*
91	当心间西缝梁架	六椽栿上前蜀柱	杨树	杨树	*Populus sp.*
92	当心间西缝梁架	前中平槫位置栌斗	杨树	杨树	*Populus sp.*
93	当心间西缝梁架	六椽栿上后合㭼	杨树	杨树	*Populus sp.*
94	当心间西缝梁架	六椽栿上后蜀柱	杨树	杨树	*Populus sp.*

编号	名　称	位　置	粗视识别	显微检测	拉丁名
95	当心间西缝梁架	后中平槫位置栌斗	杨树	杨树	*Populus sp.*
96	当心间西缝梁架	四椽栿	杨树	杨树	*Populus sp.*
97	当心间西缝梁架	四椽栿上前合楂	杨树	杨树	*Populus sp.*
98	当心间西缝梁架	四椽栿上前蜀柱	杨树	杨树	*Populus sp.*
99	当心间西缝梁架	前上平槫位置襻间栱	杨树	杨树	*Populus sp.*
100	当心间西缝梁架	四椽栿上后合楂	杨树	杨树	*Populus sp.*
101	当心间西缝梁架	四椽栿上后蜀柱	杨树	杨树	*Populus sp.*
102	当心间西缝梁架	后上平槫位置栌斗	杨树	杨树	*Populus sp.*
103	当心间西缝梁架	后上平槫位置襻间栱	杨树	杨树	*Populus sp.*
104	当心间西缝梁架	平梁	杨树	杨树	*Populus sp.*
105	当心间西缝梁架	南叉手	杨树	杨树	*Populus sp.*
106	当心间西缝梁架	平梁上合楂	杨树	杨树	*Populus sp.*
107	当心间西缝梁架	平梁上蜀柱	杨树	杨树	*Populus sp.*
108	当心间西缝梁架	脊槫下蜀柱上栌斗	杨树	杨树	*Populus sp.*
109	当心间西缝梁架	丁华抹颏栱	杨树	杨树	*Populus sp.*
110	当心间西缝梁架	西次间下层襻间枋	杨树	杨树	*Populus sp.*
111	梁架抽样	前檐西尽间檐槫	杨树	槐树	**Sophora japonica**
112	梁架抽样	东山中 8 号柱上丁栿	杨树	杨树	*Populus sp.*
113	梁架抽样	24 号柱上楂头	杨树	杨树	*Populus sp.*
114	梁架抽样	西山 16 号柱上丁栿	杨树	杨树	*Populus sp.*
115	梁架抽样	西山 17 号柱上丁栿		杨树	*Populus sp.*
116	梁架抽样	西山 17 号柱上丁栿上驼峰	杨树	杨树	*Populus sp.*
117	梁架抽样	西山 18 号柱上丁栿	杨树	杨树	*Populus sp.*
118	梁架抽样	西山 18 号柱上丁栿上蜀柱	杨树	杨树	*Populus sp.*

续　表

编号	名　　称	位　　置	粗视识别	显微检测	拉　丁　名
119	梁架抽样	西山 18 号柱上缴背	杨树	杨树	*Populus sp.*
120	梁架抽样	西次间西缝前劄牵	臭椿	臭椿	*Ailanthus altissima*
121	梁架抽样	西次间西缝六椽栿	杨树	杨树	*Populus sp.*
122	梁架抽样	东次间东缝六椽栿	杨树	杨树	*Populus sp.*
123	梁架抽样	东山系头栿	杨树	杨树	*Populus sp.*

附录 8　西上坊成汤庙大殿散斗垂纹加工位置表

编号	位　　置	材质	编号	位　　置	材质
1	5 号铺作　第二层柱头枋上东散斗	杨	12	9 号铺作　第二层柱头枋上南散斗	杨
2	5 号铺作　慢栱上东散斗	杨	13	9 号铺作　第二层柱头枋上北散斗	杨
3	6 号铺作　东山第二层柱头枋上北散斗	杨	14	11 号铺作　第二层柱头枋上东散斗	杨
4	6 号铺作　东山慢栱上北散斗	杨	15	11 号铺作　慢栱上东散斗	杨
5	7 号铺作　第二层柱头枋上南散斗	杨	16	12 号铺作　第二层柱头枋上东散斗	杨
6	7 号铺作　第二层柱头枋上北散斗	杨	17	12 号铺作　第二层柱头枋上西散斗	杨
7	7 号铺作　慢栱上南散斗	杨	18	12 号铺作　慢栱上东散斗	杨
8	7 号铺作　慢栱上北散斗	杨	19	12 号铺作　慢栱上西散斗	杨
9	8 号铺作　第二层柱头枋上南散斗	杨	20	14 号铺作　第二层柱头枋上东散斗	杨
10	8 号铺作　慢栱上南散斗	杨	21	14 号铺作　第二层柱头枋上西散斗	杨
11	8 号铺作　慢栱上北散斗	杨			

续　表

编号	位　置	材质	编号	位　置	材质
22	14 号铺作　慢栱上西散斗	杨	27	17 号铺作　第二层柱头枋上北散斗	杨
23	16 号铺作　慢栱上南散斗	杨	28	17 号铺作　慢栱上南散斗	杨
24	16 号铺作　慢栱上北散斗	杨	29	18 号铺作　慢栱上南散斗	杨
25	16 号铺作　瓜子栱上北散斗	杨	30	18 号铺作　慢栱上北散斗	杨
26	17 号铺作　第二层柱头枋上南散斗	杨			

附录 9　冶底岱庙取样检测表

附录表 8　泽州冶底岱庙大殿取样检测表

编号	名　称	位　置	粗视识别	显微检测	拉 丁 名
1	阑额	前檐西次间	杨	杨树	*Populus* sp.
2	阑额	前檐当心间	杨	山荆子	*Malus baccata*
3	阑额	前檐东次间	杨	山荆子	*Malus baccata*
4	阑额	东山南次间	栎	麻栎	*Quercus* sp.
5	阑额	东山当心间	杨	杨树	*Populus* sp.
6	阑额	东山北次间	杨	杨树	*Populus* sp.
7	阑额	后檐东次间	杨	杨树	*Populus* sp.
8	阑额	后檐当心间	杨	杨树	*Populus* sp.
9	阑额	后檐西次间	杨	杨树	*Populus* sp.
10	阑额	西山北次间	杨	杨树	*Populus* sp.
11	阑额	西山当心间	栎	麻栎	*Quercus* sp.
12	阑额	西山南次间	杨	杨树	*Populus* sp.
13	普拍枋	前檐西次间	杨	杨树	*Populus* sp.

续　表

编号	名　称	位　置	粗视识别	显微检测	拉丁名
14	普拍枋	前檐当心间	杨	杨树	*Populus* sp.
15	普拍枋	前檐东次间	杨	杨树	*Populus* sp.
16	普拍枋	东山南次间	栎	麻栎	*Quercus* sp.
17	普拍枋	东山当心间	杨	杨树	*Populus* sp.
18	普拍枋	东山北次间	栎	麻栎	*Quercus* sp.
19	普拍枋	后檐东次间	杨	杨树	*Populus* sp.
20	普拍枋	后檐当心间	杨	杨树	*Populus* sp.
21	普拍枋	后檐西次间	杨	山桐子	*Idesia pdycarpa*
22	普拍枋	西山北次间	杨	杨树	*Populus* sp.
23	普拍枋	西山当心间	杨	杨树	*Populus* sp.
24	普拍枋	西山南次间	杨	杨树	*Populus* sp.
25	西南角铺作	栌斗	杨	杨树	*Populus* sp.
26	西南角铺作	西向一跳昂	栎	麻栎	*Quercus* sp.
27	西南角铺作	角一跳昂	栎	麻栎	*Quercus* sp.
28	西南角铺作	南向一跳昂	栎	麻栎	*Quercus* sp.
29	西南角铺作	西向一跳交互斗	槐	槐树	*Sophora japonica*
30	西南角铺作	角缝一跳交互斗	槐	槐树	*Sophora japonica*
31	西南角铺作	西侧一跳瓜子栱	槐	槐树	*Sophora japonica*
32	西南角铺作	南侧一跳瓜子栱	槐	槐树	*Sophora japonica*
33	西南角铺作	西侧一跳慢栱	杨	杨树	*Populus* sp.
34	西南角铺作	南侧一跳慢栱	杨	杨树	*Populus* sp.
35	西南角铺作	西向二跳昂	栎	麻栎	*Quercus* sp.
36	西南角铺作	角缝二跳昂	槐	槐树	*Sophora japonica*
37	西南角铺作	南向二跳昂	槐	槐树	*Sophora japonica*

编号	名　　称	位　　置	粗视识别	显微检测	拉　丁　名
38	西南角铺作	西向二跳交互斗	槐	槐树	*Sophora japonica*
39	西南角铺作	角缝二跳交互斗	杨	槐树	*Sophora japonica*
40	西南角铺作	西面令栱	槐	槐树	*Sophora japonica*
41	西南角铺作	南面令栱	槐	槐树	*Sophora japonica*
42	西南角铺作	西向昂形耍头	槐	槐树	*Sophora japonica*
43	西南角铺作	角由昂	栎	麻栎	*Quercus* sp.
44	西南角铺作	南向昂形耍头	杨	杨树	*Populus* sp.
45	西南角铺作	里转第三跳	栎	麻栎	*Quercus* sp.
46	西南角铺作	角梁	栎	麻栎	*Quercus* sp.
47	西南角铺作	仔角梁	槐	槐树	*Sophora japonica*
48	前檐西次间补间铺作	栌斗	杨	杨树	*Populus* sp.
49	前檐西次间补间铺作	一跳昂	杨	杨树	*Populus* sp.
50	前檐西次间补间铺作	泥道栱	杨	杨树	*Populus* sp.
51	前檐西次间补间铺作	第一层柱头枋（隐刻泥道慢栱）	杨	杨树	*Populus* sp.
52	前檐西次间补间铺作	第二层柱头枋	杨	杨树	*Populus* sp.
53	前檐西次间补间铺作	第三层柱头枋	杨	杨树	*Populus* sp.
54	前檐西次间补间铺作	一跳交互斗	槐	槐树	*Sophora japonica*
55	前檐西次间补间铺作	一跳瓜子栱	杨	杨树	*Populus* sp.
56	前檐西次间补间铺作	一跳慢栱	杨	杨树	*Populus* sp.
57	前檐西次间补间铺作	二跳昂	杨	杨树	*Populus* sp.
58	前檐西次间补间铺作	里转异形栱	杨	杨树	*Populus* sp.
59	前檐西次间补间铺作	里转第三跳	栎	麻栎	*Quercus* sp.
60	前檐西次间补间铺作	里转挑幹	杨	杨树	*Populus* sp.
61	前檐西次间补间铺作	里转靽楔	杨	杨树	*Populus* sp.

编号	名　称	位　置	粗视识别	显微检测	拉 丁 名
62	前檐西平柱头铺作	栌斗	杨	杨树	*Populus* sp.
63	前檐西平柱头铺作	一跳昂	栎	麻栎	*Quercus* sp.
64	前檐西平柱头铺作	泥道栱	栎	麻栎	*Quercus* sp.
65	前檐西平柱头铺作	一跳交互斗	槐	槐树	*Sophora japonica*
66	前檐西平柱头铺作	一跳瓜子栱	栎	麻栎	*Quercus* sp.
67	前檐西平柱头铺作	二跳昂	栎	麻栎	*Quercus* sp.
68	前檐当心间西补间铺作	栌斗	杨	杨树	*Populus* sp.
69	前檐当心间西补间铺作	一跳昂	杨	杨树	*Populus* sp.
70	前檐当心间西补间铺作	泥道栱	杨	杨树	*Populus* sp.
71	前檐当心间西补间铺作	第一层柱头枋（隐刻泥道慢栱）	杨		
72	前檐当心间西补间铺作	第二层柱头枋	杨	杨树	*Populus* sp.
73	前檐当心间西补间铺作	一跳交互斗	槐	槐树	*Sophora japonica*
74	前檐当心间西补间铺作	一跳瓜子栱	杨	杨树	*Populus* sp.
75	前檐当心间西补间铺作	一跳慢栱	栎	麻栎	*Quercus* sp.
76	前檐当心间西补间铺作	一跳慢栱上素枋	杨	杨树	*Populus* sp.
77	前檐当心间西补间铺作	二跳昂	杨	杨树	*Populus* sp.
78	前檐当心间西补间铺作	令栱	杨	杨树	*Populus* sp.
79	前檐当心间西补间铺作	耍头	杨	杨树	*Populus* sp.

编号	名　称	位　置	粗视识别	显微检测	拉　丁　名
80	前檐当心间西补间铺作	里转第三跳	栎	麻栎	*Quercus* sp.
81	前檐当心间西补间铺作	里转异形栱	杨	杨树	*Populus* sp.
82	前檐当心间西补间铺作	里转鞾楔	杨	杨树	*Populus* sp.
83	前檐当心间西补间铺作	里转挑幹	杨	杨树	*Populus* sp.
84	前檐当心间西补间铺作	里转下平槫下襻间栱	槐	槐树	*Sophora japonica*
85	前檐当心间东补间铺作	栌斗	杨	杨树	*Populus* sp.
86	前檐当心间东补间铺作	一跳昂	杨	杨树	*Populus* sp.
87	前檐当心间东补间铺作	泥道栱	杨	杨树	*Populus* sp.
88	前檐当心间东补间铺作	一跳交互斗	槐	槐树	*Sophora japonica*
89	前檐当心间东补间铺作	一跳瓜子栱	杨	杨树	*Populus* sp.
90	前檐当心间东补间铺作	一跳慢栱	栎	麻栎	*Quercus* sp.
91	前檐当心间东补间铺作	二跳昂	杨	杨树	*Populus* sp.
92	前檐当心间东补间铺作	里转第三跳	栎	麻栎	*Quercus* sp.
93	前檐当心间东补间铺作	里转异形栱	杨	杨树	*Populus* sp.
94	前檐当心间东补间铺作	里转鞾楔	杨	杨树	*Populus* sp.
95	前檐当心间东补间铺作	里转挑幹	杨	杨树	*Populus* sp.

编号	名　称	位　置	粗视识别	显微检测	拉　丁　名
96	前檐东平柱头铺作	栌斗	杨	杨树	*Populus* sp.
97	前檐东平柱头铺作	一跳昂	栎	麻栎	*Quercus* sp.
98	前檐东平柱头铺作	泥道栱	杨	杨树	*Populus* sp.
99	前檐东平柱头铺作	一跳交互斗	槐	槐树	*Sophora japonica*
100	前檐东平柱头铺作	一跳瓜子栱	栎	麻栎	*Quercus* sp.
101	前檐东平柱头铺作	一跳慢栱	栎	麻栎	*Quercus* sp.
102	前檐东平柱头铺作	二跳昂	栎	麻栎	*Quercus* sp.
103	前檐东次间补间铺作	栌斗	杨	杨树	*Populus* sp.
104	前檐东次间补间铺作	一跳昂	杨		
105	前檐东次间补间铺作	泥道栱	杨	杨树	*Populus* sp.
106	前檐东次间补间铺作	第一层柱头枋（隐刻泥道慢栱）	杨	杨树	*Populus* sp.
107	前檐东次间补间铺作	第二层柱头枋	杨	杨树	*Populus* sp.
108	前檐东次间补间铺作	第三层柱头枋	杨	杨树	*Populus* sp.
109	前檐东次间补间铺作	一跳瓜子栱	杨	杨树	*Populus* sp.
110	前檐东次间补间铺作	一跳慢栱	杨	杨树	*Populus* sp.
111	前檐东次间补间铺作	一跳慢栱上素枋	杨	杨树	*Populus* sp.
112	前檐东次间补间铺作	二跳昂	杨	杨树	*Populus* sp.
113	前檐东次间补间铺作	里转第三跳	栎	麻栎	*Quercus* sp.
114	前檐东次间补间铺作	里转异形栱	杨	杨树	*Populus* sp.
115	前檐东次间补间铺作	里转鞾楔	杨	杨树	*Populus* sp.
116	前檐东次间补间铺作	里转挑幹	杨	杨树	*Populus* sp.
117	东南角铺作	栌斗	杨	杨树	*Populus* sp.
118	东南角铺作	南向一跳昂	杨	杨树	*Populus* sp.
119	东南角铺作	角缝一跳昂	槐	槐树	*Sophora japonica*

编号	名　　称	位　　置	粗视识别	显微检测	拉 丁 名
120	东南角铺作	东向一跳昂	杨	杨树	*Populus* sp.
121	东南角铺作	南向一跳交互斗	槐	槐树	*Sophora japonica*
122	东南角铺作	角缝一跳交互斗	槐	槐树	*Sophora japonica*
123	东南角铺作	东向一跳交互斗	槐	槐树	*Sophora japonica*
124	东南角铺作	南面一跳瓜子栱	槐	槐树	*Sophora japonica*
125	东南角铺作	东面一跳瓜子栱	槐	槐树	*Sophora japonica*
126	东南角铺作	南面一跳慢栱	槐	槐树	*Sophora japonica*
127	东南角铺作	东面一跳慢栱	栎	麻栎	*Quercus* sp.
128	东南角铺作	南向二跳昂	杨	杨树	*Populus* sp.
129	东南角铺作	角缝二跳昂	槐	槐树	*Sophora japonica*
130	东南角铺作	东向二跳昂	栎	麻栎	*Quercus* sp.
131	东南角铺作	里转二跳	杨	杨树	*Populus* sp.
132	东南角铺作	南向二跳交互斗	杨		
133	东南角铺作	东向二跳交互斗	槐	槐树	*Sophora japonica*
134	东南角铺作	南面令栱	槐	槐树	*Sophora japonica*
135	东南角铺作	东面令栱	槐	槐树	*Sophora japonica*
136	东南角铺作	南向昂形耍头	杨	杨树	*Populus* sp.
137	东南角铺作	东向昂形耍头	槐	槐树	*Sophora japonica*
138	东南角铺作	里转第三跳	栎	麻栎	*Quercus* sp.
139	东南角铺作	里转䕆楔	杨	杨树	*Populus* sp.
140	东南角铺作	角缝由昂	槐	杨树	*Populus* sp.
141	东南角铺作	角梁	杨	槐树	*Sophora japonica*
142	东南角铺作	仔角梁	新槐	槐树	*Sophora japonica*
143	东山南次间补间铺作	栌斗	杨	杨树	*Populus* sp.

续　表

编号	名　称	位　置	粗视识别	显微检测	拉 丁 名
144	东山南次间补间铺作	一跳昂	杨	杨树	*Populus* sp.
145	东山南次间补间铺作	泥道栱	杨	杨树	*Populus* sp.
146	东山南次间补间铺作	第一层柱头枋(隐刻泥道慢栱)	杨	杨树	*Populus* sp.
147	东山南次间补间铺作	第二层柱头枋	杨	杨树	*Populus* sp.
148	东山南次间补间铺作	第三层柱头枋	栎	槐树	*Sophora japonica*
149	东山南次间补间铺作	一跳交互斗	槐	槐树	*Sophora japonica*
150	东山南次间补间铺作	一跳瓜子栱	杨	杨树	*Populus* sp.
151	东山南次间补间铺作	一跳慢栱	栎	麻栎	*Quercus* sp.
152	东山南次间补间铺作	一跳慢栱上素枋	杨	杨树	*Populus* sp.
153	东山南次间补间铺作	二跳昂	杨	杨树	*Populus* sp.
154	东山南次间补间铺作	二跳交互斗	槐	杨树	*Populus* sp.
155	东山南次间补间铺作	令栱	杨	杨树	*Populus* sp.
156	东山南次间补间铺作	耍头	栎		
157	东山南次间补间铺作	里转第三跳	栎	麻栎	*Quercus* sp.
158	东山南次间补间铺作	里转异形栱	杨	杨树	*Populus* sp.
159	东山南次间补间铺作	里转鞾楔	杨	杨树	*Populus* sp.
160	东山南次间补间铺作	里转挑幹	栎	麻栎	*Quercus* sp.
161	东山南平柱头铺作	栌斗	杨		
162	东山南平柱头铺作	一跳昂	杨	杨树	*Populus* sp.
163	东山南平柱头铺作	泥道栱	杨	杨树	*Populus* sp.
164	东山南平柱头铺作	当心间第一层柱头枋(隐刻泥道慢栱)	杨	杨树	*Populus* sp.
165	东山南平柱头铺作	当心间第二层柱头枋	杨	杨树	*Populus* sp.
166	东山南平柱头铺作	当心间第三层柱头枋	杨	杨树	*Populus* sp.

编号	名　称	位　置	粗视识别	显微检测	拉 丁 名
167	东山南平柱头铺作	一跳交互斗	槐	杨树	*Populus* sp.
168	东山南平柱头铺作	一跳瓜子栱	杨	杨树	*Populus* sp.
169	东山南平柱头铺作	一跳慢栱	杨	杨树	*Populus* sp.
170	东山南平柱头铺作	当心间一跳慢栱上素枋	杨	杨树	*Populus* sp.
171	东山南平柱头铺作	二跳昂	栎	麻栎	*Quercus* sp.
172	东山南平柱头铺作	二跳交互斗	杨	杨树	*Populus* sp.
173	东山南平柱头铺作	令栱	杨	杨树	*Populus* sp.
174	东山南平柱头铺作	耍头	杨	杨树	*Populus* sp.
175	东山北平柱头铺作	栌斗	杨	杨树	*Populus* sp.
176	东山北平柱头铺作	一跳昂	栎	麻栎	*Quercus* sp.
177	东山北平柱头铺作	泥道栱	栎	麻栎	*Quercus* sp.
178	东山北平柱头铺作	北次间第一层柱头枋（隐刻泥道慢栱）	杨		
179	东山北平柱头铺作	北次间第二层柱头枋	杨	杨树	*Populus* sp.
180	东山北平柱头铺作	北次间第三层柱头枋	栎	麻栎	*Quercus* sp.
181	东山北平柱头铺作	一跳交互斗	槐	麻栎	*Quercus* sp.
182	东山北平柱头铺作	一跳瓜子栱	杨	杨树	*Populus* sp.
183	东山北平柱头铺作	一跳慢栱	槐	槐树	*Sophora japonica*
184	东山北平柱头铺作	北次间一跳慢栱上素枋	栎	麻栎	*Quercus* sp.
185	东山北平柱头铺作	二跳昂	栎	麻栎	*Quercus* sp.
186	东山北平柱头铺作	二跳交互斗	杨	杨树	*Populus* sp.
187	东山北平柱头铺作	令栱	杨	杨树	*Populus* sp.
188	东山北平柱头铺作	耍头	栎	麻栎	*Quercus* sp.
189	东北角铺作	栌斗	杨	杨树	*Populus* sp.

编号	名　　称	位　　置	粗视识别	显微检测	拉 丁 名
190	东北角铺作	东向一跳昂	栎	麻栎	*Quercus* sp.
191	东北角铺作	角缝一跳昂	栎	麻栎	*Quercus* sp.
192	东北角铺作	东向一跳交互斗	槐	槐树	*Sophora japonica*
193	东北角铺作	角缝一跳交互斗	槐	槐树	*Sophora japonica*
194	东北角铺作	东面一跳瓜子棋	栎	麻栎	*Quercus* sp.
195	东北角铺作	东面一跳慢棋	杨	杨树	*Populus* sp.
196	东北角铺作	北面一跳瓜子棋	栎	麻栎	*Quercus* sp.
197	东北角铺作	北面一跳慢棋	杨	山荆子	*Malus baccata*
198	东北角铺作	东向二跳昂	杨	山荆子	*Malus baccata*
199	东北角铺作	角缝二跳昂	槐	麻栎	*Quercus* sp.
200	东北角铺作	东向二跳交互斗	杨	杨树	*Populus* sp.
201	东北角铺作	角缝二跳交互斗	槐	槐树	*Sophora japonica*
202	东北角铺作	北向二跳交互斗	槐	槐树	*Sophora japonica*
203	东北角铺作	东面令棋	杨	杨树	*Populus* sp.
204	东北角铺作	北面令棋	杨	杨树	*Populus* sp.
205	东北角铺作	东向耍头	杨	山荆子	*Malus baccata*
206	东北角铺作	角缝由昂	杨	杨树	*Populus* sp.
207	东北角铺作	里转靴楔	杨	杨树	*Populus* sp.
208	东北角铺作	角梁	杨	杨树	*Populus* sp.
209	后檐东平柱头铺作	栌斗	杨	杨树	*Populus* sp.
210	后檐东平柱头铺作	一跳昂	杨	杨树	*Populus* sp.
211	后檐东平柱头铺作	泥道棋	杨	杨树	*Populus* sp.
212	后檐东平柱头铺作	一跳瓜子棋	栎	麻栎	*Quercus* sp.

编号	名　　称	位　　置	粗视识别	显微检测	拉　丁　名
213	后檐东平柱头铺作	二跳昂	栎		
214	后檐东平柱头铺作	东次间第三层柱头枋	栎	麻栎	*Quercus* sp.
215	后檐东平柱头铺作	东次间一跳慢栱上素枋	杨	杨树	*Populus* sp.
216	后檐东平柱头铺作	当心间第一层柱头枋（隐刻泥道慢栱）	杨	杨树	*Populus* sp.
217	后檐东平柱头铺作	当心间第二层柱头枋	杨	杨树	*Populus* sp.
218	后檐东平柱头铺作	当心间第三层柱头枋	杨	杨树	*Populus* sp.
219	后檐西平柱头铺作	栌斗	杨	山荆子	*Malus baccata*
220	后檐西平柱头铺作	一跳昂	栎	麻栎	*Quercus* sp.
221	后檐西平柱头铺作	泥道栱	栎	杨树	*Populus* sp.
222	后檐西平柱头铺作	一跳交互斗	槐	麻栎	*Quercus* sp.
223	后檐西平柱头铺作	二跳昂	栎	麻栎	*Quercus* sp.
224	后檐西平柱头铺作	西次间第三层柱头枋	杨	杨树	*Populus* sp.
225	后檐西平柱头铺作	西次间一跳慢栱上素枋	栎	麻栎	*Quercus* sp.
226	西北角铺作	栌斗	杨	杨树	*Populus* sp.
227	西北角铺作	北向一跳昂	栎	槐树	*Sophora japonica*
228	西北角铺作	角缝一跳昂	槐	麻栎	*Quercus* sp.
229	西北角铺作	西向一跳昂	杨	杨树	*Populus* sp.
230	西北角铺作	角缝一跳交互斗	槐		
231	西北角铺作	西向一跳交互斗	槐	槐树	*Sophora japonica*
232	西北角铺作	北面一跳瓜子栱	杨	杨树	*Populus* sp.
233	西北角铺作	北面一跳慢栱	栎	麻栎	*Quercus* sp.
234	西北角铺作	西面一跳瓜子栱	杨	杨树	*Populus* sp.
235	西北角铺作	西面一跳慢栱	杨	杨树	*Populus* sp.

编号	名　称	位　置	粗视识别	显微检测	拉丁名
236	西北角铺作	角缝二跳昂	栎	麻栎	*Quercus* sp.
237	西北角铺作	西向二跳昂	杨	山荆子	*Malus baccata*
238	西北角铺作	角缝二跳交互斗	槐	槐树	*Sophora japonica*
239	西北角铺作	西向二跳交互斗	槐	槐树	*Sophora japonica*
240	西北角铺作	北面令栱	槐	槐树	*Sophora japonica*
241	西北角铺作	西面令栱	槐	槐树	*Sophora japonica*
242	西北角铺作	西向耍头	杨	杨树	*Populus* sp.
243	西北角铺作	里转第三跳	杨	杨树	*Populus* sp.
244	西北角铺作	里转鞾楔	杨	杨树	*Populus* sp.
245	西北角铺作	角梁	栎	麻栎	*Quercus* sp.
246	西北角铺作	角梁后大斗	杨	麻栎	*Quercus* sp.
247	西山北平柱头铺作	栌斗	杨	杨树	*Populus* sp.
248	西山北平柱头铺作	一跳昂	杨	杨树	*Populus* sp.
249	西山北平柱头铺作	泥道栱	杨	杨树	*Populus* sp.
250	西山北平柱头铺作	一跳交互斗	槐	槐树	*Sophora japonica*
251	西山北平柱头铺作	一跳瓜子栱	栎	麻栎	*Quercus* sp.
252	西山北平柱头铺作	一跳慢栱	杨	杨树	*Populus* sp.
253	西山北平柱头铺作	二跳昂	栎	麻栎	*Quercus* sp.
254	西山北平柱头铺作	二跳交互斗	槐	杨树	*Populus* sp.
255	西山北平柱头铺作	令栱	栎	麻栎	*Quercus* sp.
256	西山北平柱头铺作	耍头	杨	杨树	*Populus* sp.
257	西山北平柱头铺作	北次间第一层柱头枋（隐刻泥道慢栱）	杨	杨树	*Populus* sp.
258	西山北平柱头铺作	北次间第二层柱头枋	杨	杨树	*Populus* sp.

编号	名　称	位　置	粗视识别	显微检测	拉丁名
259	西山北平柱头铺作	北次间第三层柱头枋	杨	杨树	*Populus* sp.
260	西山北平柱头铺作	北次间一跳慢栱上素枋	杨	杨树	*Populus* sp.
261	西山南平柱头铺作	栌斗	杨	杨树	*Populus* sp.
262	西山南平柱头铺作	一跳昂	栎	麻栎	*Quercus* sp.
263	西山南平柱头铺作	泥道栱	栎	麻栎	*Quercus* sp.
264	西山南平柱头铺作	一跳交互斗	槐	槐树	*Sophora japonica*
265	西山南平柱头铺作	一跳瓜子栱	杨	杨树	*Populus* sp.
266	西山南平柱头铺作	一跳慢栱	杨	杨树	*Populus* sp.
267	西山南平柱头铺作	二跳昂	杨	杨树	*Populus* sp.
268	西山南平柱头铺作	二跳交互斗	槐	槐树	*Sophora japonica*
269	西山南平柱头铺作	令栱	杨	杨树	*Populus* sp.
270	西山南平柱头铺作	当心间第一层柱头枋（隐刻泥道慢栱）	杨	杨树	*Populus* sp.
271	西山南平柱头铺作	当心间第二层柱头枋	杨	杨树	*Populus* sp.
272	西山南平柱头铺作	当心间第三层柱头枋	杨	杨树	*Populus* sp.
273	西山南平柱头铺作	当心间一跳慢栱上素枋	杨	杨树	*Populus* sp.
274	西山南次间补间铺作	栌斗	杨		
275	西山南次间补间铺作	一跳昂	杨	杨树	*Populus* sp.
276	西山南次间补间铺作	泥道栱	杨	杨树	*Populus* sp.
277	西山南次间补间铺作	第一层柱头枋（隐刻泥道慢栱）	杨	杨树	*Populus* sp.
278	西山南次间补间铺作	第二层柱头枋	杨	杨树	*Populus* sp.
279	西山南次间补间铺作	第三层柱头枋	杨	杨树	*Populus* sp.
280	西山南次间补间铺作	一跳交互斗	槐	槐树	*Sophora japonica*

编号	名　称	位　置	粗视识别	显微检测	拉　丁　名
281	西山南次间补间铺作	一跳瓜子栱	杨	杨树	*Populus* sp.
282	西山南次间补间铺作	一跳慢栱	杨	杨树	*Populus* sp.
283	西山南次间补间铺作	一跳慢栱上素枋	栎	麻栎	*Quercus* sp.
284	西山南次间补间铺作	二跳昂	杨	杨树	*Populus* sp.
285	西山南次间补间铺作	二跳交互斗	槐	槐树	*Sophora japonica*
286	西山南次间补间铺作	令栱	杨	杨树	*Populus* sp.
287	西山南次间补间铺作	耍头	杨	杨树	*Populus* sp.
288	西山南次间补间铺作	里转第三跳	杨	杨树	*Populus* sp.
289	西山南次间补间铺作	里转异形栱	栎	麻栎	*Quercus* sp.
290	西山南次间补间铺作	里转鞾楔	杨	杨树	*Populus* sp.
291	西山南次间补间铺作	里转挑幹	杨	杨树	*Populus* sp.
292	西山梁架	前檐下平榑下南北向襻间栱	杨	杨树	*Populus* sp.
293	西山梁架	前檐下平榑下东西向襻间栱	栎	麻栎	*Quercus* sp.
294	西山梁架	前檐丁栿上合楷	栎	麻栎	*Quercus* sp.
295	西山梁架	前檐丁栿上蜀柱	杨	杨树	*Populus* sp.
296	西山梁架	前檐丁栿上蜀柱上栌斗	杨	杨树	*Populus* sp.
297	西山梁架	前檐丁栿上剳牵	杨	杨树	*Populus* sp.
298	西山梁架	前檐丁栿上山面下平榑襻间栱	杨	杨树	*Populus* sp.
299	西山梁架	后檐丁栿上垫墩	栎	麻栎	*Quercus* sp.
300	西山梁架	后檐丁栿上垫墩上栌斗	杨	杨树	*Populus* sp.
301	西山梁架	后檐下平榑下东西向栱	杨	杨树	*Populus* sp.
302	西山梁架	系头栱	杨	杨树	*Populus* sp.

编号	名　　称	位　　置	粗视识别	显微检测	拉丁名
303	西山梁架	前檐上平槫下合楷	杨	杨树	*Populus* sp.
304	西山梁架	前檐上平槫下蜀柱	杨	杨树	*Populus* sp.
305	西山梁架	前檐上平槫下栌斗	槐	槐树	*Sophora japonica*
306	西山梁架	前檐上平槫下襻间栱	杨	杨树	*Populus* sp.
307	西山梁架	后檐上平槫下合楷	栎	麻栎	*Quercus* sp.
308	西山梁架	后檐上平槫下蜀柱	栎	麻栎	*Quercus* sp.
309	西山梁架	后檐上平槫下栌斗	杨	杨树	*Populus* sp.
310	西山梁架	后檐上平槫下襻间栱	杨	杨树	*Populus* sp.
311	西山梁架	平梁前托脚	杨	麻栎	*Quercus* sp.
312	西山梁架	平梁后托脚	栎	槐树	*Sophora japonica*
313	西山梁架	平梁	栎	麻栎	*Quercus* sp.
314	西山梁架	前叉手	栎	麻栎	*Quercus* sp.
315	西山梁架	后叉手	杨	杨树	*Populus* sp.
316	西山梁架	平梁上合楷	杦	麻栎	*Quercus* sp.
317	西山梁架	平梁上蜀柱	杨	杨树	*Populus* sp.
318	西山梁架	平梁蜀柱上栌斗	槐	槐树	*Sophora japonica*
319	西山梁架	丁华抹颏栱	杨	杨树	*Populus* sp.
320	西山梁架	脊槫襻间栱（下）	栎	麻栎	*Quercus* sp.
321	西山梁架	脊槫襻间栱（上）	杨	柳树	*Salix* sp.
322	当心间西缝梁架	西内柱上栌斗	杨	杨树	*Populus* sp.
323	当心间西缝梁架	西内柱栌斗上泥道栱	栎	麻栎	*Quercus* sp.
324	当心间西缝梁架	西内柱栌斗上蝉肚楷头	栎	杨树	*Populus* sp.
325	当心间西缝梁架	前乳栿	杨	麻栎	*Quercus* sp.

编号	名　　称	位　　置	粗视识别	显微检测	拉　丁　名
326	当心间西缝梁架	前乳栿上合楷	杨	杨树	*Populus* sp.
327	当心间西缝梁架	前乳栿上蜀柱	栎	麻栎	*Quercus* sp.
328	当心间西缝梁架	前乳栿上蜀柱上栌斗	杨	杨树	*Populus* sp.
329	当心间西缝梁架	前下平槫襻间栱	杨	杨树	*Populus* sp.
330	当心间西缝梁架	前劄牵	栎	麻栎	*Quercus* sp.
331	当心间西缝梁架	前丁栿	杨	杨树	*Populus* sp.
332	当心间西缝梁架	后丁栿	杨	杨树	*Populus* sp.
333	当心间西缝梁架	四椽栿	杨	杨树	*Populus* sp.
334	当心间西缝梁架	后劄牵	栎	麻栎	*Quercus* sp.
335	当心间西缝梁架	前檐上平槫下合楷	栎	麻栎	*Quercus* sp.
336	当心间西缝梁架	前檐上平槫下蜀柱	杨	杨树	*Populus* sp.
337	当心间西缝梁架	前檐上平槫下栌斗	杨	杨树	*Populus* sp.
338	当心间西缝梁架	后檐上平槫下合楷	杨	杨树	*Populus* sp.
339	当心间西缝梁架	后檐上平槫下蜀柱	杨	杨树	*Populus* sp.
340	当心间西缝梁架	后檐上平槫下栌斗	杨	杨树	*Populus* sp.
341	当心间西缝梁架	平梁前托脚	槐	槐树	*Sophora japonica*
342	当心间西缝梁架	平梁后托脚	杨	杨树	*Populus* sp.
343	当心间西缝梁架	平梁	栎	麻栎	*Quercus* sp.
344	当心间西缝梁架	前叉手	杨	杨树	*Populus* sp.
345	当心间西缝梁架	后叉手	杨	杨树	*Populus* sp.
346	当心间西缝梁架	平梁上合楷	栎	麻栎	*Quercus* sp.
347	当心间西缝梁架	平梁上蜀柱	栎	麻栎	*Quercus* sp.
348	当心间西缝梁架	平梁蜀柱上栌斗	杨	槐树	*Sophora japonica*

编号	名　称	位　置	粗视识别	显微检测	拉 丁 名
349	当心间西缝梁架	丁华抹颏栱	杨	杨树	*Populus* sp.
350	当心间东缝梁架	东内柱上栌斗	杨	杨树	*Populus* sp.
351	当心间东缝梁架	东内柱栌斗上泥道栱	栎	麻栎	*Quercus* sp.
352	当心间东缝梁架	东内柱栌斗上蝉肚楂头	栎	麻栎	*Quercus* sp.
353	当心间东缝梁架	前乳栿	杨	杨树	*Populus* sp.
354	当心间东缝梁架	前乳栿上合楂	杨	槐树	*Sophora japonica*
355	当心间东缝梁架	前乳栿上蜀柱	杨	杨树	*Populus* sp.
356	当心间东缝梁架	前乳栿蜀柱上大斗	杨	杨树	*Populus* sp.
357	当心间东缝梁架	前檐下平槫襻间栱	杨	杨树	*Populus* sp.
358	当心间东缝梁架	前劄牵	栎	麻栎	*Quercus* sp.
359	当心间东缝梁架	后檐下平槫下垫墩	杨	杨树	*Populus* sp.
360	当心间东缝梁架	后檐下平槫下栌斗	杨	杨树	*Populus* sp.
361	当心间东缝梁架	后檐下平槫襻间栱	槐	臭椿	*Ailanthus altissima*
362	当心间东缝梁架	后劄牵	杨	麻栎	*Quercus* sp.
363	当心间东缝梁架	四椽栿	杨	杨树	*Populus* sp.
364	当心间东缝梁架	前檐上平槫下合楂	杨	杨树	*Populus* sp.
365	当心间东缝梁架	前檐上平槫下蜀柱	杨	杨树	*Populus* sp.
366	当心间东缝梁架	前檐上平槫下栌斗	杨	杨树	*Populus* sp.
367	当心间东缝梁架	后檐上平槫下合楂	杨	杨树	*Populus* sp.
368	当心间东缝梁架	后檐上平槫下蜀柱	杨	杨树	*Populus* sp.
369	当心间东缝梁架	后檐上平槫下栌斗	杨	杨树	*Populus* sp.
370	当心间东缝梁架	后檐上平槫襻间栱	杨	麻栎	*Quercus* sp.
371	当心间东缝梁架	平梁前托脚	杨	槐树	*Sophora japonica*

编号	名　　称	位　　置	粗视识别	显微检测	拉　丁　名
372	当心间东缝梁架	平梁后托脚	杨	杨树	*Populus* sp.
373	当心间东缝梁架	平梁	栎	麻栎	*Quercus* sp.
374	当心间东缝梁架	前叉手	栎	麻栎	*Quercus* sp.
375	当心间东缝梁架	后叉手	栎	麻栎	*Quercus* sp.
376	当心间东缝梁架	平梁上合㭼	栎	麻栎	*Quercus* sp.
377	当心间东缝梁架	平梁上蜀柱	杨	杨树	*Populus* sp.
378	当心间东缝梁架	平梁蜀柱上栌斗	槐	槐树	*Sophora japonica*
379	当心间东缝梁架	丁华抹颏栱	杨	杨树	*Populus* sp.
380	东山梁架	前檐下平槫下东西向襻间栱	槐	槐树	*Sophora japonica*
381	东山梁架	前檐下平槫下南北向襻间栱	栎	麻栎	*Quercus* sp.
382	东山梁架	前丁栿	杨	杨树	*Populus* sp.
383	东山梁架	前丁栿上合㭼	杨	麻栎	*Quercus* sp.
384	东山梁架	前丁栿上蜀柱	栎	麻栎	*Quercus* sp.
385	东山梁架	前丁栿蜀柱上栌斗	杨	杨树	*Populus* sp.
386	东山梁架	前丁栿上山面下平槫襻间栱	槐	槐树	*Sophora japonica*
387	东山梁架	前丁栿上劄牵	杨	杨树	*Populus* sp.
388	东山梁架	后丁栿	杨	杨树	*Populus* sp.
389	东山梁架	后丁栿上垫墩	栎	麻栎	*Quercus* sp.
390	东山梁架	后丁栿垫墩上大斗	杨	杨树	*Populus* sp.
391	东山梁架	系头栿	杨	杨树	*Populus* sp.
392	东山梁架	前檐上平槫下合㭼	杨	杨树	*Populus* sp.
393	东山梁架	前檐上平槫下蜀柱	栎	麻栎	*Quercus* sp.

编号	名　称	位　置	粗视识别	显微检测	拉　丁　名
394	东山梁架	前檐上平槫下栌斗	杨	杨树	*Populus* sp.
395	东山梁架	前檐上平槫襻间栱	杨	杨树	*Populus* sp.
396	东山梁架	后檐上平槫下合㭼	栎	麻栎	*Quercus* sp.
397	东山梁架	后檐上平槫下蜀柱	栎	麻栎	*Quercus* sp.
398	东山梁架	后檐上平槫下栌斗	杨	杨树	*Populus* sp.
399	东山梁架	后檐上平槫襻间栱	杨	杨树	*Populus* sp.
400	东山梁架	平梁前托脚	栎	麻栎	*Quercus* sp.
401	东山梁架	平梁后托脚	杨	杨树	*Populus* sp.
402	东山梁架	平梁	栎	麻栎	*Quercus* sp.
403	东山梁架	前叉手	杨	杨树	*Populus* sp.
404	东山梁架	后叉手	杨	杨树	*Populus* sp.
405	东山梁架	平梁上合㭼	栎	麻栎	*Quercus* sp.
406	东山梁架	平梁上蜀柱	杨	杨树	*Populus* sp.
407	东山梁架	平梁蜀柱上栌斗	槐	麻栎	*Quercus* sp.
408	东山梁架	丁华抹颏栱	杨	杨树	*Populus* sp.
409	东山梁架	脊槫襻间栱（下）	杨	杨树	*Populus* sp.
410	东山梁架	脊槫襻间枋（下）	杨	杨树	*Populus* sp.
411	东山梁架	脊槫襻间枋（上）	杨	杨树	*Populus* sp.
412	槫	东山南次间檐槫	杨	杨树	*Populus* sp.
413	槫	东山当心间檐槫	栎	麻栎	*Quercus* sp.
414	槫	东山北次间檐槫	槐	槐树	*Sophora japonica*
415	槫	西山当心间檐槫	栎	麻栎	*Quercus* sp.
416	槫	西次间前檐下平槫	杨	杨树	*Populus* sp.

编号	名　　称	位　　置	粗视识别	显微检测	拉　丁　名
417	榑	西次间前檐上平榑	杨	杨树	*Populus* sp.
418	榑	西次间脊榑	椿	臭椿	*Ailanthus altissima*
419	榑	后檐西次间上平榑	杨	麻栎	*Quercus* sp.
420	榑	后檐西次间下平榑	杨	杨树	*Populus* sp.
421	榑	前檐当心间上平榑	杨	杨树	*Populus* sp.
422	榑	前檐东次间下平榑	椿	臭椿	*Ailanthus altissima*
423	榑	前檐东次间上平榑	杨	杨树	*Populus* sp.
424	榑	后檐东次间上平榑	栎	杨树	*Populus* sp.
425	榑	后檐东次间下平榑	椿	臭椿	*Ailanthus altissima*

附录表 9　泽州冶底岱庙舞楼取样检测表

	名　　称	位　　置	粗视识别	显微检测	拉　丁　学　名
1	东山北平身科	正心瓜栱上北散斗	杨	柳树	*Salix* sp.
2	东山中平身科	里拽瓜栱上北散斗	杨	柳树	*Salix* sp.
3	东北角科	北侧把臂栱	杂	黄连木	*Pistacia chinensis*
4	北檐西平身科	耍头	杂	野茉莉	*Styrax japonica*
5	西山中平身科	里拽异形栱	杨	柳树	*Salix* sp.
6	西山中平身科	外拽万栱	槐	槐树	*Sophora japonica*
7	梁架	北侧丁华抹颏栱		槐树	*Sophora japonica*
8	梁架	南檐西次间檩	杂	麻栎	*Quercus* sp.
9	梁架	南金檩	杂	麻栎	*Quercus* sp.
10	梁架	东北角梁	槐		
11	梁架	西北隐角梁	杨	柳树	*Salix* sp.

续　表

	名　称	位　置	粗视识别	显微检测	拉 丁 学 名
12	梁架	东北隐角梁	杂	黄连木	*Pistacia chinensis*
13	梁架	东南隐角梁	杂	黄连木	*Pistacia chinensis*
14	梁架	东南续角梁	杂	黄连木	*Pistacia chinensis*
15	梁架	东北续角梁	杨	柳树	*Salix* sp.
16	梁架	西南续角梁	杂	黄连木	*Pistacia chinensis*
17	梁架	椽子	杂	麻栎	*Quercus* sp.

附录10　高平清梦观取样检测表

编号原则：东山一缝梁架为东1，往西逐缝称为东2、东3、东4。

附录表10　高平清梦观玉皇殿取样检测表

编号	名　称	位　置	粗视识别	显微检测	拉 丁 学 名
1	抽样	西山后内柱	杨	杨树	*Populus sp.*
2	抽样	前檐东1普拍枋	杨	杨树	*Populus sp.*
3	抽样	后檐东1阑额	松	硬木松	*Pinus sp.*
4	抽样	后檐东1普拍枋	杨	杨树	*Populus sp.*
5	抽样	东2四椽栿	杨	杨树	*Populus sp.*
6	抽样	西山平梁	杨	杨树	*Populus sp.*
7	抽样	东2檩	松	硬木松	*Pinus sp.*
8	抽样	前檐东3上平槫	杨	杨树	*Populus sp.*
9	抽样	后檐下平槫下东1大斗	杨	杨树	*Populus sp.*
10	抽样	后檐东1泥道栱上西散斗	槐	槐树	*Sophora japonica*
11	抽样	前檐东2令栱	槐	槐树	*Sophora japonica*

编号	名　称	位　置	粗视识别	显微检测	拉丁学名
12	抽样	前檐东 2 下平槫下蜀柱	松	硬木松	*Pinus sp.*
13	抽样	后檐东 2 上平槫下左散斗	榆	榆树	*Ulmus sp.*
14	抽样	后檐东 2 上平槫下合楢	杨	硬木松	*Pinus sp.*
15	抽样	后檐东 2 内柱上栌斗	杨	杨树	*Populus sp.*
16	抽样	前檐东 3 一跳昂	杨	杨树	*Populus sp.*
17	抽样	前檐东 3 一跳交互斗	槐	槐树	*Sophora japonica*
18	抽样	前檐东 3 泥道栱上东散斗	槐	槐树	*Sophora japonica*
19	抽样	前檐东 3 内柱上襻间栱	松	硬木松	*Pinus sp.*
20	抽样	脊部东 3 栌斗	槐	槐树	*Sophora japonica*
21	抽样	前檐东 4 栌斗	榆	槐树	*Sophora japonica*
22	抽样	前檐东 4 一跳昂	柏	圆柏	*Sabina sp.*
23	抽样	前檐东 4 令栱	榆	榆树	*Ulmus sp.*
24	抽样	后檐东 4 上平槫下大斗	槐	槐树	*Sophora japonica*
25	抽样	脊部东 4 栌斗	杨	杨树	*Populus sp.*
26	抽样	脊部东 4 丁华抹颏栱	松	硬木松	*Pinus sp.*

附录表 11　高平清梦观三清殿取样检测表

编号	名　称	位　置	显微检测	拉丁名
1	西南角铺作	栌斗	槐树	*Sophora japonica*
2	西南角铺作	南向昂	槐树	*Sophora japonica*
3	西南角铺作	南向耍头	硬木松	*Pinus sp.*
4	西南角铺作	角缝由昂	杨树	*Populus sp.*
5	东南角铺作	栌斗	槐树	*Sophora japonica*
6	东北角铺作	角缝交互斗	杨树	*Populus sp.*

续　表

编号	名　　称	位　　置	显微检测	拉　丁　名
7	东北角铺作	东山令栱	榆树	*Ulmus sp.*
8	西北角铺作	西山令栱	槐树	*Sophora japonica*
9	后檐东次间补间铺作	令栱	槐树	*Sophora japonica*
10	梁架	当心间东缝后劄牵	硬木松	*Pinus sp.*
11	梁架	东山前爬梁	杨木	*Populus sp.*
12	梁架	西山后爬梁	杨木	*Populus sp.*
13	梁架	东山系头栿	硬木松	*Pinus sp.*
14	槫	前檐当心间檐槫	硬木松	*Pinus sp.*
15	槫	前檐当心间上平槫	硬木松	*Pinus sp.*

附录 11　高平清梦观三清殿构件墨书题记

编　号	位　　置	材　质	题　记
1	前檐东 1 栌斗	杨	前面东外面上斗
2	前檐东 1 第二跳昂	杨	前面东山上
3	前檐东 1 里转一跳斗	槐	前面东山上□□
4	前檐东 2 栌斗	杨	前面东外面上斗
5	前檐东 2 第二跳昂	杨	前面东中上
6	前檐东 2 里转一跳斗	槐	前面东中上□□
7	前檐东 3 第二跳昂	杨	前面西中上
8	前槽内柱柱头东 2 栌斗	杨	前面东中上斗
9	后槽内柱柱头东 2 栌斗	杨	后东中插梁斗共
10	后檐东 1 栌斗	杨	□□□后东间
11	后檐东 2 栌斗	杨	后中东□□□

参考文献

古籍

［汉］司马迁撰《史记》，中华书局点校本，1982 年；

［晋］陈寿撰，［南朝宋］裴松之注《三国志》，中华书局点校本，1982 年；

［晋］郭璞注，周远富、愚若点校《尔雅》，中华书局点校本，2020 年；

［南朝宋］刘义庆撰，徐震堮校笺《世说新语校笺》，中华书局，1984 年；

［南北朝］贾思勰《齐民要术》，中华书局点校本，1956 年；

［唐］李延寿撰《北史》，中华书局点校本，1974 年；

［唐］令狐德棻等撰《周书》，中华书局点校本，1971 年；

［后晋］刘昫等撰《旧唐书》，中华书局点校本，1975 年；

［宋］司马光编著，［元］胡三省音注《资治通鉴》，中华书局点校本，1956 年；

［宋］李焘撰《续资治通鉴长编》，中华书局点校本，2004 年；

［宋］沈括撰，金良年点校《梦溪笔谈》，中华书局，2015 年；

［宋］司马光《温国文正司马公文集》，上海涵芬楼影印四部丛刊宋绍熙刊本；

［宋］寇宗奭《本草衍义》，商务印书馆，1937 年；

［宋］苏颂撰，尚志钧辑校《本草图经》，安徽科学技术出版社，1994 年；

［宋］洪迈撰，孔凡礼点校《容斋随笔》，中华书局，2005 年；

［金］李俊民著，马甫平点校《庄靖集》，山西古籍出版社，2006 年；

［元］脱脱等撰《宋史》，中华书局点校本，1985 年；

［元］脱脱等撰《辽史》，中华书局点校本，1974 年；

［元］脱脱等撰《金史》，中华书局点校本，1975 年；

［明］宋濂《元史》，中华书局点校本，1976 年；

［明］李时珍辑，吴毓昌校订《校正本草纲目》，鸿宝斋书局，1916 年；

［明］徐光启撰，石声汉校注，石定枎订补《农政全书校注》，中华书局，2020 年；

〔清〕胡聘之《山右石刻丛编》，山西人民出版社，1988 年；

〔清〕汪灏等《广群芳谱》，上海书店出版社，1985 年；

〔清〕吴其濬著《植物名实图考》，商务印书馆，1957 年；

〔清〕工部允礼编《工程做法则例》，雍正十二年（1734）刊本；

曾枣庄、刘琳主编《全宋文》，上海辞书出版社、安徽教育出版社，2006 年；

丁福保编《全汉三国晋南北朝诗》，中华书局，1959 年。

著作（按出版时间排序）

竹岛卓一《辽金时代的建筑及其佛像》，东方文化学院东京研究所，1934 年；

常盘大定、关野贞《中国文化史迹》，法藏馆刊行，1939 年；

史念海《河山集》，三联书店，1963 年；

史念海《河山集》第 2 集，三联书店，1981 年；

中国林科院木材工业研究所《中国主要树种的木材物理力学性质》，中国林业出版社，
　　1982 年；

梁思成《〈营造法式〉注释 卷上》，中国建筑工业出版社，1983 年；

陈嵘《中国森林史料》，中国林业出版社，1983 年；

刘敦桢主编《中国古代建筑史》第二版，中国建筑工业出版社，1984 年；

刘敦桢《刘敦桢文集》，中国建筑工业出版社，1987 年；

熊大桐等编著《中国近代林业史》，中国林业出版社，1989 年；

祁英涛《祁英涛古建论文集》，华夏出版社，1992 年；

邹逸麟主编《黄淮海平原历史地理》，安徽教育出版社，1993 年；

柴泽俊、李正云编著《朔州崇福寺弥陀殿修缮工程报告》，文物出版社，1993 年；

陶炎等《中国森林的历史变迁》，中国林业出版社，1994 年；

张钧成《中国古代林业史·先秦篇》，台北五南图书出版有限公司，1995 年；

马忠良等编著《中国森林的变迁》，中国林业出版社，1997 年；

傅熹年《傅熹年建筑史论文集》，文物出版社，1998 年；

柴泽俊《柴泽俊古建筑文集》，文物出版社，1999 年；

柴泽俊、李在清、刘秉娟、任毅敏、柴玉梅编著《太原晋祠圣母殿修缮工程报告》，文物出版社，
　　2000 年；

敦煌研究院主编《敦煌石窟全集》，商务印书馆，2001 年；

梁思成《梁思成全集》，中国建筑工业出版社，2001 年；

五卷本《中国古代建筑史》，中国建筑工业出版社，2001—2003 年；

冯俊杰《山西戏曲碑刻辑考》，中华书局，2002 年；

萧默《敦煌建筑研究》，机械工业出版社，2003 年；

李浈《中国传统建筑木作工具》，同济大学出版社，2004 年；

王树新主编《高平金石志》，中华书局，2004 年；

肖兴威主编《中国森林资源图集》，中国林业出版社，2005 年；

潘谷西、何建中《〈营造法式〉解读》，东南大学出版社，2005 年；

梁思成《清式营造则例》，清华大学出版社，2006 年；

柴泽俊、仁毅敏著《洪洞广胜寺》，文物出版社，2006 年；

杨新编著《蓟县独乐寺》，文物出版社，2007 年；

建筑文化考察组编著《义县奉国寺》，天津大学出版社，2008 年；

贺大龙《长治五代建筑新考》，文物出版社，2008 年；

宿白《中国古建筑考古》，文物出版社，2009 年；

张驭寰《上党古建筑》，天津大学出版社，2009 年；

翟旺、米文精著《山西森林与生态史》，中国林业出版社，2009 年；

满志敏《中国历史时期气候变化研究》，山东教育出版社，2009 年；

辽宁省文物保护中心、义县文物保管所编著《义县奉国寺》，文物出版社，2011 年；

祝纪楠编著《〈营造法原〉诠释》，中国建筑工业出版社，2012 年；

东南大学建筑研究所《宁波保国寺大殿：勘测分析与基础研究》，东南大学出版社，2012 年；

刘智敏编著《新城开善寺》，文物出版社，2013 年；

刘畅、廖慧农、李树盛《山西平遥镇国寺万佛殿与天王殿精细测绘报告》，清华大学出版社，
　　2013 年；

过汉泉《江南古建筑木作工艺》，中国建筑工业出版社，2015 年；

徐怡涛等《山西万荣稷王庙建筑考古研究》，东南大学出版社，2016 年；

徐怡涛、王书林、彭明浩《山西长子成汤庙》，天津大学出版社，2016 年；

吕舟、郑宇、姜铮《晋城二仙庙小木作帐龛调查研究报告》，科学出版社，2017 年；

喻梦哲《晋东南五代、宋、金建筑与〈营造法式〉》，中国建筑工业出版社，2017 年；

周淼《唐宋建筑转型与法式化：五代宋金时期晋中地区木构建筑研究》，东南大学出版社，
　　2020 年。

论文（按发表时间排序）

文物参考资料编辑委员会《山西大同上华严寺大雄宝殿的建筑年代已得到有力证据》，《文物
　　参考资料》1954 年 1 期；

史念海《春秋战国时代农工业区的发展及其地区的分布》，《教学与研究》（西安师范学院）
　　1956 年 1 期；

古代建筑修整所《晋东南潞安、平顺、高平和晋城四县的古建筑》，《文物参考资料》1958 年
　　3 期；

酒冠五《山西中条山南五龙庙》，《文物》1959 年 11 期；

杨烈《长子县崇庆寺千佛殿》，《历史建筑》1959 年 1 期；

杨烈《山西平顺县古建筑勘察记》，《文物》1962 年 2 期；

宿白《永乐宫创建史料编年——永乐宫札记之一》，《文物》1962 年 5 期；

谭其骧《何以黄河在东汉以后会出现一个长期安流的局面——从历史上论证黄河中游的土
　　地合理利用是消弭下游水害的决定性因素》，《学术月刊》1962 年 2 期；

杜仙洲《永乐宫的建筑》，《文物》1963 年 8 期；

宿白《永乐宫调查日记——附永乐宫大事年表》，《文物》1963 年 8 期；

郭湖生、戚德耀、李容淦《河南巩县宋陵调查》，《考古》1964 年 11 期；

上海市文物保管委员会《上海市郊元代建筑真如寺正殿中发现的工匠墨笔字》，《文物》1966
　　年 3 期；

竺可桢《中国五千年来气候变迁的初步研究》，《考古学报》1972 年 1 期；

曹汛《叶茂台辽墓中的棺床小帐》，《文物》1975 年 12 期；

张驭寰《山西元代殿堂的大木结构》，《科技史文集》第 2 辑，上海科学技术出版社，1979 年；

祁英涛《对少林寺初祖庵大殿的初步分析》，《科技史文集》第 2 辑，上海科学技术出版社，
　　1979 年；

王克林《北齐库狄迴洛墓》，《考古学报》1979 年 3 期；

张驭寰《我国古代建筑材料的发展及其成就》,《建筑历史与理论》第一辑,江苏人民出版社,
　　1980 年;

杨鸿勋《斗栱起源考察》,《建筑历史与理论》第二辑,江苏人民出版社,1981 年;后收入《杨鸿
　　勋建筑考古论文集》(增订版),清华大学出版社,2008 年;

孙机《我国古代的平木工具》,《文物》1987 年 10 期;

徐振江《平顺天台庵正殿》,《古建园林技术》1989 年 6 期;

刘永生、商彤流《汾阳北榆苑五岳庙调查简报》,《文物》1991 年 12 期。

史念海《黄土高原主要河流流量的变迁》,《中国历史地理论丛》1992 年 2 期;

吴锐《临汾市魏村牛王庙元代戏台修复工程述要》,《文物季刊》1992 年 1 期;

王春波《山西平顺晚唐建筑天台庵》,《文物》1993 年 6 期;

李有成《山西定襄洪福寺》,《文物季刊》1993 年 1 期;

杨子荣《论山西元代以前木构建筑的保护》,《文物季刊》1994 年 1 期;

古建筑木结构维护与加固规范编制组《古建筑木结构用材的树种调查及其主要材性的实测
　　分析》,《四川建筑科学研究》1994 年 1 期;

程民生《宋代林业简论》,《农业考古》1995 年 1 期;

冯继仁《中国古代木构建筑的考古学断代》,《文物》1995 年 10 期;

孙机《关于平木用的刨子》,《文物》1996 年 10 期;

李会智《文水则天圣母庙后殿结构分析》,《古建园林技术》2000 年 2 期;

陈国莹《古建筑旧木材材质变化及影响建筑形变的研究》,《古建园林技术》2003 年 3 期;

陈薇《木结构作为先进技术和社会意识的选择》,《建筑史》2003 年 6 期,70—88 页。

熊燕军《试论北宋林木破坏的历史转折》,《农业考古》2003 年 1 期;

程遂营《北宋东京的木材和燃料供应——兼谈中国古代都城的木材和燃料供应》,《社会科学
　　战线》2004 年 5 期;

霍建瑜《姬志真〈创建清梦观记〉碑文考》,《山西大学学报(哲学社会科学版)》2004 年 2 期;

山西省夏县司马光墓文物管理所《山西省夏县司马光墓余庆禅院的建筑》,《文物》2004 年
　　6 期;

李艳蓉、张福贵《忻州金洞寺转角殿勘察简报》,《文物世界》2004 年 6 期;

徐怡涛《公元七至十四世纪中国扶壁拱形制流变研究》,《故宫博物院院刊》2005 年 5 期;

陈允适、刘秀英、李华、黄荣凤《古建筑木结构的保护问题》，《故宫博物院院刊》2005 年 5 期；

梁思成《山西应县佛宫寺辽释迦木塔》，《建筑创作》2006 年 4 期；

李会智、李德文《高平游仙寺建筑现状及毗卢殿结构特征》，《文物世界》2006 年 5 期；

李玉民《大巧若拙——漫谈泽州大阳汤帝庙成汤殿建筑风格》，《文物世界》2007 年 4 期。

张驭寰《陵川龙岩寺金代建筑及金代文物》，《文物》2007 年 3 期；

"故宫古建筑木构件树种配置模式研究"课题组《故宫武英殿建筑群木构件树种及其配置研
究》，《故宫博物院院刊》2007 年 4 期；

赵泾峰、段新芳、冯德君、聂玉静《西藏古建筑房椽木构件树种鉴定研究》，《西北林学院学
报》2007 年 6 期；

赵心艳、田惠民《孝义市白壁关静安寺现状及正殿结构考》，《文物世界》2007 年 4 期；

任洪娥、高洁、马岩《我国木材材种识别技术的新进展》，《木材加工机械》2007 年 4 期；

于了绚、王骞、李华、张双保《我国古建筑木结构材质勘查技术现状与进展》，《木材加工机
械》2007 年 2 期；

俞培忠、王丽平《宝鸡金台观古建筑木结构树种鉴定》，《西北林学院学报》2008 年 1 期；

李玉民、刘宝兰《晋城冶底岱庙天齐殿建筑与艺术风格浅析》，《文物世界》2008 年 6 期；

钟晓青《斗栱、铺作与铺作层》，《中国建筑史论汇刊》第一辑，清华大学出版社，2009 年；

王书林、徐怡涛《晋东南五代、宋、金时期柱头铺作里跳形制分期及区域流变研究》，《山西大
同大学学报（自然科学版）》2009 年 4 期；

徐怡涛《文物建筑形制年代学研究原理与单体建筑断代方法》，《中国建筑史论汇刊》第二
辑，清华大学出版社，2009 年；

徐怡涛、苏林《山西长子慈林镇布村玉皇庙》，《文物》2009 年 6 期；

中国社会科学院考古研究所边疆考古研究中心、山西省考古研究所、太原市文物考古研究所
《太原市龙山童子寺遗址发掘简报》，《考古》2010 年 7 期；

姜笑梅、殷亚方、刘波《木材树种识别技术现状、发展与展望》，《木材工业》2010 年 4 期；

杭侃、彭明浩《三皇庙铜祭器及其相关问题》，《古代文明》第 8 卷，文物出版社，2010 年；

贾洪波《关于宋式建筑几个大木构件问题的探讨》，《故宫博物院院刊》2010 年 3 期；

殷亚方、罗彬、张之平、刘波、程业明、姜笑梅《晋东南古建筑木结构用材树种鉴定研究》，《文
物世界》2010 年 4 期；

王天龙、刘秀英、姜恩来、李华、余如龙《宁波保国寺大殿木构件属种鉴定》,《北京林业大学学报》2010 年 4 期;

贺大龙《潞城原起寺大雄宝殿年代新考》,《文物》2011 年 1 期;

朱向东、姚晓《商汤文化对晋东南宋金祭祀建筑的影响——以下交汤帝庙为例》,《华中建筑》2011 年 1 期;

贾洪波《也论中国古代建筑的减柱、移柱做法》,《华夏考古》2012 年 4 期;

张十庆《斗栱的斗纹形式与意义——保国寺大殿截纹斗现象分析》,《文物》2012 年 9 期;

樊瑞平、刘友恒《正定开元寺唐三门楼石柱初步整理与探析》,《文物春秋》2014 年 6 期、2015 年 1 期;

贺大龙《山西芮城广仁王庙唐代木构大殿》,《文物》2014 年 8 期;

徐怡涛《宋金时期"下卷昂"的形制演变与时空流布研究》,《文物》2017 年 2 期;

张荣等《佛光寺东大殿建置沿革研究》,《建筑史》第 41 辑,中国建筑工业出版社,2018 年;

周淼等《晋中地区宋金时期木构建筑中斜面梁栿成因解析》,《建筑学报》2018 年 2 期;

孟阳、陈薇《中国古代木构建筑营造如何用木》,《建筑学报》2019 年 10 期,41—45 页。

北京大学考古文博学院等《山西高平南赵庄二仙庙大殿调查简报》,《文物》2019 年 11 期;

唐聪《法隆寺金堂的"舌"与〈营造法式〉的燕尾——东亚视野下一种栱端装饰源流与意义探微》,《建筑学报》2019 年 12 期;

周淼等《晋祠圣母殿拱、枋构件用材规律与解木方式研究》,《文物》2020 年 8 期;

陈琳、戴仕炳《基于材料真实性建立中国木质建成遗产历史森林保护区的设想》,《建筑遗产》2020 年 4 期;

李竞扬《山西平顺天台庵佛殿的修缮改易与旧貌管窥》,《建筑遗产》2021 年 3 期;

靳柳、杨金娣、任丛丛《五台山佛光寺东大殿木构件加工痕迹调查》,《古建园林技术》2022 年 1 期。

学位论文与报告

徐怡涛《长治晋城地区的五代宋金寺庙建筑》,北京大学博士学位论文,2003 年;

李志荣《元明清华北华中地方衙署个案研究》,北京大学博士学位论文,2004 年;

乔迅翔《宋代建筑营造技术基础研究》,东南大学博士学位论文,2005 年;

王晓欢《古建筑旧木材材性变化及其无损检测研究》，内蒙古农业大学硕士学位论文，
　　2006 年；

雒丹阳《古建筑木结构与木质文物树种检索系统的开发》，西北农林科技大学硕士学位论文，
　　2008 年；

徐新云《临汾、运城地区的宋金元寺庙建筑》，北京大学硕士学位论文，2009 年；

王书林《四川宋元时期的汉式寺庙建筑》，北京大学硕士学位论文，2009 年；

山西古建筑保护研究所主持的"山西南部早期建筑保护工程"中部分工程的《保护修缮勘察
　　报告》，2006 年至 2011 年期间。

图表索引

陆　斗、栱、昂的加工

附录

后 记

对古建筑木材料的考察,始于我的硕士学位论文,当时山西南部工程正在进行,为木构材料的研究提供了一个难得的机会,幸得山西古建筑研究所允可,我得以进入工地,进行了初步考察。2011年答辩通过时,南部工程尚未结束,根据与山西古建筑研究所的合议,论文暂时保密未向外公布。

此后读博,再到工作,我一直对技术层面的材料问题念念不忘,总在考虑能否在微观的材料和宏观的建筑布局、结构之间建立起合理的联系,甚至奢求能与背后的匠系和社会关联起来。近年又得任毅敏院长牵头,与山西古代建筑研究院合作开展研究性修缮工程课题,才想起以前所做的木材工作可以作为双方合作的成果出版。当时的工作主要聚焦于大木作选材的种类,我又添加了一些近年的案例,以及对材料加工的思考。由于加工问题较为宽泛,书中研究对象也就不限于山西南部。

近年,其他机构和个人也开始逐渐注意并记录建筑构件木材的选择和加工问题,如周淼之于晋祠圣母殿大木解裁的研究、李竞扬之于平顺天台庵大殿材料更替的研究、任丛丛之于佛光寺东大殿加工痕迹的研究等,给我很大的启发。这方面的最新研究成果也在书中进行了补充,可进一步深化相关认识。不过对于我未曾调查过的建筑的新近研究成果,为保证前后论述的一致,没有做特别的增补。

回想当时这个题目的产生,其实也是我后来跟随杭侃教授学习的契机。记得我本科时,杭老师刚从上海市历史博物馆调来学校,在学院开了好些课。我已记不清当时上的哪一门课,只记得杭老师提到了玉器加工的材料和工艺问题。我当时很内向,一般很少提问,但这个问题确确实实引起了我的兴趣,于是下课后鼓起勇气找杭老师聊天,说我是学古建的,虽然古建以木构为核心,但使用了哪些木材,还很不清楚,有机会我想做这方面的研究。后来我就把这事忘了。好多节课后,突然有一天，杭老师叫住我，说他开会时遇到了古建筑保护研究所的任毅敏所长，他们正在做大范围的古建修缮，可以结合着修缮做这个题目。听到这，我很激动，一方面是这个题目有条件做了，另一方面是老师居然还记得我提到的这个小问题。于是，后来我就跟着杭老师读了研究生，并在研究生阶段做了这个题目。

到了山西，一路得任毅敏所长安排。杭老师还托当时山西博物馆赵曙光先生、山西省古建筑保护研究所刘宝兰女士照顾我，给了我很多便利。当时的修缮工程条件很不好，吃住有的都很成问题，但幸运的是，我在施工现场遇见了长期主持古建筑修缮的李玉民工程师。李工师从柴泽俊先生，很多知识和认识都是自己从修缮工程的实践中一点点摸索出来的，对我这种学院派并不感冒，施工过程中一些具体措施也不便向外人（我）完全开放，加上李老师耿直的性子，我刚到，他并不绕弯子，直接告诉我没地方住，还是快回吧，一则是伙食住宿差，没条件照顾我；二则认为我们就是走马观花，不可能在这里长期待下去。但我就想做这个题目，也觉得自己能够长期坚持下去，于是在僵持了几天后，李工反对我热情起来，不仅留下了我，工地有好吃的还会叫上我，让我陪他喝酒聊天。他高兴的时候会唱歌，生气的时候会骂人，他的徒弟段恩泽、焦丹丹、董晓凯等经常挨骂，既怕他，又敬重他。他也真把我们当做家人，好的时候特好，凶起来也很吓人。我和李工以及他的徒弟们渐渐熟悉起来，在他们中间，我感受到了一种传统的师徒关系。也正是在李工的帮助下，我学会了如何识别常见木材，如何使用基本工具，虽然我手上没有老茧，老是磨出水泡。李工常开我玩笑，说我们院校出身的眼高手低，但工地写的报告、记录，他总会让我看。

做建筑材料的研究，不了解建筑本身是难以下手的。北京大学考古文博学院徐怡涛教授长期研究山西早期建筑，尤其对晋东南金元以前的建筑进行了明确且经受得住时间考验的分期。他还安排学生徐新云做了晋西南早期建筑的分期。这些大的时空框架的建立，使我对古建筑所反映的结构、形制有了切实的认识。徐老师常常教育我们关心建筑的布局、次序和形制，教我们在历史时空中考察建筑，用建筑见证历史。在工地漫长的调查中，我对这些观点深有体会，也慢慢建立起了基本的建筑史观。

　　考察过程中,我还得到了修缮工程许多只知姓不知名的工长、监理和工匠的帮助。感谢中国林业科学研究院木材工业研究所腰希申、刘秀英、李华、金一光、刘洋、李志杰对树种取样进行鉴定,使本书的基础工作确实、可靠。感谢李志荣老师对我论文的关注,并指导我从匠人施工角度考虑古建筑问题。感谢徐新云师兄、王书林师姐为我提供相关资料,感谢赵献超、王敏、王子奇、周仪、赵元祥等同学和我一起考察古建。感谢清华大学郑宇老师对我研究的关注,并让我参与了他所主持的修缮工程工序记录这一有意义的工作。感谢清华大学白昭熏博士提供多处修缮工程调查照片,我们在冶底待了很久,经常聊天,他是韩国人,普通话不好,好在我的普通话也不好,我们交流得很开心。

　　这部书稿,幸得学院支持,纳入"北京大学考古学丛书",由上海古籍出版社出版。编辑缪丹是我的本科同学,因为我 2023 年中要进行 tenure 评估,想着能在评估前出版,也算是项科研成果,所以从编辑、排版、校对、印刷各个环节,她都给了我全面且及时的帮助。这本书若有错误或不足,责任自然在我。

北京大学考古学丛书

（2022）

◈ 旧石器时代考古研究
王幼平　著

◈ 史前文化与社会的探索
赵辉　著

◈ 史前区域经济与文化
张弛　著

◈ 多维视野的考古求索
李水城　著

◈ 夏商周文化与田野考古
刘绪　著

◈ 礼与礼器
中国古代礼器研究论集
张辛　著

◈ 行走在汉唐之间
齐东方　著

◈ 汉唐陶瓷考古初学集
杨哲峰　著

◈ 墓葬中的礼与俗
沈睿文　著

◈ 科技考古与文物保护
原思训自选集
原思训　著

◈ 文物保护技术：理论、教学与实践
周双林　著
（即将出版）

上海古籍出版社

北京大学考古学丛书
（2023）

◈ **史前考古与玉器、玉文化研究**

赵朝洪　著

（即将出版）

◈ **周秦汉考古学研究**

赵化成　著

（即将出版）

◈ **历史时期考古初辑**

杨哲峰　著

（即将出版）

◈ **分合**

北朝至唐代墓葬文化的演变

倪润安　著

（即将出版）

◈ **山西高平古寨花石柱庙建筑考古研究**

徐怡涛

（即将出版）

◈ **山西高平府底玉皇庙建筑考古研究**

彭明浩、张剑葳　编著

（即将出版）

◈ **何谓良材**

山西南部早期建筑大木作选材与加工

彭明浩　著

上海古籍出版社

图书在版编目(CIP)数据

何谓良材：山西南部早期建筑大木作选材与加工／
彭明浩著. —上海：上海古籍出版社，2023.2
（北京大学考古学丛书）
ISBN 978-7-5732-0593-3

Ⅰ.①何… Ⅱ.①彭… Ⅲ.①古建筑—建筑材料—研
究—山西 Ⅳ.①TU5

中国国家版本馆 CIP 数据核字(2023)第 010286 号

北京大学考古学丛书
何谓良材
山西南部早期建筑大木作选材与加工
彭明浩 著

上海古籍出版社出版发行
（上海市闵行区号景路 159 弄 1−5 号 A 座 5F 邮政编码 201101）
（1）网址：www.guji.com.cn
（2）E-mail：guji1@guji.com.cn
（3）易文网网址：www.ewen.co
上海雅昌艺术印刷有限公司印刷
开本 710×1000 1/16 印张 20.5 插页 3 字数 310,000
2023 年 2 月第 1 版 2023 年 2 月第 1 次印刷
ISBN 978−7−5732−0593−3
K·3325 定价：156.00 元
如有质量问题，请与承印公司联系